工业和信息化部“十四五”规划教材

流体力学基础

姚　伟　编著

科学出版社
北　京

内 容 简 介

本书是在复旦大学航空航天系、环境科学与工程系、大气与海洋科学系讲授的流体力学讲义的基础上完成的，系统地阐述了流体力学的基本理论和解决流体问题的基本方法，使读者能熟练掌握流体力学基本方程组的推导、基本流体问题的求解，理解自然和环境中存在的复杂流体力学现象并进行初步的客观机制分析，以及用流体力学理论解决生产和生活中的实际问题。

全书共 7 章，详细地介绍了从流体力学数学基础到实际应用的知识体系，内容丰富，系统性强，叙述严谨。

本书可作为普通高等学校力学和其他专业有关流体力学课程的教材或教学参考书，同时还可供相关专业的教师和科学技术人员参考使用。

图书在版编目(CIP)数据

流体力学基础 / 姚伟编著. —北京：科学出版社，2023.8
工业和信息化部“十四五”规划教材
ISBN 978-7-03-076159-0

Ⅰ. ①流… Ⅱ. ①姚… Ⅲ. ①流体力学－高等学校－教材 Ⅳ. ①O35

中国国家版本馆 CIP 数据核字(2023)第 149508 号

责任编辑：邓　静 / 责任校对：王　瑞
责任印制：张　伟 / 封面设计：迷底书装

科学出版社 出版
北京东黄城根北街 16 号
邮政编码：100717
http://www.sciencep.com
北京中石油彩色印刷有限责任公司 印刷
科学出版社发行　各地新华书店经销
*
2023 年 8 月第 一 版　开本：787×1092　1/16
2023 年 12 月第二次印刷　印张：12 1/2
字数：320 000

定价：59.00 元

(如有印装质量问题，我社负责调换)

前　言

流体力学研究了自然界中的大部分对象，如大气、海洋运动，飞行器，地下水、输油管道、油气田，建筑、运输车辆等。党的二十大报告指出，我国“基础研究和原始创新不断加强，一些关键核心技术实现突破，战略性新兴产业发展壮大，载人航天、探月探火、深海深地探测、超级计算机、卫星导航、量子信息、核电技术、新能源技术、大飞机制造、生物医药等取得重大成果”。其中的很多研究都与流体力学密切相关。

地球被大气层包围，表面71%是海洋。大气与海洋相互作用、影响，构成庞大而复杂的流体系统。促使大气运动的根本原因有太阳辐射、地球自转、压强梯度、日月引力和地表与大气之间的耗散过程等。例如，由于赤道与极地、地面与高空之间的温度差，地球表面会产生信风。《三国演义》中有“诸葛亮借东风”的故事，诸葛亮没有解释产生这一现象的机制，但流体力学可帮助我们进行理论分析。

想必大家都听闻过海啸的威力，2004 年的印度洋大海啸中，遇难者人数超过 29 万，高楼大厦摧枯拉朽；2022 年汤加火山爆发也形成了席卷太平洋的海啸，不但出现在汤加周边，几千上万公里外的日本、美国、加拿大、秘鲁和智利的沿海地区也出现了海啸。海啸是一种破坏力极强的长波，衰减极慢，麻省理工学院的梅强中教授曾经描述：阿拉斯加近海发生一场强烈地震，可能会导致相距几千公里的夏威夷海滩上的游泳者丧生。

气势汹涌的钱塘江潮是一种水跃现象。观察类似的现象，可以打开水龙头，观察池底的流动，会看到在水柱周围形成一层薄薄的水膜，在边缘处水膜陡然上升，堆积成一个环形的“台阶”。大家都知道水往低处流，然而此处的水却往高处流。500 多年前，达·芬奇就对这种现象惊讶不已，后世无数科学家也曾对此困惑不解。当高流速的超临界流进入低流速的亚临界流中时，流体的速度突然变慢，此时流体部分的动能被紊流消散，部分动能则转换为位能，造成液面明显变高，这样的现象即水跃。

流体力学可用于研究各种空间飞行物和各种水上、水下以及陆地上的运动；可用于研究河流、渠道和各种管路系统。达西公式就是达西在对城市自来水系统改建的过程中提出的。2021 年南海一号钻井平台投入使用，离不开对极端海洋环境下深海平台工程中流体力学问题的研究。另外，流体力学还用在化学燃烧、热交换系统以及生命系统中，如血液循环、呼吸系统、人工肾等。

数学是建立流体力学模型和求解模型解析解的基础，本书以流体力学广泛采用的场和张量的数学工具开篇，通过建立比较严谨和完备的知识体系，阐明流体力学的基本规律、基本概念、基本物理现象以及处理问题的基本方法。有助于加深对流体力学规律的了解，为后续进一步的研究奠定基础。

本书由复旦大学姚伟编著。在编写过程中，上海建桥学院王一乔和复旦大学孙明珠对书稿中的图片进行了绘制并制作了课件，复旦大学李应辰对公式进行了校对。

本书最后附有参考文献，作者在教学和书稿编写过程中从这些文献资料中得到了不少的启发和帮助，在此向有关作者表示感谢。

作　者

2022 年 11 月

目　录

第 1 章　曲线坐标系和张量分析

流体力学是力学的基础课程，内容丰富、科学性和系统性强，与其他学科关系密切，具有广泛的应用性。数学是建立流体力学模型和求解模型解析解的基础，17 世纪后半叶，牛顿和莱布尼茨创立了微积分后，才有了牛顿力学体系的建立和发展。本章将介绍流体力学广泛采用的数学工具——张量。

张量的概念可能大家还不熟悉，实际上我们早已接触过的向量，就是张量，它可以用一个一维数组 $\boldsymbol{x}=[x_1 \quad x_2 \quad x_3]$ 表示，是一阶张量，而我们在线性代数中接触的矩阵，每个元素可以用 i, j 两个指标来定位，就是可以用一个二维数组 A_{ij} 来表示，是二阶张量。再如我们见到的魔方，如果每一个魔方单元对应一个元素，每个元素可以用 i, j, k 三个指标来定位，也就是用一个三维数组 A_{ijk} 来表示，是三阶张量。张量分析一直在理论物理中占有突出重要的地位，冯元桢先生曾说过：美丽的故事需要用美丽的语言来讲述，张量就是力学的语言。

1.1　曲线坐标系

在三维欧几里得空间里使用最广泛的度量体系是笛卡儿直角坐标系，它是由原点 O 和过 O 点作的三个相互正交（垂直）的单位向量 $\{\boldsymbol{i},\boldsymbol{j},\boldsymbol{k}\}$ 组成的直角坐标系统。从原点 O 到空间任一点的向径是个向量，记为 $\boldsymbol{x}$，它由向径 $\boldsymbol{x}$ 在直角坐标系中的三个有序分量 $\boldsymbol{x}=\boldsymbol{x}(x,y,z)$ 来表示，即 $\boldsymbol{x}=x\boldsymbol{i}+y\boldsymbol{j}+z\boldsymbol{k}$。如图 1-1（a）所示，有序数组（0.5, 0.5, 0.5）为向量 $\boldsymbol{x}$ 在直角坐标系中的坐标。如果在三维欧几里得空间中选取 3 个不共面的向量 $\boldsymbol{g}_i\,(i=1,2,3)$，空间任一向量 $\boldsymbol{x}$ 将对应于一个有序数组 $\boldsymbol{x}(x_1,x_2,x_3)$，即 $\boldsymbol{x}=x_1\boldsymbol{g}_1+x_2\boldsymbol{g}_2+x_3\boldsymbol{g}_3$，称 (x_1,x_2,x_3) 为 $\boldsymbol{x}$ 在该曲线坐标系中的坐标。向量 $\boldsymbol{g}_i\,(i=1,2,3)$ 称为坐标向量或基向量，简称基，$\boldsymbol{g}_i\,(i=1,2,3)$ 所在的直线称为坐标轴，两条坐标轴所决定的平面称为坐标平面。基向量 $\boldsymbol{g}_1,\boldsymbol{g}_2,\boldsymbol{g}_3$ 相互正交的坐标系称为正交坐标系，坐标轴间的夹角不全为直角的坐标系称为仿射坐标系。如图 1-1（b）所示，非笛卡儿坐标轴的三条有向线段构成仿射坐标系，有序数组（0.396, 0.396, 0.707）为向量 $\boldsymbol{x}$ 在该仿射坐标系中的坐标，由向量作坐标平面的平行平面，在坐标轴所截取的线段长就为该向量在对应坐标轴上的坐标。

【例 1-1】 证明：在空间中选取 3 个不共面的向量 $\boldsymbol{g}_i\,(i=1,2,3)$，对空间任一向量 $\boldsymbol{x}$，都存在唯一的三元有序数组 (x_1,x_2,x_3)，使 $\boldsymbol{x}=x_1\boldsymbol{g}_1+x_2\boldsymbol{g}_2+x_3\boldsymbol{g}_3$。

证明：任取一向量 $\boldsymbol{x}$，若有

$$\boldsymbol{x}=x_1\boldsymbol{g}_1+x_2\boldsymbol{g}_2+x_3\boldsymbol{g}_3=y_1\boldsymbol{g}_1+y_2\boldsymbol{g}_2+y_3\boldsymbol{g}_3$$

则

$$\boldsymbol{0}=\boldsymbol{x}-\boldsymbol{x}=(x_1-y_1)\boldsymbol{g}_1+(x_2-y_2)\boldsymbol{g}_2+(x_3-y_3)\boldsymbol{g}_3$$

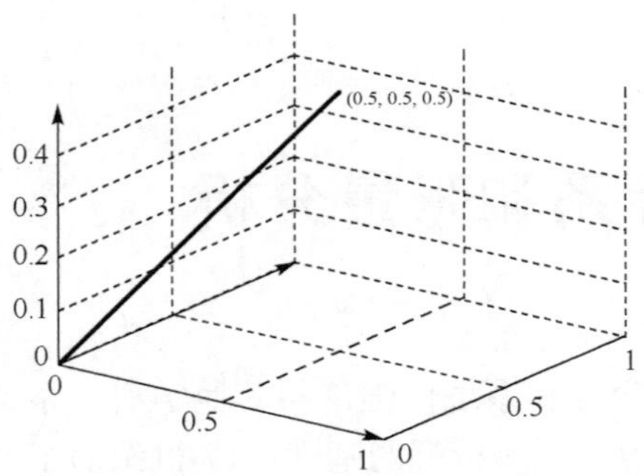

(a) 笛卡儿直角坐标系

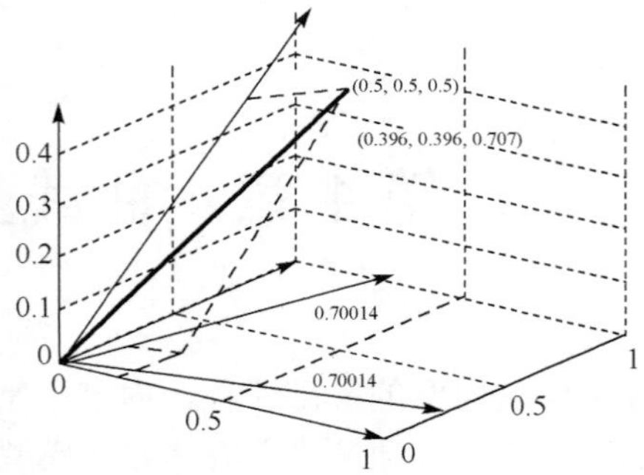

(b) 仿射坐标系

图 1-1　曲线坐标系

如果 $x_1-y_1, x_2-y_2, x_3-y_3$ 不全为零，即上式有非零解，则 $\boldsymbol{g}_1, \boldsymbol{g}_2, \boldsymbol{g}_3$ 必然线性相关，即 $\boldsymbol{g}_1, \boldsymbol{g}_2, \boldsymbol{g}_3$ 共面。所以 $x_1-y_1, x_2-y_2, x_3-y_3$ 必然全为零。

证毕。

1.1.1　基向量

在曲线坐标系中，向量 $\boldsymbol{x}$ 的微分可表示为

$$\mathrm{d}\boldsymbol{x}=\frac{\partial \boldsymbol{x}}{\partial x_1}\mathrm{d}x_1+\frac{\partial \boldsymbol{x}}{\partial x_2}\mathrm{d}x_2+\frac{\partial \boldsymbol{x}}{\partial x_3}\mathrm{d}x_3$$

根据 Einstein 求和约定(单项中有标号出现两次表示对这一标号求和，把这样的标号定义为求和指标或哑标)，有

$$\mathrm{d}\boldsymbol{x}=\sum_{i=1}^{3}\frac{\partial \boldsymbol{x}}{\partial x_i}\mathrm{d}x_i=\frac{\partial \boldsymbol{x}}{\partial x_i}\mathrm{d}x_i \tag{1-1-1}$$

定义基向量：

$$\boldsymbol{g}_i=\frac{\partial \boldsymbol{x}}{\partial x_i} \tag{1-1-2}$$

则

$$\mathrm{d}\boldsymbol{x}=\mathrm{d}x_i\boldsymbol{g}_i \tag{1-1-3}$$

定义拉梅系数：

$$h_i=\left|\boldsymbol{g}_i\right|=\left|\frac{\partial \boldsymbol{x}}{\partial x_i}\right|=\sqrt{\left(\frac{\partial x_1}{\partial x_i}\right)^2+\left(\frac{\partial x_2}{\partial x_i}\right)^2+\left(\frac{\partial x_3}{\partial x_i}\right)^2} \tag{1-1-4}$$

定义长度(模)为 1 的基向量为单位基向量 $\boldsymbol{e}_i$，显然

$$\boldsymbol{e}_i=\frac{\partial \boldsymbol{x}}{h_i\partial x_i}\ (\text{对 } h_i \text{ 不求和}) \tag{1-1-5}$$

注意：h_i 的下标 i 不计入 Einstein 求和约定，即上式对 i 不求和。式(1-1-3)表示为

$$\mathrm{d}\boldsymbol{x}=\mathrm{d}x_i\boldsymbol{g}_i=h_i\mathrm{d}x_i\boldsymbol{e}_i\ (\text{对 } h_i \text{ 不求和}) \tag{1-1-6}$$

对于右手正交坐标系(在空间直角坐标系中，让右手拇指指向 x 轴的正方向，食指指向 y 轴的正方向，如果中指能指向 z 轴的正方向，则称这个坐标系为右手正交坐标系，如图 1-2(a)所示)，$\boldsymbol{e}_i \times \boldsymbol{e}_j = \varepsilon_{ijk}\boldsymbol{e}_k$ 成立，其中 ε_{ijk} 为置换符号(permutation symbol)，满足

$$\varepsilon_{ijk} = \begin{cases} 0, & \text{有两个指标相同} \\ 1, & i,j,k\text{正序排列：}(1,2,3),(2,3,1),(3,1,2) \\ -1, & i,j,k\text{逆序排列：}(2,1,3),(3,2,1),(1,3,2) \end{cases}$$

柱坐标系(图 1-2(b))和球坐标系(图 1-2(c))也是右手正交坐标系。另外，定义 Kronecker 符号：$\delta_{ij} = \boldsymbol{e}_i \cdot \boldsymbol{e}_j = \begin{cases} 1, & i=j \\ 0, & i \neq j \end{cases}$，置换符号 ε_{ijk} 可用 Kronecker 符号表示为

$$\varepsilon_{ijk} = \begin{vmatrix} \delta_{i1} & \delta_{i2} & \delta_{i3} \\ \delta_{j1} & \delta_{j2} & \delta_{j3} \\ \delta_{k1} & \delta_{k2} & \delta_{k3} \end{vmatrix} \tag{1-1-7}$$

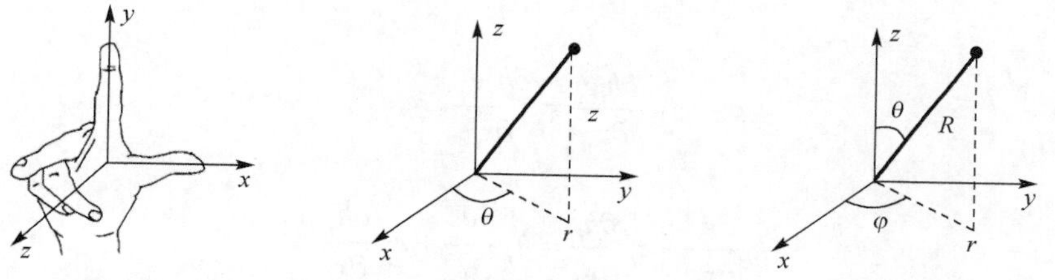

(a) 笛卡儿直角坐标系　(b) 柱坐标系　(c) 球坐标系

图 1-2 右手正交坐标系

【例 1-2】 求柱坐标的基向量和单位基向量。

解：已知 $\boldsymbol{x} = x\boldsymbol{i} + y\boldsymbol{j} + z\boldsymbol{k} = r\cos\theta\boldsymbol{i} + r\sin\theta\boldsymbol{j} + z\boldsymbol{k} = \boldsymbol{x}(r,\theta,z)$，根据式(1-1-2)，柱坐标的基向量为

$$\underset{r}{\boldsymbol{g}_1} = \frac{\partial \boldsymbol{x}}{\partial r} = \cos\theta\boldsymbol{i} + \sin\theta\boldsymbol{j}, \qquad \underset{\theta}{\boldsymbol{g}_2} = \frac{\partial \boldsymbol{x}}{\partial \theta} = -r\sin\theta\boldsymbol{i} + r\cos\theta\boldsymbol{j}, \qquad \underset{z}{\boldsymbol{g}_3} = \frac{\partial \boldsymbol{x}}{\partial z} = \boldsymbol{k}$$

根据式(1-1-4)，计算得

$$h_r = h_z = 1, \qquad h_\theta = \sqrt{(-r\sin\theta)^2 + (r\cos\theta)^2 + 0^2} = r$$

于是

$$\underset{r}{\boldsymbol{e}_1} = \cos\theta\boldsymbol{i} + \sin\theta\boldsymbol{j}, \qquad \underset{\theta}{\boldsymbol{e}_2} = -\sin\theta\boldsymbol{i} + \cos\theta\boldsymbol{j}, \qquad \underset{z}{\boldsymbol{e}_3} = \boldsymbol{k}$$

1.1.2 基向量对曲线坐标的微分

在物理和力学问题中，经常要计算向量的微分，直角坐标系下，基向量 $\{\boldsymbol{i},\boldsymbol{j},\boldsymbol{k}\}$ 是定常的，所以微分为 0，但在其他曲线坐标系下，基向量往往是坐标的函数，例如，在柱坐标系中，$\underset{r}{\boldsymbol{e}_1} = \cos\theta\boldsymbol{i} + \sin\theta\boldsymbol{j}$，$\underset{\theta}{\boldsymbol{e}_2} = -\sin\theta\boldsymbol{i} + \cos\theta\boldsymbol{j}$，它们是 θ 的函数，因此在向量微分时必然要考虑基

向量对坐标的偏导，即$\dfrac{\partial \boldsymbol{e}_i}{\partial x_j}$，它满足公式：

$$\frac{\partial \boldsymbol{e}_i}{\partial x_j}=\begin{cases}\dfrac{\partial h_j}{h_i\partial x_i}\boldsymbol{e}_j, & i\neq j\\ \dfrac{\partial \boldsymbol{e}_I}{\partial x_I}=-\left(\dfrac{\partial h_I}{h_J\partial x_J}\boldsymbol{e}_J+\dfrac{\partial h_I}{h_K\partial x_K}\boldsymbol{e}_K\right), & i=j=I\end{cases} \tag{1-1-8}$$

以下为$\dfrac{\partial \boldsymbol{e}_i}{\partial x_j}=\dfrac{\partial h_j}{h_i\partial x_i}\boldsymbol{e}_j$，$i\neq j$的推导过程。

由于x_i和x_j相互独立，有

$$\frac{\partial}{\partial x_j}\frac{\partial \boldsymbol{x}}{\partial x_i}=\frac{\partial}{\partial x_i}\frac{\partial \boldsymbol{x}}{\partial x_j}$$

即

$$\frac{\partial h_i\boldsymbol{e}_i}{\partial x_j}=\frac{\partial h_j\boldsymbol{e}_j}{\partial x_i}$$

$$h_i\frac{\partial \boldsymbol{e}_i}{\partial x_j}+\boldsymbol{e}_i\frac{\partial h_i}{\partial x_j}=h_j\frac{\partial \boldsymbol{e}_j}{\partial x_i}+\boldsymbol{e}_j\frac{\partial h_j}{\partial x_i}$$

上式等号两边点乘$\boldsymbol{e}_j$，有

$$h_i\frac{\partial \boldsymbol{e}_i}{\partial x_j}\cdot\boldsymbol{e}_j=h_j\frac{\partial \boldsymbol{e}_j}{\partial x_i}\cdot\boldsymbol{e}_j+\frac{\partial h_j}{\partial x_i}=h_j\frac{\partial}{\partial x_i}\left(\frac{\boldsymbol{e}_j\cdot\boldsymbol{e}_j}{2}\right)+\frac{\partial h_j}{\partial x_i}=\frac{\partial h_j}{\partial x_i} \tag{1-1-8a}$$

对式(1-1-8a)，先证$\dfrac{\partial \boldsymbol{e}_i}{\partial x_j}$与$\boldsymbol{e}_j$同向。

由$\dfrac{\partial \boldsymbol{e}_i}{\partial x_j}\cdot\boldsymbol{e}_i=\dfrac{1}{2}\dfrac{\partial(\boldsymbol{e}_i\cdot\boldsymbol{e}_i)}{\partial x_j}=0$，得

$$\frac{\partial \boldsymbol{e}_i}{\partial x_j}\perp\boldsymbol{e}_i \tag{1-1-8b}$$

由于当 $i\neq j$时，有

$$\frac{\partial \boldsymbol{x}}{\partial x_i}\cdot\frac{\partial \boldsymbol{x}}{\partial x_j}=\boldsymbol{g}_i\cdot\boldsymbol{g}_j=h_i\boldsymbol{e}_i\cdot h_j\boldsymbol{e}_j=h_ih_j\boldsymbol{e}_i\cdot\boldsymbol{e}_j=0$$

上式两边对x_k微分，这里$i\neq j\neq k$，有

$$\frac{\partial}{\partial x_k}\left(\frac{\partial \boldsymbol{x}}{\partial x_i}\cdot\frac{\partial \boldsymbol{x}}{\partial x_j}\right)=\frac{\partial \boldsymbol{x}}{\partial x_i}\cdot\frac{\partial^2 \boldsymbol{x}}{\partial x_k\partial x_j}+\frac{\partial \boldsymbol{x}}{\partial x_j}\cdot\frac{\partial^2 \boldsymbol{x}}{\partial x_k\partial x_i}=0$$

上式有三种情况，分别为

$$\begin{cases}\dfrac{\partial \boldsymbol{x}}{\partial x_1}\cdot\dfrac{\partial^2 \boldsymbol{x}}{\partial x_3\partial x_2}+\dfrac{\partial \boldsymbol{x}}{\partial x_2}\cdot\dfrac{\partial^2 \boldsymbol{x}}{\partial x_3\partial x_1}=0\\[2ex] \dfrac{\partial \boldsymbol{x}}{\partial x_3}\cdot\dfrac{\partial^2 \boldsymbol{x}}{\partial x_1\partial x_2}+\dfrac{\partial \boldsymbol{x}}{\partial x_2}\cdot\dfrac{\partial^2 \boldsymbol{x}}{\partial x_1\partial x_3}=0\\[2ex] \dfrac{\partial \boldsymbol{x}}{\partial x_1}\cdot\dfrac{\partial^2 \boldsymbol{x}}{\partial x_2\partial x_3}+\dfrac{\partial \boldsymbol{x}}{\partial x_3}\cdot\dfrac{\partial^2 \boldsymbol{x}}{\partial x_2\partial x_1}=0\end{cases} \tag{1-1-8c}$$

将式(1-1-8c)中三个算式相加除以 2，得

$$\frac{\partial \boldsymbol{x}}{\partial x_1}\cdot\frac{\partial^2 \boldsymbol{x}}{\partial x_3\partial x_2}+\frac{\partial \boldsymbol{x}}{\partial x_2}\cdot\frac{\partial^2 \boldsymbol{x}}{\partial x_3\partial x_1}+\frac{\partial \boldsymbol{x}}{\partial x_3}\cdot\frac{\partial^2 \boldsymbol{x}}{\partial x_1\partial x_2}=0 \tag{1-1-8d}$$

式(1-1-8d)与式(1-1-8c)中任一算式相减，用大写字母表示下标，得

$$\frac{\partial \boldsymbol{x}}{\partial x_K}\cdot\frac{\partial^2 \boldsymbol{x}}{\partial x_I\partial x_J}=0,\quad I\neq J\neq K$$

即
$$h_K\boldsymbol{e}_K\cdot\frac{\partial(h_I\boldsymbol{e}_I)}{\partial x_J}=h_K\boldsymbol{e}_K\cdot\frac{\partial h_I}{\partial x_J}\boldsymbol{e}_I+h_Kh_I\boldsymbol{e}_K\cdot\frac{\partial \boldsymbol{e}_I}{\partial x_J}=h_Kh_I\boldsymbol{e}_K\cdot\frac{\partial \boldsymbol{e}_I}{\partial x_J}=0$$

因为 h_K、$h_I\neq 0$，所以 $\boldsymbol{e}_K\cdot\dfrac{\partial \boldsymbol{e}_I}{\partial x_J}=0$，即 $\dfrac{\partial \boldsymbol{e}_I}{\partial x_J}\perp\boldsymbol{e}_K$，结合式(1-1-8b)，$\dfrac{\partial \boldsymbol{e}_i}{\partial x_j}$与$\boldsymbol{e}_j$ 同向可证，因此式(1-1-8a)表示为

$$\frac{\partial \boldsymbol{e}_i}{\partial x_j}=\frac{\partial h_j}{h_i\partial x_i}\boldsymbol{e}_j,\quad i\neq j$$

以下为 $\dfrac{\partial \boldsymbol{e}_i}{\partial x_j}=\dfrac{\partial \boldsymbol{e}_I}{\partial x_I}=-\left(\dfrac{\partial h_I}{h_J\partial x_J}\boldsymbol{e}_J+\dfrac{\partial h_I}{h_K\partial x_K}\boldsymbol{e}_K\right)$，$i=j=I$ 的推导过程。

$$\begin{aligned}\frac{\partial \boldsymbol{e}_I}{\partial x_I}&=\frac{\partial(\boldsymbol{e}_J\times\boldsymbol{e}_K)}{\partial x_I}=\frac{\partial \boldsymbol{e}_J}{\partial x_I}\times\boldsymbol{e}_K+\boldsymbol{e}_J\times\frac{\partial \boldsymbol{e}_K}{\partial x_I}=\left(\frac{\partial h_I}{h_J\partial x_J}\boldsymbol{e}_I\right)\times\boldsymbol{e}_K+\boldsymbol{e}_J\times\left(\frac{\partial h_I}{h_K\partial x_K}\boldsymbol{e}_I\right)\\&=-\frac{\partial h_I}{h_J\partial x_J}\boldsymbol{e}_J-\frac{\partial h_I}{h_K\partial x_K}\boldsymbol{e}_K,\quad i=j=I\end{aligned}$$

【例 1-3】 求柱坐标单位基向量对曲线坐标的微分。

解：已知 $\boldsymbol{e}_r=\cos\theta\boldsymbol{i}+\sin\theta\boldsymbol{j}$，$\boldsymbol{e}_\theta=-\sin\theta\boldsymbol{i}+\cos\theta\boldsymbol{j}$，$\boldsymbol{e}_z=\boldsymbol{k}$，显然 $\boldsymbol{e}_r$，$\boldsymbol{e}_\theta$ 仅是 θ 的函数，对 r，z 的偏导数为 0，只有 $\dfrac{\partial \boldsymbol{e}_r}{\partial\theta},\dfrac{\partial \boldsymbol{e}_\theta}{\partial\theta}$ 不为 0。

$$\frac{\partial \boldsymbol{e}_r}{\partial\theta}=-\sin\theta\boldsymbol{i}+\cos\theta\boldsymbol{j}=\boldsymbol{e}_\theta,\qquad \frac{\partial \boldsymbol{e}_\theta}{\partial\theta}=-(\cos\theta\boldsymbol{i}+\sin\theta\boldsymbol{j})=-\boldsymbol{e}_r$$

另一种求解方法如下。根据式(1-1-8)，有

$$\frac{\partial \boldsymbol{e}_r}{\partial\theta}=\frac{\partial h_\theta}{h_r\partial r}\boldsymbol{e}_\theta=\frac{\partial r}{\partial r}\boldsymbol{e}_\theta=\boldsymbol{e}_\theta$$

$$\frac{\partial \boldsymbol{e}_\theta}{\partial\theta}=-\left(\frac{\partial h_\theta}{h_r\partial r}\boldsymbol{e}_r+\frac{\partial h_\theta}{h_z\partial z}\boldsymbol{e}_z\right)=-\left(\frac{\partial r}{\partial r}\boldsymbol{e}_r+\frac{\partial r}{\partial z}\boldsymbol{e}_z\right)=-\boldsymbol{e}_r$$

1.1.3　正交变换

同一个向量在不同基中的坐标一般是不同的，那么随着基的改变，向量在不同基中的坐标有关系吗？

令向量 $\boldsymbol{x}$ 在两组曲线坐标系中的坐标值分别为 (x_1, x_2, x_3) 和 (x_1', x_2', x_3')，即

$$\boldsymbol{x} = x_1\boldsymbol{g}_1 + x_2\boldsymbol{g}_2 + x_3\boldsymbol{g}_3 = x_1'\boldsymbol{g}_1' + x_2'\boldsymbol{g}_2' + x_3'\boldsymbol{g}_3'$$

记为

$$\boldsymbol{x} = x_i\boldsymbol{g}_i = x_j'\boldsymbol{g}_j' \tag{1-1-9}$$

根据例 1-1 证明的向量在坐标系中对应坐标的唯一性，x' 坐标系中的基向量 $\boldsymbol{g}_j'$ 在 x 坐标系中显然有相应的唯一对应的坐标，记为 $\boldsymbol{g}_j' = y_{ji}\boldsymbol{g}_i$，代入式(1-1-9)，得

$$x_i\boldsymbol{g}_i = x_j'\boldsymbol{g}_j' = x_j' y_{ji}\boldsymbol{g}_i$$

显然，有

$$x_i = x_j' y_{ji}$$

即 x_i 是 x_j' 的单值函数，记为 $x_i = x_i(x_1', x_2', x_3')$，同理可证，$x_j'$ 是 x_i 的单值函数，即 $x_j' = x_j'(x_1, x_2, x_3)$。于是，可得两组坐标值之间存在单值函数关系，即

$$x_i = x_i(x_1', x_2', x_3')$$

$$x_i' = x_i'(x_1, x_2, x_3)$$

根据基向量的定义式(1-1-2)，有

$$\boldsymbol{g}_i' = \frac{\partial \boldsymbol{x}}{\partial x_i'} = \frac{\partial \boldsymbol{x}}{\partial x_j}\frac{\partial x_j}{\partial x_i'} = \boldsymbol{g}_j\frac{\partial x_j}{\partial x_i'} = \frac{\partial x_j}{\partial x_i'}\boldsymbol{g}_j \tag{1-1-10}$$

其中，$\dfrac{\partial x_j}{\partial x_i'}$ 为雅可比(Jacobi)矩阵，记为

$$\frac{\partial x_j}{\partial x_i'} = \begin{bmatrix} \dfrac{\partial x_1}{\partial x_1'} & \dfrac{\partial x_2}{\partial x_1'} & \dfrac{\partial x_3}{\partial x_1'} \\ \dfrac{\partial x_1}{\partial x_2'} & \dfrac{\partial x_2}{\partial x_2'} & \dfrac{\partial x_3}{\partial x_2'} \\ \dfrac{\partial x_1}{\partial x_3'} & \dfrac{\partial x_2}{\partial x_3'} & \dfrac{\partial x_3}{\partial x_3'} \end{bmatrix}$$

式(1-1-10)写成矩阵乘积形式，有

$$\begin{bmatrix} \boldsymbol{g}_1' \\ \boldsymbol{g}_2' \\ \boldsymbol{g}_3' \end{bmatrix} = \begin{bmatrix} \dfrac{\partial x_1}{\partial x_1'} & \dfrac{\partial x_2}{\partial x_1'} & \dfrac{\partial x_3}{\partial x_1'} \\ \dfrac{\partial x_1}{\partial x_2'} & \dfrac{\partial x_2}{\partial x_2'} & \dfrac{\partial x_3}{\partial x_2'} \\ \dfrac{\partial x_1}{\partial x_3'} & \dfrac{\partial x_2}{\partial x_3'} & \dfrac{\partial x_3}{\partial x_3'} \end{bmatrix} \begin{bmatrix} \boldsymbol{g}_1 \\ \boldsymbol{g}_2 \\ \boldsymbol{g}_3 \end{bmatrix}$$

或者

$$\begin{aligned} [\boldsymbol{g}_1' \quad \boldsymbol{g}_2' \quad \boldsymbol{g}_3'] = \begin{bmatrix} \boldsymbol{g}_1' \\ \boldsymbol{g}_2' \\ \boldsymbol{g}_3' \end{bmatrix}^{\mathrm{T}} &= \left(\begin{bmatrix} \dfrac{\partial x_1}{\partial x_1'} & \dfrac{\partial x_2}{\partial x_1'} & \dfrac{\partial x_3}{\partial x_1'} \\ \dfrac{\partial x_1}{\partial x_2'} & \dfrac{\partial x_2}{\partial x_2'} & \dfrac{\partial x_3}{\partial x_2'} \\ \dfrac{\partial x_1}{\partial x_3'} & \dfrac{\partial x_2}{\partial x_3'} & \dfrac{\partial x_3}{\partial x_3'} \end{bmatrix} \begin{bmatrix} \boldsymbol{g}_1 \\ \boldsymbol{g}_2 \\ \boldsymbol{g}_3 \end{bmatrix} \right)^{\mathrm{T}} \\ &= [\boldsymbol{g}_1 \quad \boldsymbol{g}_2 \quad \boldsymbol{g}_3] \begin{bmatrix} \dfrac{\partial x_1}{\partial x_1'} & \dfrac{\partial x_1}{\partial x_2'} & \dfrac{\partial x_1}{\partial x_3'} \\ \dfrac{\partial x_2}{\partial x_1'} & \dfrac{\partial x_2}{\partial x_2'} & \dfrac{\partial x_2}{\partial x_3'} \\ \dfrac{\partial x_3}{\partial x_1'} & \dfrac{\partial x_3}{\partial x_2'} & \dfrac{\partial x_3}{\partial x_3'} \end{bmatrix} \end{aligned}$$

同理

$$\boldsymbol{g}_i = \boldsymbol{g}_j' \frac{\partial x_j'}{\partial x_i} \tag{1-1-11}$$

其中

$$\frac{\partial x_j'}{\partial x_i} = \begin{bmatrix} \dfrac{\partial x_1'}{\partial x_1} & \dfrac{\partial x_1'}{\partial x_2} & \dfrac{\partial x_1'}{\partial x_3} \\ \dfrac{\partial x_2'}{\partial x_1} & \dfrac{\partial x_2'}{\partial x_2} & \dfrac{\partial x_2'}{\partial x_3} \\ \dfrac{\partial x_3'}{\partial x_1} & \dfrac{\partial x_3'}{\partial x_2} & \dfrac{\partial x_3'}{\partial x_3} \end{bmatrix}$$

式(1-1-11)的矩阵乘积形式为

$$[\boldsymbol{g}_1 \quad \boldsymbol{g}_2 \quad \boldsymbol{g}_3] = [\boldsymbol{g}_1' \quad \boldsymbol{g}_2' \quad \boldsymbol{g}_3'] \begin{bmatrix} \dfrac{\partial x_1'}{\partial x_1} & \dfrac{\partial x_1'}{\partial x_2} & \dfrac{\partial x_1'}{\partial x_3} \\ \dfrac{\partial x_2'}{\partial x_1} & \dfrac{\partial x_2'}{\partial x_2} & \dfrac{\partial x_2'}{\partial x_3} \\ \dfrac{\partial x_3'}{\partial x_1} & \dfrac{\partial x_3'}{\partial x_2} & \dfrac{\partial x_3'}{\partial x_3} \end{bmatrix}$$

根据式(1-1-11)，对于任一向量有

$$\boldsymbol{x}=x_i\boldsymbol{g}_i=x_i\boldsymbol{g}'_j\frac{\partial x'_j}{\partial x_i}=x'_j\boldsymbol{g}'_j$$

显然，$x'_j=x_i\dfrac{\partial x'_j}{\partial x_i}$，或者记为 $x'_i=x_j\dfrac{\partial x'_i}{\partial x_j}=x_j\left(\dfrac{\partial x'_j}{\partial x_i}\right)^{\mathrm{T}}$，即

$$[x'_1\quad x'_2\quad x'_3]=[x_1\quad x_2\quad x_3]\begin{bmatrix}\dfrac{\partial x'_1}{\partial x_1} & \dfrac{\partial x'_2}{\partial x_1} & \dfrac{\partial x'_3}{\partial x_1}\\ \dfrac{\partial x'_1}{\partial x_2} & \dfrac{\partial x'_2}{\partial x_2} & \dfrac{\partial x'_3}{\partial x_2}\\ \dfrac{\partial x'_1}{\partial x_3} & \dfrac{\partial x'_2}{\partial x_3} & \dfrac{\partial x'_3}{\partial x_3}\end{bmatrix}$$

同理，$\boldsymbol{x}=x'_i\boldsymbol{g}'_i=x'_i\dfrac{\partial x_j}{\partial x'_i}\boldsymbol{g}_j=x_j\boldsymbol{g}_j$，即 $x_j=x'_i\dfrac{\partial x_j}{\partial x'_i}$，或者写为 $x_i=x'_j\dfrac{\partial x_i}{\partial x'_j}=x'_j\left(\dfrac{\partial x_j}{\partial x'_i}\right)^{\mathrm{T}}$。当 $\boldsymbol{g}_i$ 和 $\boldsymbol{g}'_A$ 都是单位正交基向量时，有

$$\delta_{ij}=\boldsymbol{g}_i\cdot\boldsymbol{g}_j=\boldsymbol{g}'_A\frac{\partial x'_A}{\partial x_i}\cdot\boldsymbol{g}'_B\frac{\partial x'_B}{\partial x_j}=\frac{\partial x'_A}{\partial x_i}\frac{\partial x'_B}{\partial x_j}\delta_{AB}=\frac{\partial x'_A}{\partial x_i}\frac{\partial x'_A}{\partial x_j}$$

其中

$$\frac{\partial x'_A}{\partial x_i}\frac{\partial x'_A}{\partial x_j}=\begin{bmatrix}\dfrac{\partial x'_1}{\partial x_1} & \dfrac{\partial x'_2}{\partial x_1} & \dfrac{\partial x'_3}{\partial x_1}\\ \dfrac{\partial x'_1}{\partial x_2} & \dfrac{\partial x'_2}{\partial x_2} & \dfrac{\partial x'_3}{\partial x_2}\\ \dfrac{\partial x'_1}{\partial x_3} & \dfrac{\partial x'_2}{\partial x_3} & \dfrac{\partial x'_3}{\partial x_3}\end{bmatrix}\begin{bmatrix}\dfrac{\partial x'_1}{\partial x_1} & \dfrac{\partial x'_1}{\partial x_2} & \dfrac{\partial x'_1}{\partial x_3}\\ \dfrac{\partial x'_2}{\partial x_1} & \dfrac{\partial x'_2}{\partial x_2} & \dfrac{\partial x'_2}{\partial x_3}\\ \dfrac{\partial x'_3}{\partial x_1} & \dfrac{\partial x'_3}{\partial x_2} & \dfrac{\partial x'_3}{\partial x_3}\end{bmatrix}$$

$$=\begin{bmatrix}\dfrac{\partial x'_1}{\partial x_1} & \dfrac{\partial x'_2}{\partial x_1} & \dfrac{\partial x'_3}{\partial x_1}\\ \dfrac{\partial x'_1}{\partial x_2} & \dfrac{\partial x'_2}{\partial x_2} & \dfrac{\partial x'_3}{\partial x_2}\\ \dfrac{\partial x'_1}{\partial x_3} & \dfrac{\partial x'_2}{\partial x_3} & \dfrac{\partial x'_3}{\partial x_3}\end{bmatrix}\begin{bmatrix}\dfrac{\partial x'_1}{\partial x_1} & \dfrac{\partial x'_2}{\partial x_1} & \dfrac{\partial x'_3}{\partial x_1}\\ \dfrac{\partial x'_1}{\partial x_2} & \dfrac{\partial x'_2}{\partial x_2} & \dfrac{\partial x'_3}{\partial x_2}\\ \dfrac{\partial x'_1}{\partial x_3} & \dfrac{\partial x'_2}{\partial x_3} & \dfrac{\partial x'_3}{\partial x_3}\end{bmatrix}^{\mathrm{T}}=\boldsymbol{I}$$

即

$$\left(\frac{\partial x'_j}{\partial x_i}\right)\left(\frac{\partial x'_j}{\partial x_i}\right)^{\mathrm{T}}=\boldsymbol{I}\tag{1-1-12}$$

此时雅可比(Jacobi)矩阵为正交矩阵，两个坐标系间的变换为正交变换，记为 $\boldsymbol{Q}$，有

$$\boldsymbol{Q}\cdot\boldsymbol{Q}^{\mathrm{T}}=\boldsymbol{I}\tag{1-1-13}$$

因此，单位正交坐标系的基向量之间存在如下关系：

$$\boldsymbol{e}_i' = Q_{ij}\boldsymbol{e}_j \tag{1-1-14}$$

【例 1-4】 写出柱坐标系与直角坐标系间的变换矩阵。

解： 设 $\boldsymbol{x} = x\boldsymbol{i} + y\boldsymbol{j} + z\boldsymbol{k} = r\cos\theta\boldsymbol{i} + r\sin\theta\boldsymbol{j} + z\boldsymbol{k} = \boldsymbol{x}(r,\theta,z)$。

由 $\boldsymbol{g}_i = \boldsymbol{g}_j' \dfrac{\partial x_j'}{\partial x_i}$，得

$$[\boldsymbol{g}_r \quad \boldsymbol{g}_\theta \quad \boldsymbol{g}_z] = [\boldsymbol{i} \quad \boldsymbol{j} \quad \boldsymbol{k}]\begin{bmatrix} \dfrac{\partial x}{\partial r} & \dfrac{\partial x}{\partial \theta} & \dfrac{\partial x}{\partial z} \\ \dfrac{\partial y}{\partial r} & \dfrac{\partial y}{\partial \theta} & \dfrac{\partial y}{\partial z} \\ \dfrac{\partial z}{\partial r} & \dfrac{\partial z}{\partial \theta} & \dfrac{\partial z}{\partial z} \end{bmatrix} = [\boldsymbol{i} \quad \boldsymbol{j} \quad \boldsymbol{k}]\begin{bmatrix} \cos\theta & -r\sin\theta & 0 \\ \sin\theta & r\cos\theta & 0 \\ 0 & 0 & 1 \end{bmatrix}$$

若分析单位基向量，则

$$[\boldsymbol{e}_r \quad \boldsymbol{e}_\theta \quad \boldsymbol{e}_z] = \left[\boldsymbol{g}_r \quad \frac{1}{r}\boldsymbol{g}_\theta \quad \boldsymbol{g}_z\right] = [\boldsymbol{i} \quad \boldsymbol{j} \quad \boldsymbol{k}]\begin{bmatrix} \dfrac{\partial x}{\partial r} & \dfrac{\partial x}{r\partial \theta} & \dfrac{\partial x}{\partial z} \\ \dfrac{\partial y}{\partial r} & \dfrac{\partial y}{r\partial \theta} & \dfrac{\partial y}{\partial z} \\ \dfrac{\partial z}{\partial r} & \dfrac{\partial z}{r\partial \theta} & \dfrac{\partial z}{\partial z} \end{bmatrix}$$

$$= [\boldsymbol{i} \quad \boldsymbol{j} \quad \boldsymbol{k}]\begin{bmatrix} \cos\theta & -\sin\theta & 0 \\ \sin\theta & \cos\theta & 0 \\ 0 & 0 & 1 \end{bmatrix}$$

柱坐标系中，$\boldsymbol{x} = \boldsymbol{x}(r,\theta,z)$，其中 $r = \sqrt{x^2+y^2}$，$\theta = \arctan\dfrac{y}{x}$，于是

$$[\boldsymbol{i} \quad \boldsymbol{j} \quad \boldsymbol{k}] = [\boldsymbol{e}_r \quad r\boldsymbol{e}_\theta \quad \boldsymbol{e}_z]\begin{bmatrix} \dfrac{x}{\sqrt{x^2+y^2}} & \dfrac{y}{\sqrt{x^2+y^2}} & 0 \\ -\dfrac{y}{x^2+y^2} & \dfrac{x}{x^2+y^2} & 0 \\ 0 & 0 & 1 \end{bmatrix}$$

$$= [\boldsymbol{e}_r \quad \boldsymbol{e}_\theta \quad \boldsymbol{e}_z]\begin{bmatrix} \dfrac{x}{\sqrt{x^2+y^2}} & \dfrac{y}{\sqrt{x^2+y^2}} & 0 \\ -\dfrac{y}{\sqrt{x^2+y^2}} & \dfrac{x}{\sqrt{x^2+y^2}} & 0 \\ 0 & 0 & 1 \end{bmatrix}$$

由于

$$\begin{bmatrix} \dfrac{x}{\sqrt{x^2+y^2}} & \dfrac{y}{\sqrt{x^2+y^2}} & 0 \\ -\dfrac{y}{\sqrt{x^2+y^2}} & \dfrac{x}{\sqrt{x^2+y^2}} & 0 \\ 0 & 0 & 1 \end{bmatrix} = \begin{bmatrix} \cos\theta & \sin\theta & 0 \\ -\sin\theta & \cos\theta & 0 \\ 0 & 0 & 1 \end{bmatrix}$$

显然变换矩阵$\left(\dfrac{\partial x_j'}{\partial x_i}\right)^{\mathrm{T}} = \left(\dfrac{\partial x_j'}{\partial x_i}\right)^{-1}$。

我们也可根据$\boldsymbol{Q}^{-1} = \boldsymbol{Q}^{\mathrm{T}}$，直接得到柱坐标系到直角坐标系的变换矩阵。

【例 1-5】 分析仿射坐标系与直角坐标系间的变换矩阵：仿射坐标系(x_1', x_2', x_3')与直角坐标系(x_1, x_2, x_3)间的关系为$\begin{cases} x = x' + \dfrac{1}{2}y' \\ y = y' \\ z = z' \end{cases}$。

解：

$$[\boldsymbol{g}_1 \quad \boldsymbol{g}_2 \quad \boldsymbol{g}_3] = [\boldsymbol{i} \quad \boldsymbol{j} \quad \boldsymbol{k}] \begin{bmatrix} \dfrac{\partial x}{\partial x'} & \dfrac{\partial x}{\partial y'} & \dfrac{\partial x}{\partial z'} \\ \dfrac{\partial y}{\partial x'} & \dfrac{\partial y}{\partial y'} & \dfrac{\partial y}{\partial z'} \\ \dfrac{\partial z}{\partial x'} & \dfrac{\partial z}{\partial y'} & \dfrac{\partial z}{\partial z'} \end{bmatrix} = [\boldsymbol{i} \quad \boldsymbol{j} \quad \boldsymbol{k}] \begin{bmatrix} 1 & \dfrac{1}{2} & 0 \\ 0 & 1 & 0 \\ 0 & 0 & 1 \end{bmatrix}$$

显然，有

$$\begin{bmatrix} 1 & \dfrac{1}{2} & 0 \\ 0 & 1 & 0 \\ 0 & 0 & 1 \end{bmatrix} \begin{bmatrix} 1 & \dfrac{1}{2} & 0 \\ 0 & 1 & 0 \\ 0 & 0 & 1 \end{bmatrix}^{\mathrm{T}} = \begin{bmatrix} 1 & \dfrac{1}{2} & 0 \\ 0 & 1 & 0 \\ 0 & 0 & 1 \end{bmatrix} \begin{bmatrix} 1 & 0 & 0 \\ \dfrac{1}{2} & 1 & 0 \\ 0 & 0 & 1 \end{bmatrix} = \begin{bmatrix} \dfrac{5}{4} & \dfrac{1}{2} & 0 \\ \dfrac{1}{2} & 1 & 0 \\ 0 & 0 & 1 \end{bmatrix} \neq \boldsymbol{I}$$

1.2 张量分析

如果一个物理量是数量，则称其为标量，记为ϕ，它的表达式不含有基向量(含 0 个基向量)，因此定义其为 0 阶张量。如果一个物理量是向量，$\boldsymbol{a} = a_i \boldsymbol{g}_i$，它含有一个基向量，定义其为 1 阶张量。如果我们用两个基向量的并积来表示坐标变换的矩阵$\boldsymbol{Q}$，即$\boldsymbol{Q} = \dfrac{\partial x_i'}{\partial x_j} \boldsymbol{g}_i \otimes \boldsymbol{g}_j$，则称$\boldsymbol{Q}$为二阶张量，以此类推，如果用$n$个基向量的并积来表示物理量$\phi_{i_1 i_2 \cdots i_n} \boldsymbol{g}_{i_1} \otimes \boldsymbol{g}_{i_2} \otimes \cdots \otimes \boldsymbol{g}_{i_n}$，则称其为$n$阶张量。本节中用单位基向量$\boldsymbol{e}_i$表示基，即张量表示为$\phi_{i_1 i_2 \cdots i_n} \boldsymbol{e}_{i_1} \otimes \boldsymbol{e}_{i_2} \otimes \cdots \otimes \boldsymbol{e}_{i_n}$。

分析坐标变换对张量的影响。令在 x 坐标系中张量 $\boldsymbol{\Phi}=\phi_{j_1j_2\cdots j_n}\boldsymbol{e}_{j_1}\otimes\boldsymbol{e}_{j_2}\otimes\cdots\otimes\boldsymbol{e}_{j_n}$，在 x' 坐标系中张量 $\boldsymbol{\Phi}=\phi'_{i_1i_2\cdots i_n}\boldsymbol{e}'_{i_1}\otimes\boldsymbol{e}'_{i_2}\otimes\cdots\otimes\boldsymbol{e}'_{i_n}$，根据式(1-1-14)，有

$$\begin{aligned}\boldsymbol{\Phi}&=\phi'_{i_1i_2\cdots i_n}\boldsymbol{e}'_{i_1}\otimes\boldsymbol{e}'_{i_2}\otimes\cdots\otimes\boldsymbol{e}'_{i_n}=\phi'_{i_1i_2\cdots i_n}Q_{i_1j_1}\boldsymbol{e}_{j_1}\otimes Q_{i_2j_2}\boldsymbol{e}_{j_2}\otimes\cdots\otimes Q_{i_nj_n}\boldsymbol{e}_{j_n}\\&=\phi'_{i_1i_2\cdots i_n}Q_{i_1j_1}Q_{i_2j_2}\cdots Q_{i_nj_n}\boldsymbol{e}_{j_1}\otimes\boldsymbol{e}_{j_2}\otimes\cdots\otimes\boldsymbol{e}_{j_n}\end{aligned}$$

显然，在两个坐标系中相应分量之间满足关系式：

$$\phi_{j_1j_2\cdots j_n}=\phi'_{i_1i_2\cdots i_n}Q_{i_1j_1}Q_{i_2j_2}\cdots Q_{i_nj_n}\tag{1-2-1}$$

此为 n 阶张量在两个正交变换坐标系中的相应分量需要满足的关系。

1.2.1 张量运算

1．加减

$$\begin{aligned}&\phi_{i_1i_2\cdots i_n}\boldsymbol{e}_{i_1}\otimes\boldsymbol{e}_{i_2}\otimes\cdots\otimes\boldsymbol{e}_{i_n}+\phi'_{i_1i_2\cdots i_n}\boldsymbol{e}_{i_1}\otimes\boldsymbol{e}_{i_2}\otimes\cdots\otimes\boldsymbol{e}_{i_n}\\&=(\phi_{i_1i_2\cdots i_n}+\phi'_{i_1i_2\cdots i_n})\boldsymbol{e}_{i_1}\otimes\boldsymbol{e}_{i_2}\otimes\cdots\otimes\boldsymbol{e}_{i_n}\end{aligned}\tag{1-2-2}$$

只有同阶同基的张量才可进行加减。

2．乘积(并积)

$$\begin{aligned}&\phi_{i_1i_2\cdots i_n}\boldsymbol{e}_{i_1}\otimes\boldsymbol{e}_{i_2}\otimes\cdots\otimes\boldsymbol{e}_{i_n}\otimes\phi'_{j_1j_2\cdots j_m}\boldsymbol{e}_{j_1}\otimes\boldsymbol{e}_{j_2}\otimes\cdots\otimes\boldsymbol{e}_{j_m}\\&=(\phi_{i_1i_2\cdots i_n}\phi'_{j_1j_2\cdots j_m})\boldsymbol{e}_{i_1}\otimes\boldsymbol{e}_{i_2}\otimes\cdots\otimes\boldsymbol{e}_{i_n}\otimes\boldsymbol{e}_{j_1}\otimes\boldsymbol{e}_{j_2}\otimes\cdots\otimes\boldsymbol{e}_{j_m}\end{aligned}\tag{1-2-3}$$

并积后张量的阶数等于相乘两张量的阶数之和。

有时在书写时也可以省略符号⊗，把 n 阶张量直接记为 $\phi_{i_1i_2\cdots i_n}\boldsymbol{e}_{i_1}\boldsymbol{e}_{i_2}\cdots\boldsymbol{e}_{i_n}$。

3．点积(内积)

根据 $\boldsymbol{e}_{i_n}\cdot\boldsymbol{e}_{j_1}=\delta_{i_nj_1}$，有

$$\begin{aligned}&\phi_{i_1i_2\cdots i_n}\boldsymbol{e}_{i_1}\otimes\boldsymbol{e}_{i_2}\otimes\cdots\otimes\boldsymbol{e}_{i_n}\cdot\phi'_{j_1j_2\cdots j_m}\boldsymbol{e}_{j_1}\otimes\boldsymbol{e}_{j_2}\otimes\cdots\otimes\boldsymbol{e}_{j_m}\\&=\phi_{i_1i_2\cdots i_n}\boldsymbol{e}_{i_1}\otimes\boldsymbol{e}_{i_2}\otimes\cdots\otimes\boldsymbol{e}_{i_{n-1}}\delta_{i_nj_1}\phi'_{j_1j_2\cdots j_m}\boldsymbol{e}_{j_2}\otimes\cdots\otimes\boldsymbol{e}_{j_m}\\&=(\phi_{i_1i_2\cdots i_n}\phi'_{i_nj_2\cdots j_m})\boldsymbol{e}_{i_1}\otimes\boldsymbol{e}_{i_2}\otimes\cdots\otimes\boldsymbol{e}_{i_{n-1}}\otimes\boldsymbol{e}_{j_2}\otimes\cdots\otimes\boldsymbol{e}_{j_m}\end{aligned}\tag{1-2-4}$$

点积后张量的阶数等于点积两张量的阶数之和减 2。注意此时 $\phi_{i_1i_2\cdots i_n}\phi'_{i_nj_2\cdots j_m}$ 中要对哑标 i_n 求和。

例如：

$$\begin{aligned}&M_{iA}\boldsymbol{e}_i\otimes\boldsymbol{e}_A\cdot N_{Bj}\boldsymbol{e}_B\otimes\boldsymbol{e}_j=M_{iA}N_{Aj}\boldsymbol{e}_i\otimes\boldsymbol{e}_j\\&=(M_{11}N_{11}+M_{12}N_{21}+M_{13}N_{31})\boldsymbol{e}_1\otimes\boldsymbol{e}_1+(M_{11}N_{12}+M_{12}N_{22}+M_{13}N_{32})\boldsymbol{e}_1\otimes\boldsymbol{e}_2\cdots\\&\quad+(M_{31}N_{13}+M_{32}N_{23}+M_{33}N_{33})\boldsymbol{e}_3\otimes\boldsymbol{e}_3\qquad(i,j=1,2,3)\end{aligned}$$

4．叉积

根据 $\boldsymbol{e}_i\times\boldsymbol{e}_j=\varepsilon_{ijk}\boldsymbol{e}_k$，有

$$\begin{aligned}&\phi_{i_1i_2\cdots i_n}\boldsymbol{e}_{i_1}\otimes\boldsymbol{e}_{i_2}\otimes\cdots\otimes\boldsymbol{e}_{i_n}\times\phi'_{j_1j_2\cdots j_m}\boldsymbol{e}_{j_1}\otimes\boldsymbol{e}_{j_2}\otimes\cdots\otimes\boldsymbol{e}_{j_m}\\&=\phi_{i_1i_2\cdots i_n}\boldsymbol{e}_{i_1}\otimes\boldsymbol{e}_{i_2}\otimes\cdots\otimes\boldsymbol{e}_{i_{n-1}}\varepsilon_{i_nj_1k}\boldsymbol{e}_k\phi'_{j_1j_2\cdots j_m}\boldsymbol{e}_{j_2}\otimes\cdots\otimes\boldsymbol{e}_{j_m}\\&=(\varepsilon_{i_nj_1k}\phi_{i_1i_2\cdots i_n}\phi'_{j_1j_2\cdots j_m})\boldsymbol{e}_{i_1}\otimes\boldsymbol{e}_{i_2}\otimes\cdots\otimes\boldsymbol{e}_{i_{n-1}}\otimes\boldsymbol{e}_k\otimes\boldsymbol{e}_{j_2}\otimes\cdots\otimes\boldsymbol{e}_{j_m}\end{aligned}\tag{1-2-5}$$

叉积后张量的阶数等于两张量的阶数之和减 1。

可以定义置换张量(Eddington 张量) $\boldsymbol{E}=\varepsilon_{ijk}\boldsymbol{e}_i\otimes\boldsymbol{e}_j\otimes\boldsymbol{e}_k$，于是，张量的叉积满足

$$\boldsymbol{\Phi}\times\boldsymbol{\Phi}'=-\boldsymbol{\Phi}\cdot\boldsymbol{E}\cdot\boldsymbol{\Phi}' \tag{1-2-6}$$

证明：

$$\begin{aligned}-\boldsymbol{\Phi}\cdot\boldsymbol{E}\cdot\boldsymbol{\Phi}'&=-\phi_{i_1i_2\cdots i_n}\boldsymbol{e}_{i_1}\otimes\boldsymbol{e}_{i_2}\otimes\cdots\otimes\boldsymbol{e}_{i_n}\cdot\varepsilon_{mnl}\boldsymbol{e}_m\otimes\boldsymbol{e}_n\otimes\boldsymbol{e}_l\cdot\phi'_{j_1j_2\cdots j_m}\boldsymbol{e}_{j_1}\otimes\boldsymbol{e}_{j_2}\otimes\cdots\otimes\boldsymbol{e}_{j_m}\\&=-\varepsilon_{i_nnj_1}\phi_{i_1i_2\cdots i_n}\boldsymbol{e}_{i_1}\otimes\boldsymbol{e}_{i_2}\otimes\cdots\otimes\boldsymbol{e}_{i_{n-1}}\otimes\boldsymbol{e}_n\phi'_{j_1j_2\cdots j_m}\otimes\boldsymbol{e}_{j_2}\otimes\cdots\otimes\boldsymbol{e}_{j_m}\\&=(\varepsilon_{i_nj_1n}\phi_{i_1i_2\cdots i_n}\phi'_{j_1j_2\cdots j_m})\boldsymbol{e}_{i_1}\otimes\boldsymbol{e}_{i_2}\otimes\cdots\otimes\boldsymbol{e}_{i_{n-1}}\otimes\boldsymbol{e}_n\otimes\boldsymbol{e}_{j_2}\otimes\cdots\otimes\boldsymbol{e}_{j_m}\end{aligned}$$

把指标符号由 n 换为 k，即与式(1-2-5)相同，问题得证。

注意：表达式要对哑标 i_n, j_1 求和，如果写成矩阵形式，为

$$\begin{bmatrix}\phi_{11\cdots1}&\phi_{11\cdots2}&\phi_{11\cdots3}\\\phi_{21\cdots1}&\phi_{21\cdots2}&\phi_{21\cdots3}\\&\vdots&\\\phi_{33\cdots1}&\phi_{33\cdots2}&\phi_{33\cdots3}\end{bmatrix}\begin{bmatrix}\varepsilon_{11n}&\varepsilon_{12n}&\varepsilon_{13n}\\\varepsilon_{21n}&\varepsilon_{22n}&\varepsilon_{23n}\\\varepsilon_{31n}&\varepsilon_{32n}&\varepsilon_{33n}\end{bmatrix}\begin{bmatrix}\phi'_{11\cdots1}&\phi'_{12\cdots1}&&\phi'_{13\cdots3}\\\phi'_{21\cdots1}&\phi'_{22\cdots1}&\cdots&\phi'_{23\cdots3}\\\phi'_{31\cdots1}&\phi'_{32\cdots1}&&\phi'_{33\cdots3}\end{bmatrix}$$

5. 张量判定定理

若有 n 阶指标的量 $\phi_{i_1i_2\cdots i_n}$ 和任意向量(1 阶张量)的点积(内积)为 $n-1$ 阶张量，则 $\phi_{i_1i_2\cdots i_n}$ 就是一个 n 阶张量。

例如：设一组带三个指标的量 M_{ijk} 与任意矢量 A_k 的点积

$$B_{ij}=M_{ijk}A_k \tag{1-2-7}$$

是一个二阶张量，则 M_{ijk} 必是三阶张量。

证明：建立一个指标符号带撇的新坐标系，由式(1-2-7)，有

$$B_{m'n'}=M_{m'n'l'}A_{l'} \tag{1-2-7a}$$

根据坐标变换规则，有

$$B_{m'n'}=Q_{m'i}Q_{n'j}B_{ij} \tag{1-2-7b}$$

将式(1-2-7)代入，得

$$B_{m'n'}=Q_{m'i}Q_{n'j}M_{ijk}A_k \tag{1-2-7c}$$

对于原来坐标系中的矢量 A_k，有 $A_k=Q_{l'k}A_{l'}$，代入式(1-2-7c)，有

$$B_{m'n'}=Q_{m'i}Q_{n'j}Q_{l'k}M_{ijk}A_{l'} \tag{1-2-7d}$$

式(1-2-7a)和式(1-2-7d)相减得

$$B_{m'n'}-B_{m'n'}=(M_{m'n'l'}-Q_{m'i}Q_{n'j}Q_{l'k}M_{ijk})A_{l'}=0$$

由于 $A_{l'}$ 是任意向量，因此必须有

$$M_{m'n'l'}=Q_{m'i}Q_{n'j}Q_{l'k}M_{ijk}$$

即 M_{ijk} 服从三阶张量的变换规律，故是三阶张量。同理可以证明其他任何阶张量。

6．张量微分

由于在曲线坐标系中，基向量的导数不为 0，张量的微分要对每一个基向量都进行微分，即有 n+1 项微分相加。

$$
\begin{aligned}
&(\phi_{i_1 i_2 \cdots i_n}\boldsymbol{e}_{i_1}\otimes\boldsymbol{e}_{i_2}\otimes\cdots\otimes\boldsymbol{e}_{i_n})_{,j} \\
&=\phi_{i_1 i_2 \cdots i_n,j}\boldsymbol{e}_{i_1}\otimes\boldsymbol{e}_{i_2}\otimes\cdots\otimes\boldsymbol{e}_{i_n}+\phi_{i_1 i_2 \cdots i_n}\boldsymbol{e}_{i_1,j}\otimes\boldsymbol{e}_{i_2}\otimes\cdots\otimes\boldsymbol{e}_{i_n}+\cdots+\phi_{i_1 i_2 \cdots i_n}\boldsymbol{e}_{i_1}\otimes\boldsymbol{e}_{i_2}\otimes\cdots\otimes\boldsymbol{e}_{i_n,j}
\end{aligned}
\tag{1-2-8}
$$

1.2.2　场论

物理学中把某个物理量在空间一个区域内的分布称为场，显然，这个物理量是空间坐标的函数。如果这个物理量是数量，则称此场为标量场，记为 $\phi=\phi(\boldsymbol{x},t)$，如温度场、密度场等；标量场的表达式不含有基向量，因此在坐标变换时保持不变，即在空间同一点上 $\phi'(\boldsymbol{x}',t)=\phi(\boldsymbol{x},t)$。如果这个物理量是向量，$\boldsymbol{a}(\boldsymbol{x},t)=a_i\boldsymbol{g}_i$，则称此场为向量场，如引力场、电场、磁场等。根据式(1-1-11)，向量在不同坐标系下存在如下关系：

$$
\boldsymbol{a}(\boldsymbol{x},t)=a_i\boldsymbol{g}_i=a_i\frac{\partial x_j'}{\partial x_i}\boldsymbol{g}_j'=a_j'\boldsymbol{g}_j' \quad 即 \quad a_j'=a_i\frac{\partial x_j'}{\partial x_i}
$$

如果同一时刻场内各点的函数值都相等，则称此场为均匀场，即 $\phi=\phi(t)$，$\boldsymbol{a}=\boldsymbol{a}(t)$，反之则为不均匀场。如果场的物理量只随空间位置变化，不随时间变化，这样的场称为定常场，则 $\phi=\phi(\boldsymbol{x})$，$\boldsymbol{a}=\boldsymbol{a}(\boldsymbol{x})$；如果场的物理量不仅随空间位置变化，而且随时间变化，这样的场称为非定常非均匀场。对于非定常场，可以固定某个时刻 $t=t_0$，对空间导数进行研究。

方向导数：在函数定义域内的点 $\boldsymbol{x}_0$，对某一方向求导得到的导数，定义为函数的方向导数(注：方向导数可分为沿直线方向和沿曲线方向的导数)，记为 $\dfrac{\partial\phi}{\partial s}$，其中 $\phi=\phi(\boldsymbol{x})$ 表示函数，∂s 表示 $\boldsymbol{s}$ 方向上的线元。

1．梯度场

梯度表示某一函数在该点处的方向导数沿着该方向取得最大值，即函数在该点处沿着该方向(此梯度的方向)变化最快，变化率最大(为该梯度的模)，记为 grad $\phi=\nabla\phi$。其中 ∇ 为哈密顿(Hamiltonian)算子，读作 delta 或 nabla。如图 1-3 所示，$\nabla\phi=\dfrac{\partial\phi}{\partial n}\boldsymbol{n}$，其中 $\boldsymbol{n}$ 为等位面的法向方向，$\boldsymbol{s}$ 为任一方向，$\phi=C_1$ 和 $\phi=C_2$ 分别对应两个等位面。

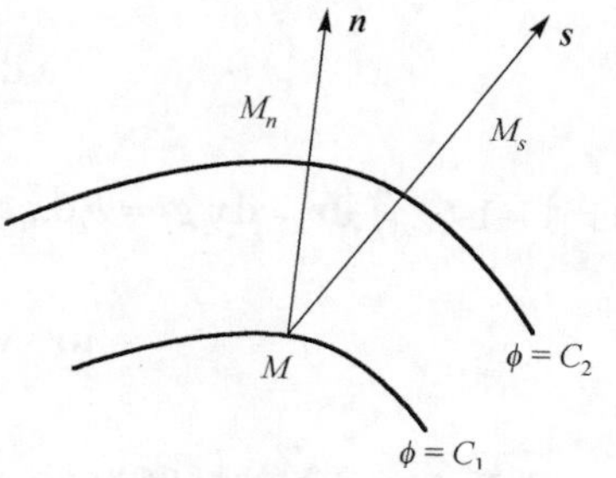

图 1-3　等位面示意图

性质 1：记 $\boldsymbol{s}_0$ 为 $\boldsymbol{s}$ 方向的单位矢量，方向导数满足

$$
\frac{\partial\phi}{\partial s}=\boldsymbol{s}_0\cdot\nabla\phi \tag{1-2-9}
$$

证明：如图 1-3 所示，有

$$
\frac{\partial\phi}{\partial s}=\frac{\partial\phi}{\dfrac{\partial n}{\cos(\boldsymbol{n},\boldsymbol{s})}}=\frac{\partial\phi}{\partial n}\cos(\boldsymbol{n},\boldsymbol{s})=\frac{\partial\phi}{\partial n}\boldsymbol{n}\cdot\boldsymbol{s}_0=\nabla\phi\cdot\boldsymbol{s}_0=\boldsymbol{s}_0\cdot\nabla\phi
$$

在直角坐标系中，根据式(1-2-9)，$\boldsymbol{s}_0$ 分别取 $\boldsymbol{i},\boldsymbol{j},\boldsymbol{k}$，有

$$\begin{cases}\dfrac{\partial\phi}{\partial x}=\boldsymbol{i}\cdot\nabla\phi\\ \dfrac{\partial\phi}{\partial y}=\boldsymbol{j}\cdot\nabla\phi\\ \dfrac{\partial\phi}{\partial z}=\boldsymbol{k}\cdot\nabla\phi\end{cases}$$

显然，有 $\nabla=\boldsymbol{i}\dfrac{\partial}{\partial x}+\boldsymbol{j}\dfrac{\partial}{\partial y}+\boldsymbol{k}\dfrac{\partial}{\partial z}$。

【例 1-6】 证明：正交曲线坐标系中梯度算子的表达式为

$$\nabla\phi=\frac{\boldsymbol{e}_i}{h_i}\frac{\partial\phi}{\partial x_i}\tag{1-2-10}$$

由式(1-1-6)有 $\mathrm{d}\boldsymbol{s}=\mathrm{d}x_i\boldsymbol{g}_i=h_i\mathrm{d}x_i\boldsymbol{e}_i$，微元 $\mathrm{d}\boldsymbol{s}$ 在坐标轴($\boldsymbol{e}_i$)上的投影 $\mathrm{d}s_i=h_i\mathrm{d}x_i$，例如，在柱坐标系中，微元在 $\boldsymbol{e}_r$、$\boldsymbol{e}_\theta$ 上的投影分别是 $\mathrm{d}r$ 和 $r\mathrm{d}\theta$。根据式(1-2-9)，有

$$\frac{\partial\phi}{\partial s_i}=\frac{\partial\phi}{h_i\partial x_i}=\boldsymbol{e}_i\cdot\nabla\phi$$

即

$$\nabla\phi=\frac{\partial\phi}{h_i\partial x_i}\boldsymbol{e}_i$$

性质 2：梯度 $\nabla\phi$ 满足

$$\mathrm{d}\phi=\mathrm{d}\boldsymbol{r}\cdot\nabla\phi\tag{1-2-11}$$

证明：考察 ϕ 对空间自变量的全微分：

$$\mathrm{d}\phi=\frac{\partial\phi}{\partial x_1}\mathrm{d}x_1+\frac{\partial\phi}{\partial x_2}\mathrm{d}x_2+\frac{\partial\phi}{\partial x_3}\mathrm{d}x_3$$

由式(1-1-6)有 $\mathrm{d}\boldsymbol{r}=\mathrm{d}x_i\boldsymbol{g}_i=h_i\mathrm{d}x_i\boldsymbol{e}_i$，再根据式(1-2-10)，于是

$$\mathrm{d}\boldsymbol{r}\cdot\nabla\phi=h_i\mathrm{d}x_i\boldsymbol{e}_i\cdot\frac{\boldsymbol{e}_j}{h_j}\frac{\partial\phi}{\partial x_j}=\frac{\partial\phi}{\partial x_i}\mathrm{d}x_i=\mathrm{d}\phi$$

性质 3：函数的梯度为

$$\nabla F(\phi)=\frac{\mathrm{d}F}{\mathrm{d}\phi}\nabla\phi\tag{1-2-12}$$

证明：$\nabla F(\phi)=\dfrac{\boldsymbol{e}_i}{h_i}\dfrac{\partial F(\phi)}{\partial x_i}=\dfrac{\boldsymbol{e}_i}{h_i}\dfrac{\partial F(\phi)}{\partial\phi}\dfrac{\partial\phi}{\partial x_i}=\dfrac{\mathrm{d}F}{\mathrm{d}\phi}\dfrac{\partial\phi}{h_i\partial x_i}\boldsymbol{e}_i=\dfrac{\mathrm{d}F}{\mathrm{d}\phi}\nabla\phi$

2．散度场

散度表示在某点处的单位体积内散发出来的物理量的通量(见数学中的高斯公式)，数学表达式为

$$\nabla\cdot\boldsymbol{a}=\frac{\boldsymbol{e}_i}{h_i}\frac{\partial}{\partial x_i}\cdot(a_j\boldsymbol{e}_j)=\frac{\partial a_j}{h_i\partial x_i}\boldsymbol{e}_i\cdot\boldsymbol{e}_j+\frac{a_j\boldsymbol{e}_i}{h_i}\cdot\frac{\partial\boldsymbol{e}_j}{\partial x_i}=\frac{\partial a_j}{h_j\partial x_j}+a_j\left(\frac{\boldsymbol{e}_I}{h_I}\cdot\frac{\partial\boldsymbol{e}_j}{\partial x_I}+\frac{\boldsymbol{e}_J}{h_J}\cdot\frac{\partial\boldsymbol{e}_j}{\partial x_J}+\frac{\boldsymbol{e}_K}{h_K}\cdot\frac{\partial\boldsymbol{e}_j}{\partial x_K}\right)$$

根据式(1-1-8)，有

$$\begin{aligned}\nabla\cdot\boldsymbol{a}&=\frac{\partial a_j}{h_j\partial x_j}+a_j\left(\frac{\boldsymbol{e}_I}{h_I}\cdot\frac{\partial h_I}{h_j\partial x_j}\boldsymbol{e}_I+0+\frac{\boldsymbol{e}_K}{h_K}\cdot\frac{\partial h_K}{h_j\partial x_j}\boldsymbol{e}_K\right)\\&=\frac{\partial a_j}{h_j\partial x_j}+a_j\left(\frac{\boldsymbol{e}_I h_K}{h_I h_K}\cdot\frac{\partial h_I}{h_j\partial x_j}\boldsymbol{e}_I+\frac{\boldsymbol{e}_K h_I}{h_K h_I}\cdot\frac{\partial h_K}{h_j\partial x_j}\boldsymbol{e}_K\right)\\&=\frac{\partial a_j}{h_j\partial x_j}+\frac{a_j}{h_I h_j h_K}\frac{\partial(h_I h_K)}{\partial x_j}=\frac{1}{h_1h_2h_3}\frac{\partial(h_I h_K a_j)}{\partial x_j}\end{aligned}$$

即

$$\nabla\cdot\boldsymbol{a}=\frac{1}{h_1h_2h_3}\left[\frac{\partial(h_2h_3a_1)}{\partial x_1}+\frac{\partial(h_3h_1a_2)}{\partial x_2}+\frac{\partial(h_1h_2a_3)}{\partial x_3}\right]\qquad(1\text{-}2\text{-}13)$$

3．旋度场

旋度表示向量场对某一点附近的微元造成的旋转程度，数学表达式为

$$\begin{aligned}\nabla\times\boldsymbol{a}&=\boldsymbol{e}_i\frac{\partial}{h_i\partial x_i}\times(a_j\boldsymbol{e}_j)=\frac{\boldsymbol{e}_i}{h_i}\times\frac{\partial a_j}{\partial x_i}\boldsymbol{e}_j+\frac{\boldsymbol{e}_i}{h_i}\times a_j\frac{\partial\boldsymbol{e}_j}{\partial x_i}\\&=\frac{\varepsilon_{ijk}}{h_i}\frac{\partial a_j}{\partial x_i}\boldsymbol{e}_k+\frac{\boldsymbol{e}_i}{h_i}\times\left(a_I\frac{\partial\boldsymbol{e}_I}{\partial x_i}+a_J\frac{\partial\boldsymbol{e}_J}{\partial x_i}+a_K\frac{\partial\boldsymbol{e}_K}{\partial x_i}\right)\end{aligned}$$

根据式(1-1-8)，有

$$\begin{aligned}\nabla\times\boldsymbol{a}&=\frac{\varepsilon_{ijk}}{h_i}\frac{\partial a_j}{\partial x_i}\boldsymbol{e}_k+\frac{\boldsymbol{e}_i}{h_i}\times\left[a_I\left(-\frac{\partial h_i}{h_J\partial x_J}\boldsymbol{e}_J-\frac{\partial h_i}{h_K\partial x_K}\boldsymbol{e}_K\right)+a_J\frac{\partial h_i}{h_J\partial x_J}\boldsymbol{e}_i+a_K\frac{\partial h_i}{h_K\partial x_K}\boldsymbol{e}_i\right]\\&=\frac{\varepsilon_{ijk}}{h_i}\frac{\partial a_j}{\partial x_i}\boldsymbol{e}_k-\frac{\boldsymbol{e}_i}{h_i}\times\left(\frac{a_I\partial h_i}{h_J\partial x_J}\boldsymbol{e}_J+\frac{a_I\partial h_i}{h_K\partial x_K}\boldsymbol{e}_K\right)\\&=\frac{\varepsilon_{ijk}}{h_i}\frac{\partial a_j}{\partial x_i}\boldsymbol{e}_k-\frac{\boldsymbol{e}_i}{h_i}\times\left(\frac{a_I\partial h_i}{h_I\partial x_I}\boldsymbol{e}_I+\frac{a_I\partial h_i}{h_J\partial x_J}\boldsymbol{e}_J+\frac{a_I\partial h_i}{h_K\partial x_K}\boldsymbol{e}_K\right)\\&=\frac{\varepsilon_{ijk}}{h_i}\frac{\partial a_j}{\partial x_i}\boldsymbol{e}_k-\frac{\boldsymbol{e}_i}{h_i}\times\frac{a_i\partial h_i}{h_j\partial x_j}\boldsymbol{e}_j=\frac{\varepsilon_{ijk}}{h_i}\frac{\partial a_j}{\partial x_i}\boldsymbol{e}_k-\varepsilon_{ijk}\frac{a_i\partial h_i}{h_ih_j\partial x_j}\boldsymbol{e}_k\\&=\frac{\varepsilon_{ijk}}{h_i}\frac{\partial a_j}{\partial x_i}\boldsymbol{e}_k-\varepsilon_{jik}\frac{a_j\partial h_j}{h_ih_j\partial x_i}\boldsymbol{e}_k=\frac{\varepsilon_{ijk}h_j}{h_ih_j}\frac{\partial a_j}{\partial x_i}\boldsymbol{e}_k+\varepsilon_{ijk}\frac{a_j\partial h_j}{h_ih_j\partial x_i}\boldsymbol{e}_k\\&=\frac{\varepsilon_{ijk}}{h_ih_j}\frac{\partial(h_ja_j)}{\partial x_i}\boldsymbol{e}_k=\frac{\varepsilon_{ijk}}{h_ih_jh_k}\frac{\partial(h_ja_j)}{\partial x_i}h_k\boldsymbol{e}_k=\frac{\varepsilon_{ijk}}{h_1h_2h_3}\frac{\partial(h_ja_j)}{\partial x_i}h_k\boldsymbol{e}_k\end{aligned}$$

即

$$\nabla\times\boldsymbol{a}=\frac{1}{h_1h_2h_3}\begin{vmatrix}h_1\boldsymbol{e}_1 & h_2\boldsymbol{e}_2 & h_3\boldsymbol{e}_3\\ \dfrac{\partial}{\partial x_1} & \dfrac{\partial}{\partial x_2} & \dfrac{\partial}{\partial x_3}\\ h_1a_1 & h_2a_2 & h_3a_3\end{vmatrix} \tag{1-2-14}$$

【例 1-7】 求柱坐标中梯度、散度、旋度的表示。

解： 从例 1-2 可知 $h_r=h_z=1$，$h_\theta=\sqrt{(-r\sin\theta)^2+(r\cos\theta)^2+(0)^2}=r$。

根据式(1-2-10)有

$$\nabla=\frac{\boldsymbol{e}_i}{h_i}\frac{\partial}{\partial x_i}=\boldsymbol{e}_r\frac{\partial}{\partial r}+\boldsymbol{e}_z\frac{\partial}{\partial z}+\frac{\boldsymbol{e}_\theta}{r}\frac{\partial}{\partial\theta} \tag{1-2-15}$$

根据式(1-2-13)有

$$\nabla\cdot\boldsymbol{a}=\frac{1}{r}\left[\frac{\partial(ra_r)}{\partial r}+\frac{\partial(a_\theta)}{\partial\theta}+\frac{\partial(ra_z)}{\partial z}\right] \tag{1-2-16}$$

根据式(1-2-14)有

$$\nabla\times\boldsymbol{a}=\frac{1}{r}\begin{vmatrix}\boldsymbol{e}_r & r\boldsymbol{e}_\theta & \boldsymbol{e}_z\\ \dfrac{\partial}{\partial r} & \dfrac{\partial}{\partial\theta} & \dfrac{\partial}{\partial z}\\ a_r & ra_\theta & a_z\end{vmatrix} \tag{1-2-17}$$

【例 1-8】 求柱坐标中速度梯度的表达式。

解： $\boldsymbol{v}=v_r\boldsymbol{e}_r+v_\theta\boldsymbol{e}_\theta+v_z\boldsymbol{e}_z$，由例 1-3 可知 $\dfrac{\partial\boldsymbol{e}_r}{\partial\theta}=\boldsymbol{e}_\theta$，$\dfrac{\partial\boldsymbol{e}_\theta}{\partial\theta}=-\boldsymbol{e}_r$，有

$$\begin{aligned}\nabla(v_r\boldsymbol{e}_r)&=\boldsymbol{e}_r\frac{\partial(v_r\boldsymbol{e}_r)}{\partial r}+\frac{\boldsymbol{e}_\theta}{r}\frac{\partial(v_r\boldsymbol{e}_r)}{\partial\theta}+\boldsymbol{e}_z\frac{\partial(v_r\boldsymbol{e}_r)}{\partial z}\\&=\boldsymbol{e}_r\frac{\partial v_r}{\partial r}\boldsymbol{e}_r+\frac{\boldsymbol{e}_\theta}{r}\frac{\partial v_r}{\partial\theta}\boldsymbol{e}_r+\boldsymbol{e}_z\frac{\partial v_r}{\partial z}\boldsymbol{e}_r+\boldsymbol{e}_r v_r\frac{\partial\boldsymbol{e}_r}{\partial r}+\frac{\boldsymbol{e}_\theta}{r}v_r\frac{\partial\boldsymbol{e}_r}{\partial\theta}+\boldsymbol{e}_z v_r\frac{\partial\boldsymbol{e}_r}{\partial z}\\&=\frac{\partial v_r}{\partial r}\boldsymbol{e}_r\boldsymbol{e}_r+\frac{\partial v_r}{r\partial\theta}\boldsymbol{e}_\theta\boldsymbol{e}_r+\frac{\partial v_r}{\partial z}\boldsymbol{e}_z\boldsymbol{e}_r+\frac{v_r}{r}\boldsymbol{e}_\theta\boldsymbol{e}_\theta\end{aligned}$$

同理：

$$\nabla(v_\theta\boldsymbol{e}_\theta)=\frac{\partial v_\theta}{\partial r}\boldsymbol{e}_r\boldsymbol{e}_\theta+\frac{\partial v_\theta}{r\partial\theta}\boldsymbol{e}_\theta\boldsymbol{e}_\theta+\frac{\partial v_\theta}{\partial z}\boldsymbol{e}_z\boldsymbol{e}_\theta-\frac{v_\theta}{r}\boldsymbol{e}_\theta\boldsymbol{e}_r$$

$$\nabla(v_z\boldsymbol{e}_z)=\frac{\partial v_z}{\partial r}\boldsymbol{e}_r\boldsymbol{e}_z+\frac{\partial v_z}{r\partial\theta}\boldsymbol{e}_\theta\boldsymbol{e}_z+\frac{\partial v_z}{\partial z}\boldsymbol{e}_z\boldsymbol{e}_z$$

整理，得

$$\nabla\boldsymbol{v}=\begin{bmatrix}\dfrac{\partial v_r}{\partial r} & \dfrac{\partial v_\theta}{\partial r} & \dfrac{\partial v_z}{\partial r}\\ \dfrac{1}{r}\dfrac{\partial v_r}{\partial\theta}-\dfrac{v_\theta}{r} & \dfrac{1}{r}\dfrac{\partial v_\theta}{\partial\theta}+\dfrac{v_r}{r} & \dfrac{1}{r}\dfrac{\partial v_z}{\partial\theta}\\ \dfrac{\partial v_r}{\partial z} & \dfrac{\partial v_\theta}{\partial z} & \dfrac{\partial v_z}{\partial z}\end{bmatrix} \tag{1-2-18}$$

1.2.3　二阶张量

二阶张量又称仿射量，根据 1.1.3 节，它可以将一个坐标系中的向量映射到另一个坐标系。定义二阶张量 $\boldsymbol{B}=B_{ij}\boldsymbol{g}_i\otimes\boldsymbol{g}_j$，则 $\boldsymbol{B}^{\mathrm{T}}=B_{ij}\boldsymbol{g}_j\otimes\boldsymbol{g}_i$。

1．$\boldsymbol{B}$ 的行列式

$$\det\boldsymbol{B}=\begin{vmatrix}B_{11} & B_{12} & B_{13}\\ B_{21} & B_{22} & B_{23}\\ B_{31} & B_{32} & B_{33}\end{vmatrix}=\varepsilon_{ijk}B_{i1}B_{j2}B_{k3}$$

$\det B\neq 0$ 的二阶张量称为正则二阶张量。

2．对称张量

$$\boldsymbol{B}^{\mathrm{T}}=\boldsymbol{B}$$

3．反对称张量

$$\boldsymbol{B}^{\mathrm{T}}=-\boldsymbol{B}$$

4．正交张量

$$\boldsymbol{Q}\cdot\boldsymbol{Q}^{\mathrm{T}}=\boldsymbol{I}$$

单位正交坐标系间的坐标变换矩阵就是正交张量。

5．二阶张量的特征值、特征向量及不变量

对于正则二阶张量 $\boldsymbol{B}$，总存在非零实数和向量，使得 $\boldsymbol{B}\cdot\boldsymbol{x}=\lambda\boldsymbol{x}$，则 λ 称为 $\boldsymbol{B}$ 的特征值，$\boldsymbol{x}$ 称为 $\boldsymbol{B}$ 的特征向量。显然 $(\boldsymbol{B}-\lambda\boldsymbol{I})\cdot\boldsymbol{x}=0$，由于 $\boldsymbol{x}\neq\boldsymbol{0}$，则

$$\det(\boldsymbol{B}-\lambda\boldsymbol{I})=\det(B_{ij}-\lambda\delta_{ij})=0 \tag{1-2-19}$$

式(1-2-19)称为 $\boldsymbol{B}$ 的特征方程，其左侧展开式称为 $\boldsymbol{B}$ 的特征多项式：

$$\lambda^3-I_1(\boldsymbol{B})\lambda^2+I_2(\boldsymbol{B})\lambda-I_3(\boldsymbol{B})=0 \tag{1-2-20}$$

其中

$$\begin{cases}I_1(\boldsymbol{B})=B_{ii}\\ I_2(\boldsymbol{B})=\dfrac{1}{2}(B_{ii}B_{jj}-B_{ij}B_{ji})\\ I_3(\boldsymbol{B})=\det B\end{cases} \tag{1-2-21}$$

分别为 $\boldsymbol{B}$ 的第一、第二、第三主不变量。

6．张量分解定理

任意二阶张量都可唯一地分解为一个对称张量和一个反对称张量的和。

$$B_{ij}=\frac{1}{2}(B_{ij}+B_{ji})+\frac{1}{2}(B_{ij}-B_{ji}) \tag{1-2-22}$$

7．正定矩阵

设 $\boldsymbol{B}$ 是 n 阶矩阵，如果对任何非零向量 $\boldsymbol{x}$，都有 $\boldsymbol{x}^{\mathrm{T}}\cdot\boldsymbol{B}\cdot\boldsymbol{x}>0$，就称 $\boldsymbol{B}$ 为正定矩阵。判定：求出 $\boldsymbol{B}$ 的所有特征值，若 $\boldsymbol{B}$ 的特征值均为正数，则 $\boldsymbol{B}$ 是正定的。

如果对任何非零向量 $\boldsymbol{x}$，都有 $\boldsymbol{x}^{\mathrm{T}} \cdot \boldsymbol{B} \cdot \boldsymbol{x} \geqslant 0$，就称 $\boldsymbol{B}$ 为半正定矩阵。判定：$\boldsymbol{B}$ 的所有特征值 $\lambda_i \geqslant 0$。

如果对任何非零向量 $\boldsymbol{x}$，都有 $\boldsymbol{x}^{\mathrm{T}} \cdot \boldsymbol{B} \cdot \boldsymbol{x} < 0$，就称 $\boldsymbol{B}$ 为负定矩阵。判定：$\boldsymbol{B}$ 的所有特征值 $\lambda_i < 0$。

8. Hamilton-Cayley 定理

设 $\boldsymbol{A}$ 是数域 $\boldsymbol{P}$ 上一个 $n \times n$ 的矩阵，$f(\lambda) = |\lambda \boldsymbol{I} - \boldsymbol{A}|$ 是 $\boldsymbol{A}$ 的特征多项式，则

$$f(\boldsymbol{A}) = \boldsymbol{A}^n - (a_{11} + a_{22} + \cdots + a_{nn})\boldsymbol{A}^{n-1} + \cdots + (-1)^n |\boldsymbol{A}| \boldsymbol{I} = 0 \tag{1-2-23}$$

当 $n = 3$ 时，有

$$f(\boldsymbol{A}) = \boldsymbol{A}^3 - \mathrm{tr}(\boldsymbol{A})\boldsymbol{A}^2 + \frac{1}{2}\boldsymbol{A}\{[\mathrm{tr}(\boldsymbol{A})]^2 - \mathrm{tr}(\boldsymbol{A}^2)\} - |\boldsymbol{A}|\boldsymbol{I} = 0 \tag{1-2-24}$$

课 后 习 题

1.1　写出球坐标的基向量和单位基向量。

1.2　求球坐标单位基向量对曲线坐标的微分。

1.3　写出球坐标系与直角坐标系间的变换矩阵。

1.4　写出球坐标系与柱坐标系间的变换矩阵。

1.5　求球坐标中散度、旋度的表达式。

1.6　求球坐标中速度梯度的表达式。

1.7　证明：$\varepsilon_{ijk}\varepsilon_{kqr} = \delta_{iq}\delta_{jr} - \delta_{ir}\delta_{jq}$。

1.8　求对称二阶张量 $\boldsymbol{P} = p_{ij}\boldsymbol{e}_i \otimes \boldsymbol{e}_j$ 的散度表达式。

1.9　求柱坐标中对称二阶张量 $\boldsymbol{P} = p_{ij}\boldsymbol{e}_i \otimes \boldsymbol{e}_j$ 的散度表达式。

第 2 章　流体的物理性质和运动描述

流体力学的研究方法有理论、计算和实验三种，本书主要介绍理论研究方法，将通过实验观察对流体的物理性质及运动特性进行分析，设计合理的理论模型从而得到理论研究结果。本章将用理论分析的方法研究流体的物理性质和运动描述。

2.1　流体的物理性质

2.1.1　物理状态

常温常压下，物质存在固态、液态和气态三种状态，它们分别对应为固体、液体和气体，液体和气体又合称为流体。流体具有流动性、无固定形状，在外力作用下流体内部会发生相对运动。而固体则具有一定的形状，不易变形。物质这些宏观性质的差异直接与“物质的分子热运动状态和分子之间的相互作用”有关。任何物质都不是连续体，而是由处于分离状态的大量粒子所组成的，分子、原子、粒子间的真空区尺度远大于粒子本身。

粒子之间存在相互作用力，包括粒子电离后形成的库仑力(Coulomb force)、粒子与粒子间的共价结合力、粒子极化产生的范德瓦耳斯力(van der Waals force)。物质呈现一定的宏观状态，是处于某种平均能量水平的大量分子，在作用力制约下的排列方式和运动方式的宏观表现。图 2-1 为不形成化学键的两孤立分子的相互作用力 F 和分子间距 r 的关系图。当分子相距较远时，分子间的作用力很小，可忽略；当两分子接近达到 10^{-9}m 的距离时开始出现引力(attraction)，如图 2-1 点画线所示，随着分子间距的缩小，引力 F_a 逐渐增大，$F_a=\dfrac{\mu}{r^t}$，其中 μ 为引力常数；当分子进一步靠近时，斥力 F_r 开始出现，$F_r=\dfrac{\lambda}{r^s}$，其中 λ 为斥力有关常数，如图 2-1 虚线所示，并随着距离缩小而急剧增加 $(s>t>0)$，斥力比引力增加得快，但此时合力(sum) $F_s=F_r-F_a$ 小于 0，为引力，如图 2-1 中实线所示，分子的速度在力的作用下不断增加；当分子间距缩小到 r_0 时，引力和斥力相互抵消，即 $F_s(r=r_0)=0$，称 r_0 为平衡距离，其量级在 10^{-10}m，此时分子的速度达到极大值，在惯性的作用下继续相向运动；当两分子更接近时 $F_s=F_r-F_a>0$，为斥力，分子的速度开始减小；当 $r=d_0$ 时，速度减小到 0，并在合力为斥力的作用下两分子分离，运动转向，相背运动，间距增加；可见，d_0 为两分子所能达到的最小间距，我们定义其为分子的有效直径，$d_0\approx 2.5\times10^{-10}$m，认为在上述过程中分子完成一次“碰撞”。如果没有能量损失，上述“碰撞”后的分子，在斥力作用下分离，分离速度增加；当间距再次达到 $r = r_0$ 时，合力为 0，速度达到极大值并开始减小，合力 $F_s<0$，为引力，当速度减小到 0 时，分子反转，在引力作用下相向运动，重复上述过程，形成在平衡位置附近的往复运动。

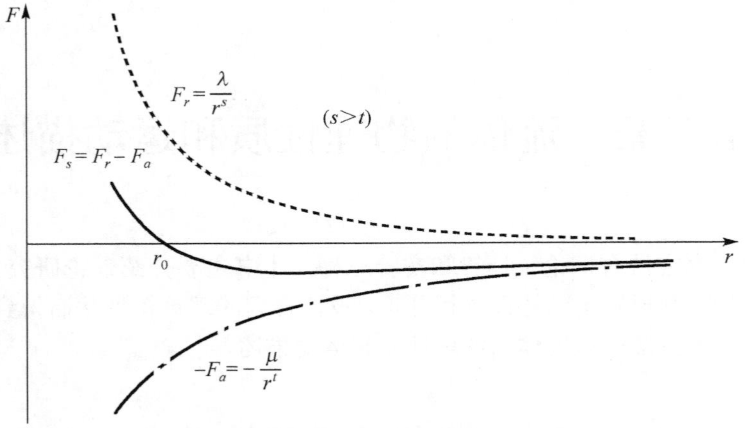

图 2-1　分子的相互作用力

标准状态下，1mol 气体体积为 22.4L，每个分子平均占有的体积为 $\frac{22.4\times10^{-3}\text{m}^3}{6.02\times10^{23}}\approx3.7\times10^{-26}\text{m}^3$，则气体分子间的平均距离约为 $3.3\times10^{-9}\text{m}>10d_0$，分子力为弱相互作用，此时，只要分子的平均动能足够大，单个分子就能克服邻近分子的吸引力而处于一种自由运动状态，也就是说分子在邻近分子力场中具有的势能远小于分子本身具有的动能，势能可以被忽略，因此，分子近似做自由与无规则的运动。对于液体，以水为例，1mol 水的质量为 18g，所占据的体积约为 $1.8\times10^{-5}\text{m}^3$，单个水分子平均占有的空间为 $\frac{1.8\times10^{-5}\text{m}^3}{6.02\times10^{23}}\approx3.0\times10^{-29}\text{m}^3$，则水分子间的平均距离约为 $3.1\times10^{-10}\text{m}\approx d_0$，显然，液体分子较气体分子有更强的作用力，因此它难于压缩，但它却像气体一样具有易流动性，而不能保持固定的形状。固体的间距最小(液态水是由于水分子间有氢键的作用，所以水的密度比冰大)，作用力也最大，分子几乎呈固定排列，形成远程有序的晶格，成为各向异性的晶体，当晶格远程排列无序时，就形成各向同性的非晶体。

2.1.2　连续介质假设

流体力学研究流体的宏观运动，研究的对象不直接是这些物质粒子本身，而是从这些物质抽象出来的一种连续介质模型。连续介质的研究对象是物体的宏观运动，即大量分子的平均行为，而不是单个分子的个别行为，因而可以不去考虑物质的分子结构和单个分子的运动细节。事实表明，物质的分子结构和分子的热运动只对宏观运动存在间接的影响，即只能通过影响物质的热力学特性来影响物体的运动。因此，类似于热力学方法，当研究物体的变形、流动等宏观运动特性时，就可以将物体作为一种连续体对待，而无须计及它的微观分子结构。连续介质模型假设物质连续地无间隙地分布于物质所占有的整个空间，流体宏观物理量是空间点及时间的连续函数。那么怎样把一个由分子和原子组成的质点系统“等效地”代换为一个连续体呢？即应如何正确规定连续体的质量、动量、能量等物理量在空间的分布呢？

下面以密度为例来分析宏观物理量的定义。密度的定义式为 $\rho=\lim\limits_{\delta V\to0}\frac{\delta m}{\delta V}$，其中 δV 是在空间一点 P 近旁所取的一个微元体积(图 2-2(a))，$\delta V\to0$。如果 δV 非常小，相当于一个分子体积那样的大小，那么就会出现这种情况：若δV中包含一个分子，ρ就是一个很大的值；若δV中不含任何粒子，ρ就为零。ρ就会是随着P点位置改变而剧烈跳跃的函数。这样的函数显然不能应用连续系统数学。对于气体分子来说，当微元边长$a = 10^{-8}\text{m}$时，δV中约有 27 个气体分子，分子的随机运动可能随时影响密度，从而引起密度值的很大波动；当$a = 10^{-6}\text{m}$时，δV中约有2.7×10^{7}个气体分子(约包含3×10^{10}个水分子)，分子的随机运动对密度的影响很小，完全可以获得一个确定的统计平均密度，称为宏观密度。当$a = 10^{-3}\text{m}$时，测量的数值就受P附近位置的密度影响，也不能看作P点的密度(图 2-2(b))。

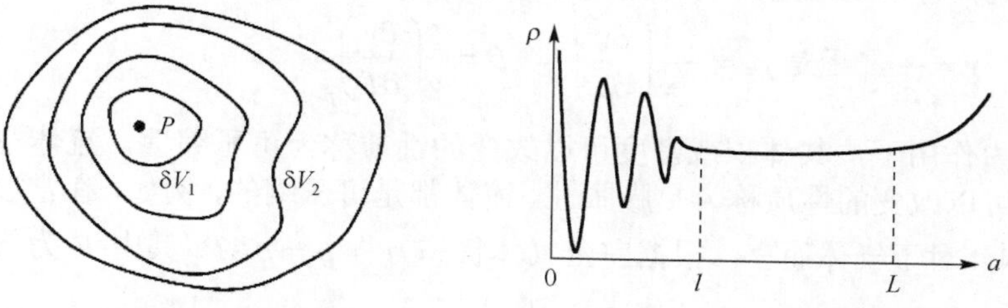

(a) P点与δV空间示意图　　(b) 密度ρ与微元边长a的关系曲线

图 2-2　密度ρ与微元尺度的关系

由此可见，如果以分子间平均距离(气体量级 10^{-9}m，液体量级 10^{-10}m)或气体分子平均自由程(自由程是指一个分子与其他分子相继两次碰撞之间，经过的直线路程，量级在10^{-8}m)作为一个长度尺度，记为l，将空间密度等物理量有显著变化的尺度记为L，取$l \ll a \ll L$，即微观充分大，宏观充分小，这样，微元既可近似看作一个几何点，物理量的值又是稳定不变的，因此，可适用连续介质模型。

本节所建立的连续介质模型，应当理解为一种近似的数学模型，其正确性要由实践来加以检验。大量事实证明，连续介质力学在相当广泛的领域内给出了和实际吻合的结果。如飞机、车船在周围流体介质中运动；血液在动脉中的流动(红细胞的直径约为$8\times10^{-6}\text{m}$，动脉直径约为 $5\times10^{-3}\text{m}$)；研究星系结构时，恒星间的距离约为 $4\times10^{16}\text{m}$，它们在半径约为 $4\times10^{20}\text{m}$ 的银河系中运动，星系也可看作一种连续介质。

但是，也应当指出，对于研究对象的宏观尺度和物质结构的微观尺度量级相当的情况，连续介质模型将不再适用。例如，分析空间飞行器和高层稀薄大气的相互作用时，由于空气分子的平均自由程可以和飞行器尺度相当，连续介质流体力学将不再适用。研究稠密大气中强激波的内部结构时，也会由于激波厚度与气体分子平均自由程量级相当，而使连续介质模型失去意义。对于微机电系统(MEMS)中的流动问题、血液在微血管(直径约为$4\times10^{-6}\text{m}$)中的运动，分子运动的微观行为对宏观运动都有着直接的影响，这时，连续介质流体力学都不再适用，分子动力学才是解决问题的正确方法。

2.1.3　流体的可压缩性与热膨胀性

流体密度的大小，除依赖于流体的种类外，通常还取决于压强和温度，因此，对于同一流体，密度表示为压强、温度的函数，记为$\rho = \rho(p,T)$。密度的改变量为

$$\mathrm{d}\rho = \frac{\partial \rho}{\partial p}\mathrm{d}p + \frac{\partial \rho}{\partial T}\mathrm{d}T = \rho\gamma_T\mathrm{d}p - \rho\beta\mathrm{d}T \tag{2-1-1}$$

其中，$\gamma_T = \frac{1}{\rho}\left(\frac{\partial \rho}{\partial p}\right)_T$，称为等温压缩系数，表示在一定温度下，压强增加一个单位时流体密度的相对增加率；$\beta = -\frac{1}{\rho}\left(\frac{\partial \rho}{\partial T}\right)_p$，称为热膨胀系数，表示在一定压强下，温度增加 1K 时流体密度的相对减小率。定义体积弹性模量$E = \frac{1}{\gamma_T} = \rho\left(\frac{\partial p}{\partial \rho}\right)_T$，它表示流体体积的相对变化所需的压强增量。流体力学中还定义了比容：比容是密度的倒数，即单位质量流体所占有的体积，以符号v表示，$v = \frac{1}{\rho}$，于是$\gamma_T = -\frac{1}{v}\left(\frac{\partial v}{\partial p}\right)_T$，$\beta = \frac{1}{v}\left(\frac{\partial v}{\partial T}\right)_p$。

流体在外力作用下，其体积或密度可以改变的性质称为可压缩性，流体在温度改变时，其体积或密度可以改变的性质称为热膨胀性。流体都是可压缩的，例如，在常温下，水的$\gamma_T = 4.9\times10^{-10}\ \text{m}^2/\text{N}$，对于气体而言，根据完全气体状态方程$p = \rho RT$（其中$R$为气体常数，对于空气，$R = 287\ \text{J/(kg·K)}$），有$\gamma_T = \frac{1}{\rho}\left(\frac{\partial \rho}{\partial p}\right) = \frac{1}{\rho}\frac{1}{RT} = \frac{1}{p}$，以及$\beta = \frac{1}{T}$。

【例 2-1】 求在 100atm 下，水的密度改变率。（$1\text{atm} \approx 1.01\times10^5\text{Pa}$）

解：由$\gamma_T = \frac{1}{\rho}\left(\frac{\partial \rho}{\partial p}\right)$，得$\gamma_T \partial p = \frac{\partial \rho}{\rho}$，两边积分，得

$$\gamma_T \Delta p = \ln\left(\frac{\rho + \Delta\rho}{\rho}\right) = \ln\left(1 + \frac{\Delta\rho}{\rho}\right) = \sum_{n=1}^{\infty}\frac{(-1)^{n+1}}{n}\left(\frac{\Delta\rho}{\rho}\right)^n$$

由于

$$\gamma_T \Delta p = 4.9\times10^{-10}\times100\times1.01\times10^5 \approx 0.5\%$$

可见$\frac{\Delta\rho}{\rho}$是个小量，于是忽略$\frac{\Delta\rho}{\rho}$高阶项，得

$$\sum_{n=1}^{\infty}\frac{(-1)^{n+1}}{n}\left(\frac{\Delta\rho}{\rho}\right)^n \approx \frac{\Delta\rho}{\rho}$$

即

$$\frac{\Delta\rho}{\rho} \approx \gamma_T \Delta p \approx 0.5\%$$

【例 2-2】 在 1atm 下，$T = 273.15\text{K}$ 时，水的比容 $v = 1/1000\text{m}^3/\text{kg}$，$T = 373.15\text{K}$ 时，水的比容 $v = 1.044/1000\text{m}^3/\text{kg}$，求温度从 273.15K 变化到 373.15K 时，水的密度改变率。

解：$T = 273.15\text{K}$ 时，$\rho = 1/v = 10^3\text{kg/m}^3$；$T = 373.15\text{K}$ 时，$\rho = 1/v = 957.9\text{kg/m}^3$，于是

$$\frac{\text{d}\rho}{\rho} = \frac{957.9 - 1000}{1000} = -4.2/\%$$

【例 2-3】 对于完全气体，求气压增加 1/10 时的密度改变率；温度变化 1/10 时的密度改变率。

解：根据完全气体状态方程 $p=\rho RT$，有

$$\left(\frac{\mathrm{d}\rho}{\rho}\right)_T=\frac{\mathrm{d}\left(\frac{p}{RT}\right)_T}{\rho}=\frac{\frac{\mathrm{d}p}{RT}}{\rho}=\frac{\mathrm{d}p}{\rho RT}=\frac{\mathrm{d}p}{p}=0.1$$

$$\left(\frac{\mathrm{d}\rho}{\rho}\right)_p=\frac{\mathrm{d}\left(\frac{p}{RT}\right)_p}{\rho}=\frac{\frac{p}{R}\left(-\frac{\mathrm{d}T}{T^2}\right)}{\rho}=-\frac{p\mathrm{d}T}{\rho RT^2}=-\frac{\mathrm{d}T}{T}=-0.1$$

一般液体的等温压缩系数较小，可以近似地看成是不可压缩的。气体的可压缩性远大于液体，但当压差较小、速度较小时(在 3.5 节会分析)，气体产生的体积变化并不大，也可以近似地看成是不可压缩的。

2.1.4　流体的输运性质

如果物质由于某种原因处于非平衡态，那么系统会通过某种机制，产生一种自发的过程，使之趋向一个新的平衡态。例如，当流体各层间速度不同时，通过动量传递，速度趋向均匀；当流体各处温度不均匀时，通过能量传递，温度趋向均匀；当流体各部分密度不同时，通过质量传递，密度趋向均匀。流体这种由非平衡态转向平衡态时物理量的传递性质，统称为流体的输运性质。

1．动量输运

1687 年，牛顿首先发表了其剪切流动的实验结果。在平行平板间充满黏性流体，令下板固定不动，以平行于平板的力 F 拉动上板以等速度 U 运动(图 2-3)，实验发现 F 与 U、上板面积 A 和平板间距 h 间存在如下关系(牛顿黏性定律)：

$$F=\mu\frac{U}{h}A \tag{2-1-2}$$

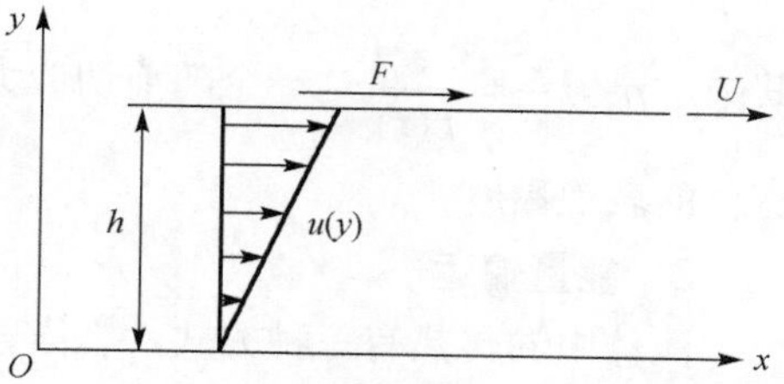

图 2-3　牛顿黏性定律实验示意图

定义剪切应力 $\tau=\frac{F}{A}=\mu\frac{U}{h}$，它的单位是 $\mathrm{N/m^2}$ 或 Pa。显然

$$\tau=\mu\frac{\mathrm{d}u}{\mathrm{d}y} \tag{2-1-3}$$

其中，比例系数μ称为黏性系数或动力黏性系数，它的单位是 $\frac{\mathrm{Pa}}{\frac{\mathrm{m/s}}{\mathrm{m}}}=\mathrm{Pa\cdot s}$ 或 $\mathrm{kg/(m\cdot s)}$。在 CGS 制中，μ 的单位 $\mathrm{g/(cm\cdot s)}$，称为“泊(P)”，有 $1\mathrm{Pa\cdot s}=10\mathrm{P}$。通常，液体的(分子)黏性系数比气体大得多，并且随着温度升高，液体分子间的间隙增大，吸引力减小，黏性系数减小；而气体正好相反，随着温度升高，热运动加剧，动量交换加快，黏性系数增大。另外，引入一个描述黏性的物理量 $\nu=\frac{\mu}{\rho}$，称为运动黏性系数或动量扩散率，单位为 $\mathrm{m^2/s}$。

取 $u=\mathrm{d}x/\mathrm{d}t$ 代入式(2-1-3)，得到黏性的另一种解释：流体抵抗剪切变形的能力。

$$\tau = \mu \frac{du}{dy} = \mu \frac{d}{dy}\frac{dx}{dt} = \mu \frac{d}{dt}\frac{dx}{dy} = \mu\dot{\gamma} \tag{2-1-4}$$

其中，$\gamma = dx/dy$，为剪切应变，$\dot{\gamma}$为剪切应变速率。式(2-1-4)显示：无论剪切应力多么小，都会使剪切应变速率不为零，从而流体的剪切应变一直增大，引起流体很大的变形，这就是流体区别于固体的一种性质：易流动性。只有在流体不受任何剪切应力作用的情况下，流体才能处于完全静止的状态。

实验得到的牛顿黏性定律并非对所有流体都成立，它只适用于一些分子结构简单的流体，如空气、水等。剪切应力与剪切应变速率之间满足线性关系的流体称作牛顿流体，凡是不能表示成简单的比例关系的流体，统称为非牛顿流体。

对于非牛顿流体，剪切应变速率$\dot{\gamma}$与剪切应力τ之间的关系一般可以表示为

$$\dot{\gamma} = f(\tau) \text{ 或 } \tau = F(\dot{\gamma})$$

对于牛顿流体，$f(\tau)$是剪切应力τ的正比例函数，即$f(\tau) = \frac{1}{\eta}\tau$（$\eta$为常数），即$\dot{\gamma} = \frac{1}{\eta}\tau$，此时$\eta$用$\mu$替代，即为式(2-1-4)。

牛顿流体可以看作非牛顿流体的特例，类似的，将非牛顿流体剪切应力与剪切应变速率的一般方程写为

$$\dot{\gamma} = f(\tau) = \frac{1}{\eta_a}\tau \tag{2-1-5}$$

其中，$\eta_a = \frac{\tau}{\dot{\gamma}} = \frac{\tau}{f(\tau)}$是一个随剪切应力或剪切应变速率变化而变化的量，通常称η_a为非牛顿流体的表观黏度。

2. 能量输运

流体中的传热有三种方式：热传导(由于分子热运动所产生的热能输运现象)、热辐射(由于电磁波辐射引起的热效应)、热对流(随流体的宏观运动产生的热迁移现象)，其中热传导和热辐射在固体和静止流体中也存在，热对流则仅存在于运动流体中。

当静止流体中的温度分布不均匀时，流体的热能通过分子热运动从较高温度的区域传递到较低温度的区域，这种现象称为热传导。热传导不牵涉流体的宏观流动，类似于固体的性质。1822年，傅里叶首先进行了最简单的热传导实验(图2-4)，得到了傅里叶定律(一维定常热传导定律)：

$$Q_y = -kA \lim_{\Delta y \to 0} \frac{T(y+\Delta y) - T(y)}{\Delta y} = -kA\frac{dT}{dy}$$

其中，Q_y为单位时间传递的热量；k为热传导系数；A为截面积；T为热力学温度。定义单位面积的热流量$q_y = \frac{Q_y}{A}$，有

$$q_y = \frac{Q_y}{A} = -k\frac{dT}{dy} \tag{2-1-6}$$

其中，k的单位为$\frac{W}{m^2}\frac{m}{K} = W/(m \cdot K)$。

若温度在空间呈三维不均匀分布，介质的热传导性为各向同性，则单位面积的热流量矢量为

$$\boldsymbol{q} = -k\nabla T \tag{2-1-7}$$

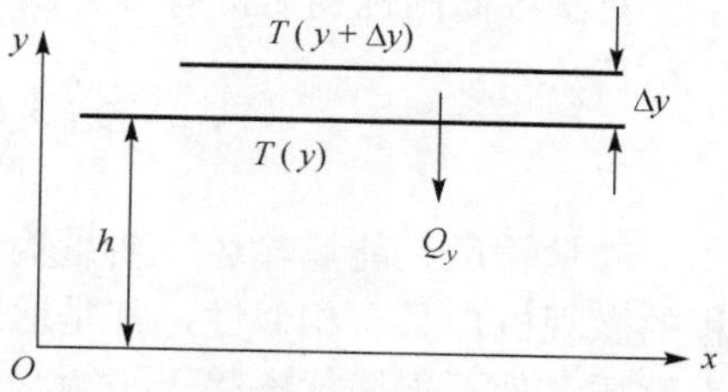

图 2-4　傅里叶定律实验示意图

如果把各向同性物质里的热传导系数表示为二阶张量 $\boldsymbol{k} = k\boldsymbol{I}$，张量分量为 $k\delta_{ij}\boldsymbol{e}_i \otimes \boldsymbol{e}_j$，式(2-1-7)被改写为

$$\boldsymbol{q} = -\boldsymbol{k} \cdot \nabla T = -k\delta_{ij}\boldsymbol{e}_i \otimes \boldsymbol{e}_j \cdot \frac{\partial T}{\partial x_k}\boldsymbol{e}_k$$

$$= -k\frac{\partial T}{\partial x_j}\delta_{ij}\boldsymbol{e}_i = -k\frac{\partial T}{\partial x_i}\boldsymbol{e}_i = -k\nabla T$$

那么对于各向异性物质，热传导系数就是普通二阶张量 $\boldsymbol{k} = k_{ij}\boldsymbol{e}_i \otimes \boldsymbol{e}_j$，于是

$$\boldsymbol{q} = -\boldsymbol{k} \cdot \nabla T = -k_{ij}\boldsymbol{e}_i \otimes \boldsymbol{e}_j \cdot \frac{\partial T}{\partial x_k}\boldsymbol{e}_k = -k_{ij}\frac{\partial T}{\partial x_j}\boldsymbol{e}_i$$

气体热传导是分子平均热运动交换的结果。液体的热传导系数来自两方面的贡献(与固体类似)：①依靠分子在其平均位置附近做小振幅的热振动，温度较高区域分子振动的热能大，把热能传递给邻近的分子；②分子在比分子间距大得多的范围内运动所产生的热传导(此贡献通常比较小，但大于零)。一般来说，液体的热传导系数仅依赖于温度而与压强几乎无关，数量级较气体大 1～2 个。

3．质量输运

当流体的密度分布不均匀时，流体的质量就会从高密度区迁移到低密度区，这种现象称为扩散。在单组分流体中，由于其自身密度差所引起的扩散，称为自扩散；在多种组分的混合介质中，由于各组分的各自密度差在另一组分中所引起的扩散，称为互扩散。1855 年，菲克(A. Fick)首先发表了双组分混合物扩散的实验结果(一维定常菲克第一扩散定律)：

$$j_{AB} = -D_{AB}\frac{\mathrm{d}\rho_A}{\mathrm{d}y} \tag{2-1-8}$$

其中，j_{AB} 和 D_{AB} 分别为组分 A 在组分 B 中单位面积的质量流量和扩散系数。当密度呈空间三维不均匀分布，且介质的质量扩散为各向同性时，单位面积的质量流量矢量为

$$\boldsymbol{j}_{AB} = -D_{AB}\nabla\rho_A \tag{2-1-9}$$

对于同种组分，则用该组分单位面积的质量流量 $\boldsymbol{j}$ 和扩散系数 D 分别替换表达式中的 $\boldsymbol{j}_{AB}$ 和 D_{AB}，即 $\boldsymbol{j} = -D\dfrac{\mathrm{d}\rho}{\mathrm{d}y}$，$D$ 的单位为 $\mathrm{m^2/s}$。一般的，在液体中的扩散系数比在气体中小几个量级。与传热现象类似，传质现象除分子输运以外，还有对流传质，并且根据流动的性质分为受迫对流传质与自由对流传质。

与热传导类似，定义扩散系数的二阶张量 $\boldsymbol{D} = D_{ij}\boldsymbol{e}_i \otimes \boldsymbol{e}_j$，于是有

$$\boldsymbol{j} = -\boldsymbol{D} \cdot \nabla\rho = -D_{ij}\boldsymbol{e}_i \otimes \boldsymbol{e}_j \cdot \frac{\partial\rho}{\partial x_k}\boldsymbol{e}_k = -D_{ij}\frac{\partial\rho}{\partial x_j}\boldsymbol{e}_i$$

对于各向同性物质，有 $\boldsymbol{D}=D\delta_{ij}\boldsymbol{e}_i\otimes\boldsymbol{e}_j$，则

$$\boldsymbol{j}=-D\delta_{ij}\boldsymbol{e}_i\otimes\boldsymbol{e}_j\cdot\frac{\partial\rho}{\partial x_k}\boldsymbol{e}_k=-D\frac{\partial\rho}{\partial x_i}\boldsymbol{e}_i=-D\nabla\rho$$

动量输运、能量输运、质量输运分别对应流体的黏滞、热传导、扩散现象，三种输运过程的微观机理具有相似性，都是通过分子的热运动及分子的相互碰撞输运了它们所具有的宏观性质，使不平衡状态趋于平衡状态。此三种输运过程均是不可逆过程，这些分子输运现象主要在层流流动中考虑，一旦流动为湍流，由于湍流输运能力远大于分子输运，此时的分子输运可以被忽略。

2.2 流体运动学

2.2.1 流体运动的描述

任何流体微元都是由大量质点组成的，描述它的运动有两种方法。一种是给每个质点做标记，流体的运动是质点运动的综合，我们称为拉格朗日(Lagrange)描述，也称随体描述，它着眼于质点，流体质点的物理量是随流体质点和时间变化的，如果用 $t=0$ 时流体质点的坐标 (X_1, X_2, X_3) 标记质点，流体的物理量 f 则可表示为

$$f(\boldsymbol{X};t)=f(X_1,X_2,X_3;t) \tag{2-2-1}$$

另一种是用场论的观点，把物理量表示为空间点 $\boldsymbol{x}(x_1,x_2,x_3)$ 及时间 t 的函数，称为欧拉(Euler)描述：

$$F(\boldsymbol{x};t)=F(x_1,x_2,x_3;t) \tag{2-2-2}$$

注意，求关于时间的绝对导数 $\frac{\mathrm{d}}{\mathrm{d}t}$ 时，Lagrange 描述中求的是关于时间的偏导 $\frac{\partial}{\partial t}$，因为 X_1,X_2,X_3 表示被标记的点，不表示自变量，所以自变量只有时间 t，即 $\frac{\mathrm{d}}{\mathrm{d}t}=\frac{\partial}{\partial t}$，Lagrange 描述是标记点关于时间 t 的函数，但标记点可以任意选取。

Lagrange 描述和 Euler 描述都是对物理量的描述，对于任意物理量，如果已知其 Euler 描述 $F=F(\boldsymbol{x};t)$，可以通过当前坐标 $\boldsymbol{x}(x_1,x_2,x_3)$ 与 $t=0$ 时坐标 $\boldsymbol{X}(X_1,X_2,X_3)$ 的关系 $\boldsymbol{x}=\boldsymbol{x}(\boldsymbol{X},t)$ 得到它的 Lagrange 描述：

$$F(\boldsymbol{x};t)=F[\boldsymbol{x}(\boldsymbol{X},t);t]=f(X_1,X_2,X_3;t)=f(\boldsymbol{X};t) \tag{2-2-3}$$

同理，如果已知其 Lagrange 描述 $f(\boldsymbol{X};t)$，当雅可比(Jacobi)行列式

$$J=\begin{vmatrix}\dfrac{\partial x_1}{\partial X_1} & \dfrac{\partial x_2}{\partial X_1} & \dfrac{\partial x_3}{\partial X_1}\\ \dfrac{\partial x_1}{\partial X_2} & \dfrac{\partial x_2}{\partial X_2} & \dfrac{\partial x_3}{\partial X_2}\\ \dfrac{\partial x_1}{\partial X_3} & \dfrac{\partial x_2}{\partial X_3} & \dfrac{\partial x_3}{\partial X_3}\end{vmatrix}\neq 0$$

时可反解出

$$\boldsymbol{X}=\boldsymbol{X}(\boldsymbol{x},t) \Rightarrow \begin{cases} X_1 = X_1(x_1,x_2,x_3;t) \\ X_2 = X_2(x_1,x_2,x_3;t) \\ X_3 = X_3(x_1,x_2,x_3;t) \end{cases}$$

即

$$\boldsymbol{X}(X_1,X_2,X_3)=\boldsymbol{X}(x_1,x_2,x_3;t)$$

得到它的 Euler 描述：

$$f(\boldsymbol{X};t)=f[\boldsymbol{X}(x_1,x_2,x_3;t);t]=F(x_1,x_2,x_3;t)=F(\boldsymbol{x};t) \tag{2-2-4}$$

【例 2-4】 已知 Lagrange 描述$\begin{cases} x=a\mathrm{e}^t \\ y=b\mathrm{e}^{-t} \end{cases}$，求速度的 Lagrange 描述和 Euler 描述。

解：速度的 Lagrange 描述为

$$\begin{cases} u=\dfrac{\partial x}{\partial t}=a\mathrm{e}^t \\ v=\dfrac{\partial y}{\partial t}=-b\mathrm{e}^{-t} \end{cases}$$

由

$$\begin{cases} x=a\mathrm{e}^t \quad \Rightarrow \quad a=x\mathrm{e}^{-t} \\ y=b\mathrm{e}^{-t} \quad \Rightarrow \quad b=y\mathrm{e}^t \end{cases}$$

得 Euler 描述：

$$\begin{cases} u=a\mathrm{e}^t=x\mathrm{e}^{-t}\mathrm{e}^t=x \\ v=-b\mathrm{e}^{-t}=-y\mathrm{e}^t\mathrm{e}^{-t}=-y \end{cases}$$

【例 2-5】 已知 Euler 描述$\begin{cases} u=x \\ v=-y \end{cases}$，求加速度的 Lagrange 描述和 Euler 描述。

解：由

$$\begin{cases} \dfrac{\mathrm{d}x}{\mathrm{d}t}=u=x \quad \Rightarrow \quad x=c_1\mathrm{e}^t \\ \dfrac{\mathrm{d}y}{\mathrm{d}t}=v=-y \quad \Rightarrow \quad y=c_2\mathrm{e}^{-t} \end{cases}$$

根据初始条件：

$$\begin{cases} x=a \\ y=b \end{cases}, \quad t=0$$

有

$$\begin{cases} x=a\mathrm{e}^t \\ y=b\mathrm{e}^{-t} \end{cases}$$

于是 Lagrange 描述的加速度为

$$\begin{cases} a_x = \dfrac{\partial^2 x}{\partial t^2} = \dfrac{\partial^2 (a\mathrm{e}^t)}{\partial t^2} = a\mathrm{e}^t \\ a_y = \dfrac{\partial^2 y}{\partial t^2} = \dfrac{\partial^2 (b\mathrm{e}^{-t})}{\partial t^2} = b\mathrm{e}^{-t} \end{cases}$$

由

$$\begin{cases} x = a\mathrm{e}^t \quad \Rightarrow \quad a = x\mathrm{e}^{-t} \\ y = b\mathrm{e}^{-t} \quad \Rightarrow \quad b = y\mathrm{e}^t \end{cases}$$

得 Euler 描述的加速度：

$$\begin{cases} a_x = a\mathrm{e}^t = x\mathrm{e}^{-t}\mathrm{e}^t = x \\ a_y = b\mathrm{e}^{-t} = y\mathrm{e}^t\mathrm{e}^{-t} = y \end{cases}$$

2.2.2　迹线、流线和脉线

1．迹线

迹线是指同一流体质点在运动过程中的轨迹(图 2-5)，显然，它与 Lagrange 描述相联系。由速度的定义 $\boldsymbol{v} = \dfrac{\mathrm{d}\boldsymbol{x}}{\mathrm{d}t}$，积分即可求出迹线：$\boldsymbol{x} = \boldsymbol{x}(\boldsymbol{x}_0, t)$。

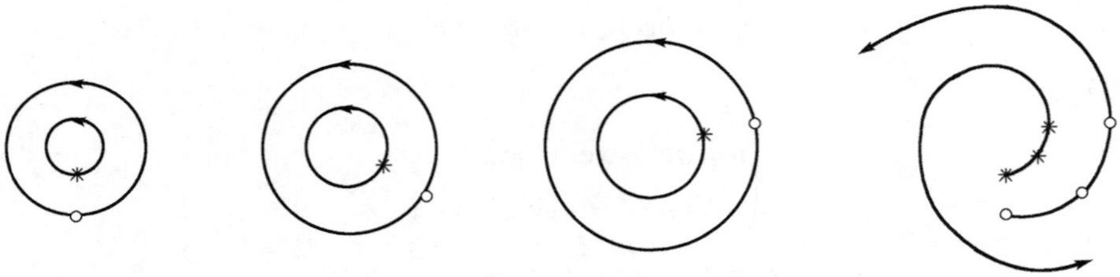

图 2-5　质点运动轨迹(迹线)示意图

【例 2-6】 已知速度分布 $\begin{cases} u = x \\ v = -y \end{cases}$，求迹线。

解：

$$\begin{cases} \dfrac{\mathrm{d}x}{\mathrm{d}t} = u = x \quad \Rightarrow \quad x = c_1\mathrm{e}^t \\ \dfrac{\mathrm{d}y}{\mathrm{d}t} = v = -y \quad \Rightarrow \quad y = c_2\mathrm{e}^{-t} \end{cases}$$

根据初始条件：

$$\begin{cases} x = a \\ y = b \end{cases},\quad t = 0$$

有

$$\begin{cases} x = a\mathrm{e}^{t} \\ y = b\mathrm{e}^{-t} \end{cases}$$

由

$$x = a\mathrm{e}^{t}$$

得出

$$\mathrm{e}^{t} = \frac{x}{a}$$

则

$$y = b\mathrm{e}^{-t} = b\frac{a}{x}$$

于是

$$xy = ab$$

2. 流线

流线是流场中任一时刻的一条几何曲线，其上各点的速度矢量均与此曲线相切(图 2-6(a))。显然，它与 Euler 描述相联系。

根据定义，流线上的线元 d$\boldsymbol{s}$ 满足：d$\boldsymbol{s}$ // $\boldsymbol{v}$，或者 d$\boldsymbol{s} \times \boldsymbol{v} = \boldsymbol{0}$。在直角坐标系中，表达式为

$$\frac{\mathrm{d}x}{u} = \frac{\mathrm{d}y}{v} = \frac{\mathrm{d}z}{w} \tag{2-2-5}$$

定义流面：某一时刻，在流场中作一非流线的曲线，经过该曲线上每点作流线，这些流线在空间就形成一个面，即为流面(图 2-6(b))。

定义流管：经流场中一非流线的封闭曲线作流线，构成流管(图 2-6(c))。

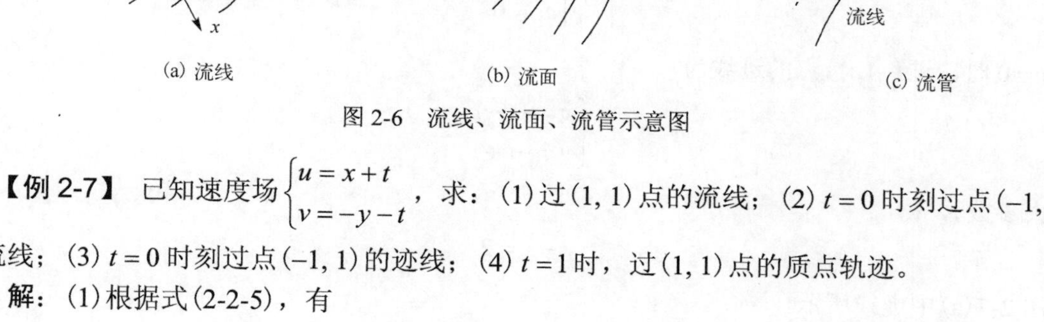

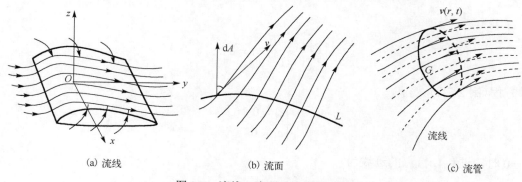

图 2-6　流线、流面、流管示意图

【例 2-7】 已知速度场$\begin{cases} u = x + t \\ v = -y - t \end{cases}$，求：(1) 过 (1, 1) 点的流线；(2) $t = 0$ 时刻过点 (−1, 1) 的流线；(3) $t = 0$ 时刻过点 (−1, 1) 的迹线；(4) $t = 1$ 时，过 (1, 1) 点的质点轨迹。

解：(1) 根据式 (2-2-5)，有

$$\frac{\mathrm{d}x}{x+t}=\frac{\mathrm{d}y}{-y-t} \quad \Rightarrow \quad (x+t)(y+t)=c \tag{例 2-7-1}$$

将

$$\begin{cases} x=1 \\ y=1 \end{cases}$$

代入方程(例 2-7-1)，得过(1, 1)点的流线方程为

$$(x+t)(y+t)=(1+t)^2$$

(2)将

$$\begin{cases} x=-1 \\ y=1 \end{cases}, \quad t=0$$

代入方程(例 2-7-1)，得 $c=-1$，即 $t=0$ 时，过(−1, 1)点的流线为

$$xy=-1$$

如图 2-7(a)中黑色实线所示。

(3)由

$$\begin{cases} \dfrac{\mathrm{d}x}{\mathrm{d}t}=x+t \\ \dfrac{\mathrm{d}y}{\mathrm{d}t}=-y-t \end{cases}$$

积分得

$$\begin{cases} x=\mathrm{e}^{\int \mathrm{d}t}\left(\int t\mathrm{e}^{-\int \mathrm{d}t}\mathrm{d}t+c_1\right)=\mathrm{e}^{t}\left(\int t\mathrm{e}^{-t}\,\mathrm{d}t+c_1\right)=\mathrm{e}^{t}[(-t\mathrm{e}^{-t}-\mathrm{e}^{-t})+c_1]=c_1\mathrm{e}^{t}-t-1 \\ y=c_2\mathrm{e}^{-t}-t+1 \end{cases} \tag{例 2-7-2}$$

将

$$\begin{cases} x=-1 \\ y=1 \end{cases}, \quad t=0$$

代入方程(例 2-7-2)，得

$$\begin{cases} c_1=0 \\ c_2=0 \end{cases}$$

即 $t=0$ 时，过(−1, 1)点的迹线为

$$\begin{cases} x=-t-1 \\ y=-t+1 \end{cases}$$

消去参数 t，得

$$y-x=2$$

如图 2-7(a)中虚线所示。

(4) 将

$$\begin{cases} x = 1 \\ y = 1 \end{cases}, \quad t = 1$$

代入方程(例 2-7-2)，得

$$\begin{cases} c_1 = 3\mathrm{e}^{-1} \\ c_2 = \mathrm{e} \end{cases}$$

即 $t=1$ 时，过 (1, 1) 点的迹线为

$$\begin{cases} x = 3\mathrm{e}^{t-1} - t - 1 \\ y = \mathrm{e}^{1-t} - t + 1 \end{cases}$$

表达式中不能直接消除 t，但可用描点法绘出对应各个 t 值的 (x, y)，连接为迹线(图 2-7(b))。

当速度场不随时间改变，即 $\partial \boldsymbol{v} / \partial t = 0$ 时，流线簇也不随时间改变，这样的流动称为定常流动；否则称为非定常流动。对于定常流动，用一幅流线图就可以表示出流场的全貌。流线描述的是某一时刻流场的信息，而迹线描述的是某一质点位置随时间的变化(轨迹)。

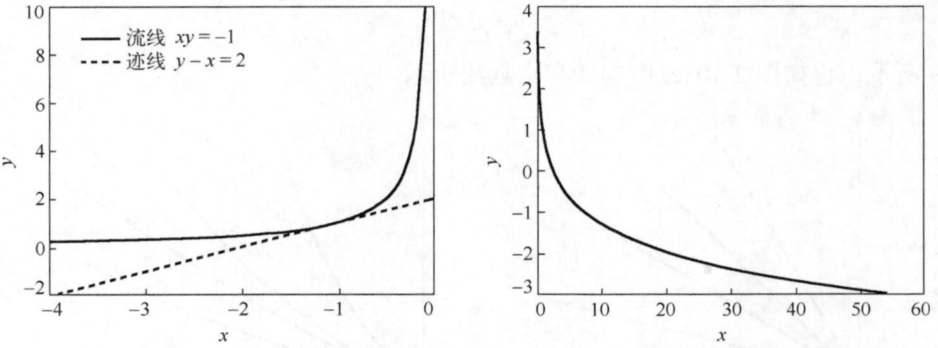

(a) $t=0$时，过点 (−1, 1) 的流线和迹线　　(b) $t=1$时，过 (1,1) 点的质点轨迹

图 2-7　例 2-7 的流线和迹线

3. 脉线

在做流动显示测试实验时(图 2-8)，在固定点上放置染色体(图 2-8：$t=0$ 中“*”标记的位置)，不同时刻流经该处被染了色的流体质点(图 2-8：$t=0$ 中的“*”，$t=1$ 中的“○”，$t=2$ 中的“△”，$t=3$ 中的“□”)，在其后的某个时刻会组成一条染色曲线(图 2-8：$t=3$ 中的实线)，称为脉线(又名烟线、染色线或条纹线)。脉线方程可通过 Lagrange 方法导出，脉线是迹线的应用(图 2-8 中的虚线就是迹线)。

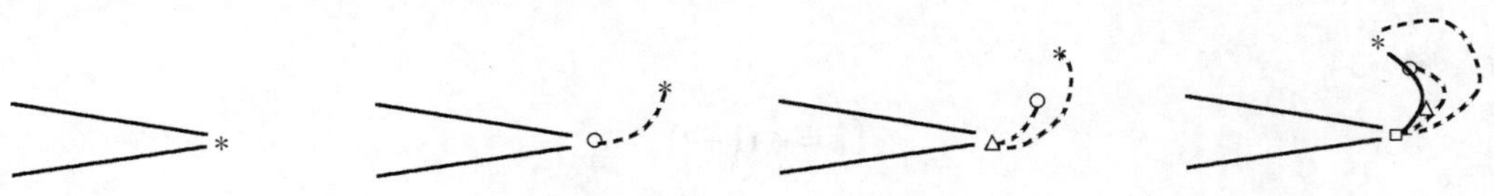

(a) $t=0$　　(b) $t=1$　　(c) $t=2$　　(d) $t=3$

图 2-8　脉线形成示意图

已知迹线方程：$\boldsymbol{x}=\boldsymbol{x}(\boldsymbol{X};t)$，空间标记点为 $\boldsymbol{x}_0$，在不同时刻 s 经过标记点 $\boldsymbol{x}_0$ 的各流体质点 $\boldsymbol{x}_0=\boldsymbol{x}(\boldsymbol{X};s)$，反解出 $\boldsymbol{X}=\boldsymbol{X}(\boldsymbol{x}_0;s)$，代入 $\boldsymbol{x}=\boldsymbol{x}(\boldsymbol{X};t)$，求得在 t 时刻的位置，有

$$\boldsymbol{x}=\boldsymbol{x}[\boldsymbol{X}(\boldsymbol{x}_0;s);t],\quad 0\leqslant s\leqslant t \tag{2-2-6}$$

【例 2-8】 已知速度场 $\begin{cases}u=\dfrac{x}{1+t}\\ v=y\end{cases}$，求流线、迹线和脉线。

解：由

$$\frac{\mathrm{d}x}{\dfrac{x}{1+t}}=\frac{\mathrm{d}y}{y}$$

得流线：

$$\frac{y}{c_2}=\left(\frac{x}{c_1}\right)^{1+t}$$

即

$$y=Cx^{1+t}$$

如图 2-9 所示，也如图 2-10(a)中虚线和点划线所示。

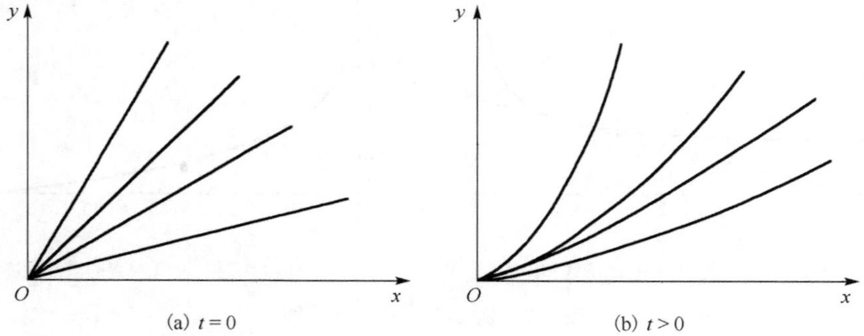

图 2-9　不同时刻的流线

由

$$\begin{cases}\dfrac{\mathrm{d}x}{\mathrm{d}t}=\dfrac{x}{1+t}\\ \dfrac{\mathrm{d}y}{\mathrm{d}t}=y\end{cases}$$

积分，得

$$\begin{cases}x=c_1(1+t)\\ y=c_2\mathrm{e}^t\end{cases}$$

整理得迹线：

$$y = c_2 e^{\frac{x}{c_1}-1}$$

如图 2-10(a)中实线所示，也如图 2-10(b)中点划线所示。

由迹线：

$$\begin{cases} x = c_1(1+t) \\ y = c_2 e^t \end{cases}$$

反解，得

$$\begin{cases} c_1 = \dfrac{x}{1+t} \\ c_2 = \dfrac{y}{e^t} \end{cases}$$

设质点在 s 时刻经过固定点 (x_0, y_0)，即 s 时刻有

$$c_1 = \frac{x_0}{1+s}, \qquad c_2 = y_0 e^{-s}$$

代入迹线方程，得

$$\begin{cases} x = x_0 \dfrac{1+t}{1+s} \\ y = y_0 e^{t-s} \end{cases}$$

整理得脉线：

$$y = y_0 e^{t+1} e^{-\frac{(1+t)x_0}{x}}$$

如图 2-10(b)中实线所示。

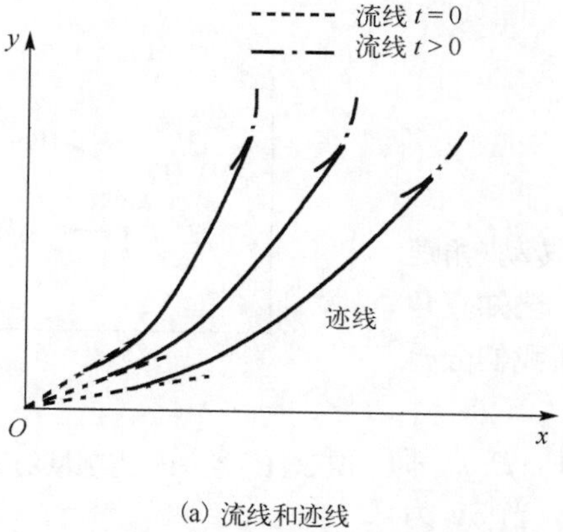

(a) 流线和迹线

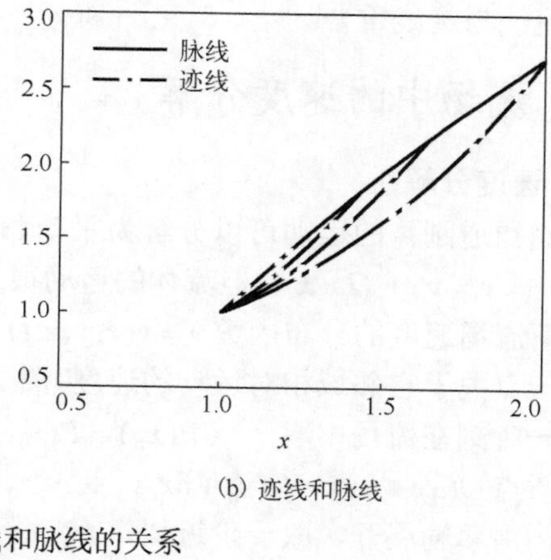

(b) 迹线和脉线

图 2-10　流线、迹线和脉线的关系

在例 2-8 中，流线、迹线和脉线彼此不同。一般，在非定常流动中，三者是彼此不同的曲线；但是在定常流动中，三者彼此重合。例如，在例 2-6 中，对速度场$\begin{cases} u = x \\ v = -y \end{cases}$，迹线方程

$xy=ab$；流线方程 $xy=C$；对于脉线方程，任何时刻经过固定点 (x_0, y_0) 的质点的迹线均为 $xy=x_0y_0$。显然，三者重合。

【例 2-9】 证明：当 $\begin{cases} u=f_1(x,y,z)\cdot g(t) \\ v=f_2(x,y,z)\cdot g(t) \\ w=f_3(x,y,z)\cdot g(t) \end{cases}$ 时，流线与迹线重合。

证明：根据迹线求解方程，得

$$\begin{cases} \dfrac{dx}{dt}=f_1(x,y,z)\cdot g(t) \quad \Rightarrow \quad \dfrac{dx}{f_1(x,y,z)}=g(t)dt \\ \dfrac{dy}{dt}=f_2(x,y,z)\cdot g(t) \quad \Rightarrow \quad \dfrac{dy}{f_2(x,y,z)}=g(t)dt \\ \dfrac{dz}{dt}=f_3(x,y,z)\cdot g(t) \quad \Rightarrow \quad \dfrac{dz}{f_3(x,y,z)}=g(t)dt \end{cases}$$

即

$$\frac{dx}{f_1(x,y,z)}=\frac{dy}{f_2(x,y,z)}=\frac{dz}{f_3(x,y,z)}=g(t)dt$$

流线方程为

$$\frac{dx}{f_1(x,y,z)g(t)}=\frac{dy}{f_2(x,y,z)g(t)}=\frac{dz}{f_3(x,y,z)g(t)}$$

当 $g(t)\neq 0$ 时，满足

$$\frac{dx}{f_1(x,y,z)}=\frac{dy}{f_2(x,y,z)}=\frac{dz}{f_3(x,y,z)}$$

因此，流线与迹线重合。

2.2.3 流场中的速度分解

1．速度分解

我们知道刚体的运动可以分解为平动（$\boldsymbol{v}_0$）加转动（角速度 $\boldsymbol{\Omega}$），即 $\boldsymbol{v}=\boldsymbol{v}_0+\boldsymbol{\Omega}\times\boldsymbol{x}$，但流体的运动很复杂，已知直角坐标系下流场速度的分布函数 $\boldsymbol{v}=\boldsymbol{v}(x,y,z;t)$，下面我们分析流场中一点关于它邻域相对运动的速度（图 2-11）。

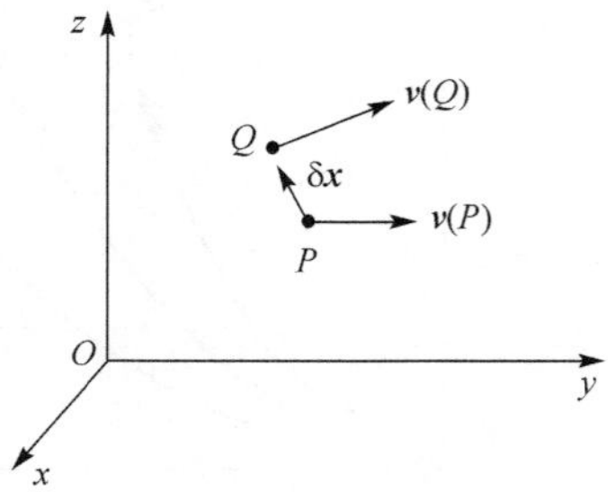

图 2-11　空间一点邻域的速度表示

某一时刻在流场中取一点 $P(\boldsymbol{x}_0)=P(x_0,y_0,z_0)$。$P$ 点邻近流体质点 $Q(\boldsymbol{x}_0+\delta\boldsymbol{x})=Q(x_0+\delta x, y_0+\delta y, z_0+\delta z)$，当 $|\delta\boldsymbol{x}|$ 为小量时，由泰勒展开，取一阶近似，有

$$\boldsymbol{v}(Q)=\boldsymbol{v}(P)+\delta\boldsymbol{v}=\boldsymbol{v}(P)+\frac{\partial\boldsymbol{v}}{\partial x}\delta x+\frac{\partial\boldsymbol{v}}{\partial y}\delta y+\frac{\partial\boldsymbol{v}}{\partial z}\delta z \tag{2-2-7}$$

它的分量形式为

$$
\begin{cases}
u(Q)=u(P)+\delta u=u(P)+\dfrac{\partial u}{\partial x}\delta x+\dfrac{\partial u}{\partial y}\delta y+\dfrac{\partial u}{\partial z}\delta z \\
v(Q)=v(P)+\delta v=v(P)+\dfrac{\partial v}{\partial x}\delta x+\dfrac{\partial v}{\partial y}\delta y+\dfrac{\partial v}{\partial z}\delta z \\
w(Q)=w(P)+\delta w=w(P)+\dfrac{\partial w}{\partial x}\delta x+\dfrac{\partial w}{\partial y}\delta y+\dfrac{\partial w}{\partial z}\delta z
\end{cases}
$$

用 $\delta\boldsymbol{v}$ 表示 Q 点相对于 P 点的速度差：

$$
\delta\boldsymbol{v}=\begin{bmatrix}\delta u\\ \delta v\\ \delta w\end{bmatrix}=\begin{bmatrix}\dfrac{\partial u}{\partial x} & \dfrac{\partial u}{\partial y} & \dfrac{\partial u}{\partial z}\\ \dfrac{\partial v}{\partial x} & \dfrac{\partial v}{\partial y} & \dfrac{\partial v}{\partial z}\\ \dfrac{\partial w}{\partial x} & \dfrac{\partial w}{\partial y} & \dfrac{\partial w}{\partial z}\end{bmatrix}\begin{bmatrix}\delta x\\ \delta y\\ \delta z\end{bmatrix}=\boldsymbol{v}\nabla\cdot\delta\boldsymbol{x}=\nabla\boldsymbol{v}^{\mathrm{T}}\cdot\delta\boldsymbol{x} \tag{2-2-8}
$$

或者

$$
\delta\boldsymbol{v}=\left[\delta u\ \delta v\ \delta w\right]=\left[\delta x\ \delta y\ \delta z\right]\begin{bmatrix}\dfrac{\partial u}{\partial x} & \dfrac{\partial u}{\partial y} & \dfrac{\partial u}{\partial z}\\ \dfrac{\partial v}{\partial x} & \dfrac{\partial v}{\partial y} & \dfrac{\partial v}{\partial z}\\ \dfrac{\partial w}{\partial x} & \dfrac{\partial w}{\partial y} & \dfrac{\partial w}{\partial z}\end{bmatrix}^{\mathrm{T}}=\delta\boldsymbol{x}\cdot\nabla\boldsymbol{v}
$$

根据二阶张量的分解定理，有

$$
\begin{bmatrix}\dfrac{\partial u}{\partial x} & \dfrac{\partial u}{\partial y} & \dfrac{\partial u}{\partial z}\\ \dfrac{\partial v}{\partial x} & \dfrac{\partial v}{\partial y} & \dfrac{\partial v}{\partial z}\\ \dfrac{\partial w}{\partial x} & \dfrac{\partial w}{\partial y} & \dfrac{\partial w}{\partial z}\end{bmatrix}=\begin{bmatrix}\dfrac{\partial u}{\partial x} & \dfrac{1}{2}\left(\dfrac{\partial u}{\partial y}+\dfrac{\partial v}{\partial x}\right) & \dfrac{1}{2}\left(\dfrac{\partial u}{\partial z}+\dfrac{\partial w}{\partial x}\right)\\ \dfrac{1}{2}\left(\dfrac{\partial v}{\partial x}+\dfrac{\partial u}{\partial y}\right) & \dfrac{\partial v}{\partial y} & \dfrac{1}{2}\left(\dfrac{\partial v}{\partial z}+\dfrac{\partial w}{\partial y}\right)\\ \dfrac{1}{2}\left(\dfrac{\partial w}{\partial x}+\dfrac{\partial u}{\partial z}\right) & \dfrac{1}{2}\left(\dfrac{\partial w}{\partial y}+\dfrac{\partial v}{\partial z}\right) & \dfrac{\partial w}{\partial z}\end{bmatrix}
$$

$$
+\begin{bmatrix}0 & \dfrac{1}{2}\left(\dfrac{\partial u}{\partial y}-\dfrac{\partial v}{\partial x}\right) & \dfrac{1}{2}\left(\dfrac{\partial u}{\partial z}-\dfrac{\partial w}{\partial x}\right)\\ \dfrac{1}{2}\left(\dfrac{\partial v}{\partial x}-\dfrac{\partial u}{\partial y}\right) & 0 & \dfrac{1}{2}\left(\dfrac{\partial v}{\partial z}-\dfrac{\partial w}{\partial y}\right)\\ \dfrac{1}{2}\left(\dfrac{\partial w}{\partial x}-\dfrac{\partial u}{\partial z}\right) & \dfrac{1}{2}\left(\dfrac{\partial w}{\partial y}-\dfrac{\partial v}{\partial z}\right) & 0\end{bmatrix}=\boldsymbol{S}+\boldsymbol{A}
$$

其中，$\boldsymbol{S}$ 为对称矩阵，称为应变速率张量；$\boldsymbol{A}$ 为反对称矩阵，称为旋转率张量。

速度旋度的表达式为

$$\boldsymbol{\omega}=\nabla\times\boldsymbol{v}=\begin{vmatrix}\boldsymbol{i} & \boldsymbol{j} & \boldsymbol{k}\\ \dfrac{\partial}{\partial x} & \dfrac{\partial}{\partial y} & \dfrac{\partial}{\partial z}\\ u & v & w\end{vmatrix}=\left(\frac{\partial w}{\partial y}-\frac{\partial v}{\partial z}\right)\boldsymbol{i}+\left(\frac{\partial u}{\partial z}-\frac{\partial w}{\partial x}\right)\boldsymbol{j}+\left(\frac{\partial v}{\partial x}-\frac{\partial u}{\partial y}\right)\boldsymbol{k}$$

即

$$\boldsymbol{\omega}=\begin{bmatrix}\omega_1\\ \omega_2\\ \omega_3\end{bmatrix}=\begin{bmatrix}\dfrac{\partial w}{\partial y}-\dfrac{\partial v}{\partial z}\\ \dfrac{\partial u}{\partial z}-\dfrac{\partial w}{\partial x}\\ \dfrac{\partial v}{\partial x}-\dfrac{\partial u}{\partial y}\end{bmatrix}$$

显然有

$$A_{ij}=-\frac{1}{2}\varepsilon_{ijk}\omega_k$$

即

$$\boldsymbol{A}=\frac{1}{2}\begin{bmatrix}0 & -\omega_3 & \omega_2\\ \omega_3 & 0 & -\omega_1\\ -\omega_2 & \omega_1 & 0\end{bmatrix}$$

于是

$$\boldsymbol{A}\cdot\delta\boldsymbol{x}=\frac{1}{2}\begin{bmatrix}0 & -\omega_3 & \omega_2\\ \omega_3 & 0 & -\omega_1\\ -\omega_2 & \omega_1 & 0\end{bmatrix}\begin{bmatrix}\delta x\\ \delta y\\ \delta z\end{bmatrix}=\frac{1}{2}\begin{bmatrix}\omega_2\delta z-\omega_3\delta y\\ \omega_3\delta x-\omega_1\delta z\\ \omega_1\delta y-\omega_2\delta x\end{bmatrix}=\frac{1}{2}\boldsymbol{\omega}\times\delta\boldsymbol{x}=\frac{1}{2}(\nabla\times\boldsymbol{v})\times\delta\boldsymbol{x}$$

刚体运动定义的角速度$\boldsymbol{\Omega}=\frac{1}{2}(\nabla\times\boldsymbol{v})$，于是，流体的速度可分解为

$$\begin{aligned}\boldsymbol{v}(Q)&=\boldsymbol{v}(P)+\delta\boldsymbol{v}=\boldsymbol{v}(P)+\boldsymbol{v}\nabla\cdot\delta\boldsymbol{x}=\boldsymbol{v}(P)+(\boldsymbol{S}+\boldsymbol{A})\cdot\delta\boldsymbol{x}\\ &=\boldsymbol{v}(P)+\frac{1}{2}(\nabla\times\boldsymbol{v})\times\delta\boldsymbol{x}+\boldsymbol{S}\cdot\delta\boldsymbol{x}=\boldsymbol{v}(P)+\boldsymbol{\Omega}\times\delta\boldsymbol{x}+\boldsymbol{S}\cdot\delta\boldsymbol{x}\end{aligned}\tag{2-2-9}$$

显然，$\boldsymbol{S}\cdot\delta\boldsymbol{x}$是流体运动区别于刚体运动的性质，下面我们接着分析，会得出它是由于流体变形引起的。

2. 应变速率张量及旋转率张量各分量的物理意义

为了分析应变速率张量及旋转率张量各分量的物理意义，建立一流体正方体微元$\delta x=\delta y=\delta z$，为了分析方便，只取其一侧面(正方形 $ABCD$)进行分析，即分析 xy 平面内的平面运动(图 2-12 和图 2-13)，三维运动的分析与此相类似。

设只有应变速率张量中的$\dfrac{\partial u}{\partial x}\neq 0$，其他均为 0。这样经过时间$\Delta t$后，正方形 $ABCD$ 运动到 $A'B'C'D'$(图 2-12 中虚线)，线段 AB、CD 伸长，且伸长量$\delta AB=\delta CD=\left(u+\dfrac{\partial u}{\partial x}\delta x\right)\Delta t-u\Delta t$，

其他几何特征不变。因此，AB 的相对伸长率为 $\dfrac{\left(u+\dfrac{\partial u}{\partial x}\delta x\right)\Delta t-u\Delta t}{\delta x\Delta t}=\dfrac{\partial u}{\partial x}$，即 $\dfrac{\partial u}{\partial x}$ 表示线元 δx 的相对伸长率。同理，$\dfrac{\partial v}{\partial y}$、$\dfrac{\partial w}{\partial z}$ 分别表示线元 δy 和 δz 的相对伸长率。

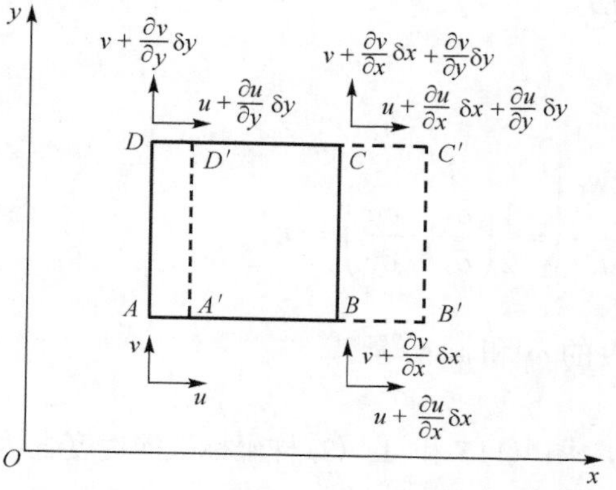

图 2-12　流体微元变形、微元各点的速度示意图

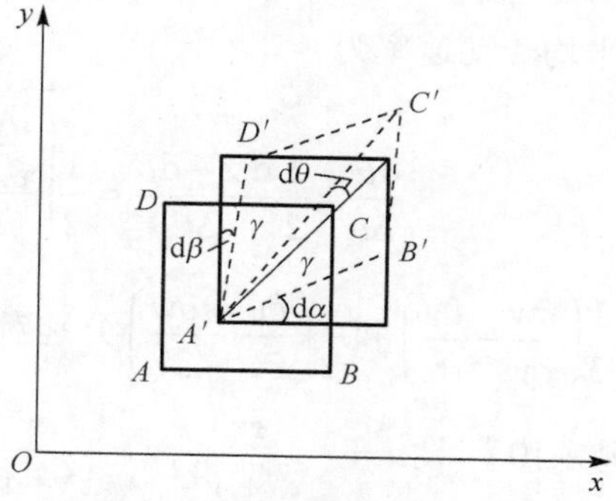

图 2-13　流体微元的剪切和旋转运动

进一步考察正方体体积的变化，这样经过 Δt 时间后，正方体体积变为

$$\left(\delta x+\frac{\partial u}{\partial x}\delta x\Delta t\right)\left(\delta y+\frac{\partial v}{\partial y}\delta y\Delta t\right)\left(\delta z+\frac{\partial w}{\partial z}\delta z\Delta t\right)$$

正方体体积变化率 $\dfrac{1}{\delta\tau}\dfrac{\mathrm{d}}{\mathrm{d}t}\delta\tau$ 为

$$\frac{1}{\delta\tau}\frac{\mathrm{d}}{\mathrm{d}t}\delta\tau=\frac{\left(\delta x+\frac{\partial u}{\partial x}\delta x\Delta t\right)\left(\delta y+\frac{\partial v}{\partial y}\delta y\Delta t\right)\left(\delta z+\frac{\partial w}{\partial z}\delta z\Delta t\right)-\delta x\delta y\delta z}{\delta x\delta y\delta z\Delta t}$$

忽略高阶小量，有

$$\frac{1}{\delta\tau}\frac{\mathrm{d}}{\mathrm{d}t}\delta\tau=\frac{\partial u}{\partial x}+\frac{\partial v}{\partial y}+\frac{\partial w}{\partial z}=\nabla\cdot\boldsymbol{v}=S_{ii} \tag{2-2-10}$$

因此，应变速率张量三对角分量之和$\left(\dfrac{\partial v_i}{\partial x_i}\right)$，也就是速度的散度 $\nabla\cdot\boldsymbol{v}$，表示流体微元在单位时间内体积的相对膨胀速率。

速度差使相邻流体产生剪切变形(图 2-13)，当 $\dfrac{\partial v}{\partial x}\neq 0$ 时，AB 在 Δt 时间内转过的角度为 $\mathrm{d}\alpha=\dfrac{\frac{\partial v}{\partial x}\delta x\Delta t}{\delta x}=\dfrac{\partial v}{\partial x}\Delta t$，当 $\dfrac{\partial u}{\partial y}\neq 0$ 时，AD 在 Δt 时间内转过的角度为 $\mathrm{d}\beta=\dfrac{\frac{\partial u}{\partial y}\delta y\Delta t}{\delta y}=\dfrac{\partial u}{\partial y}\Delta t$，所以 $\angle BAD$ 平均剪切(角变形)率为 $\dfrac{1}{2}\dfrac{\mathrm{d}\alpha+\mathrm{d}\beta}{\Delta t}=\dfrac{1}{2}\left(\dfrac{\partial v}{\partial x}+\dfrac{\partial u}{\partial y}\right)$。同理，$\dfrac{1}{2}\left(\dfrac{\partial u}{\partial z}+\dfrac{\partial w}{\partial x}\right)$ 和 $\dfrac{1}{2}\left(\dfrac{\partial v}{\partial z}+\dfrac{\partial w}{\partial y}\right)$ 也表示平均剪切(角变形)率。

图 2-13 显示经过 Δt 时间后，对角线 AC 转动了角度 $\mathrm{d}\theta$，且

$$\mathrm{d}\theta=\gamma+\mathrm{d}\alpha-45^{\circ}$$

$$-\mathrm{d}\theta=\gamma+\mathrm{d}\beta-45^{\circ}$$

因此

$$\mathrm{d}\theta=\frac{\mathrm{d}\alpha-\mathrm{d}\beta}{2}$$

于是，平均转动速率为

$$\frac{\mathrm{d}\theta}{\Delta t}=\frac{1}{2}\frac{\mathrm{d}\alpha-\mathrm{d}\beta}{\Delta t}=\frac{1}{2}\left[\frac{\dfrac{\partial v}{\partial x}\Delta t}{\Delta t}-\frac{\dfrac{\partial u}{\partial y}\Delta t}{\Delta t}\right]=\frac{1}{2}\left(\frac{\partial v}{\partial x}-\frac{\partial u}{\partial y}\right)=\omega_3$$

同理，$\frac{1}{2}\left(\frac{\partial w}{\partial y}-\frac{\partial v}{\partial z}\right)$ 和 $\frac{1}{2}\left(\frac{\partial u}{\partial z}-\frac{\partial w}{\partial x}\right)$ 分别对应角速度的 ω_1 和 ω_2 分量。

【例 2-10】 设 $u=-\frac{cy}{x^2+y^2}, v=\frac{cx}{x^2+y^2}, w=0$，求：(1) $\boldsymbol{S}$ 和 $\boldsymbol{A}$；(2) 柱坐标下的速度表达式。

解：(1) 根据

$$\frac{\partial u}{\partial x}=\frac{2cxy}{(x^2+y^2)^2},\quad \frac{\partial u}{\partial y}=\frac{c(y^2-x^2)}{(x^2+y^2)^2},\quad \frac{\partial v}{\partial y}=-\frac{2cxy}{(x^2+y^2)^2},\quad \frac{\partial v}{\partial x}=\frac{c(y^2-x^2)}{(x^2+y^2)^2}$$

可得

$$\boldsymbol{S}=\begin{bmatrix}\dfrac{2cxy}{(x^2+y^2)^2} & \dfrac{c(y^2-x^2)}{(x^2+y^2)^2} & 0\\ \dfrac{c(y^2-x^2)}{(x^2+y^2)^2} & -\dfrac{2cxy}{(x^2+y^2)^2} & 0\\ 0 & 0 & 0\end{bmatrix},\quad \boldsymbol{A}=\begin{bmatrix}0&0&0\\0&0&0\\0&0&0\end{bmatrix}$$

(2) 根据柱坐标和直角坐标的关系，有

$$v_r=u\cos\theta+v\sin\theta=-\frac{c\sin\theta\cos\theta}{r}+\frac{c\cos\theta\sin\theta}{r}=0$$

$$v_\theta=-u\sin\theta+v\cos\theta=\frac{c\sin^2\theta}{r}+\frac{c\cos^2\theta}{r}=\frac{c}{r}$$

$$w=0$$

2.2.4 作用于流体上的力

1. 流体的受力分析

作用在流体上的力通常分为两类：质量力(体积力)和表面积力(面积力)。

质量力是外力场对流体的作用，它作用在体积 τ 内任一质量微元(或质点)上，如重力。类似于密度的定义，在空间一点 M 近旁取一个微元体 $\Delta\tau$，其上作用的质量力为 $\Delta \boldsymbol{F}_b$，定义作用于此处单位质量流体上的质量力为

$$F_b(M,t)=\lim_{\Delta m\to 0}\frac{\Delta \boldsymbol{F}_b}{\Delta m}=\lim_{\Delta \tau\to 0}\frac{\Delta \boldsymbol{F}_b}{\rho\Delta \tau} \tag{2-2-11}$$

其中，Δm 为微元质量；ρ 为密度。于是整个流体上的质量力为

$$\boldsymbol{F}=\int_\tau \rho \boldsymbol{F}_b \mathrm{d}\tau$$

表面积力是所研究的流体单元与同它接触的周围物体之间的作用力，它作用在流体平面上，如表面压强。在流体体积表面 s 上取一面积元 Δs，Δs 的外法向单位矢量为 $\boldsymbol{n}$，作用在 Δs 上的表面积力为 $\Delta \boldsymbol{p}$，则法线为 $\boldsymbol{n}$ 的单位面积上的表面积力为

$$\boldsymbol{p}_n=\lim_{\Delta s\to 0}\frac{\Delta \boldsymbol{p}}{\Delta s} \tag{2-2-12}$$

于是作用于整个面 s 上的表面积力为

$$\boldsymbol{p}=\int_s \boldsymbol{p}_n \Delta s$$

通过前面的讨论可知，$\boldsymbol{p}_n$ 除了是空间点和时间的函数，还与面积元的法向方向有关，过空间一点可以做无穷多个不同法向的平面，这些面上的表面积力 $\boldsymbol{p}_n$ 可以是不相同的。

如图 2-14 所示，在空间 M 点近旁取一平面 Δs，平面右侧外法向单位矢量为 $\boldsymbol{n}$，作用有表面积力 $\boldsymbol{p}_n\Delta s$，这个力也是右侧流体作用于左侧流体的力；平面左侧外法向单位矢量为 $-\boldsymbol{n}$，作用有表面积力 $\boldsymbol{p}_{-n}\Delta s$，这个力也是左侧流体作用于右侧流体的力；可见，这两个力是一对作用力与反作用力，于是有 $\boldsymbol{p}_n\Delta s=-\boldsymbol{p}_{-n}\Delta s$，即

$$\boldsymbol{p}_n=-\boldsymbol{p}_{-n} \tag{2-2-13}$$

可见，不同法向的平面上受到的表面积力是不同的。那么是否有物理量来标志空间上一点的表面积力呢？为了回答这一问题，我们通过力和力矩平衡对表面积力的特点进行分析。

2．流体的应力张量

如图 2-15 所示，在空间一点 M 做局部坐标系 $Mxyz$，A、B、C 分别在 x 轴、y 轴和 z 轴上。考虑四面体 $MABC$ 的受力状况。作用于此四面体的外力有质量力 $\rho \boldsymbol{F}_b\Delta\tau$、表面积力(作用于 $\triangle MBC$、$\triangle MCA$、$\triangle MAB$ 和 $\triangle ABC$ 上的表面积力分别表示为 $\boldsymbol{p}_{-x}\Delta s_x$、$\boldsymbol{p}_{-y}\Delta s_y$、$\boldsymbol{p}_{-z}\Delta s_z$ 和 $\boldsymbol{p}_n\Delta s$)及惯性力 $\rho \boldsymbol{F}'\Delta\tau$。根据达朗贝尔原理，这三种力及其力矩应当平衡，即

$$\rho(\boldsymbol{F}_b+\boldsymbol{F}')\Delta\tau+\boldsymbol{p}_{-x}\Delta s_x+\boldsymbol{p}_{-y}\Delta s_y+\boldsymbol{p}_{-z}\Delta s_z+\boldsymbol{p}_n\Delta s=0$$

由于作用于四面体上的质量力及惯性力与此四面体的质量从而与此四面体的体积 $\Delta\tau$ 成正比，故其为三阶小量，而作用于此四面体上的表面积力与四面体的表面积成正比，故其为二阶小量。当此四面体缩小至一点时，忽略三阶小量，则其表面积力的合力(及其力矩)将等于零，即

$$\boldsymbol{p}_{-x}\Delta s_x+\boldsymbol{p}_{-y}\Delta s_y+\boldsymbol{p}_{-z}\Delta s_z+\boldsymbol{p}_n\Delta s=0 \tag{2-2-14}$$

根据

$$\boldsymbol{n}=\cos(n,x)\boldsymbol{i}+\cos(n,y)\boldsymbol{j}+\cos(n,z)\boldsymbol{k}=n_x\boldsymbol{i}+n_y\boldsymbol{j}+n_z\boldsymbol{k}$$

有

$$\Delta s_x = \Delta s n_x, \quad \Delta s_y = \Delta s n_y, \quad \Delta s_z = \Delta s n_z$$

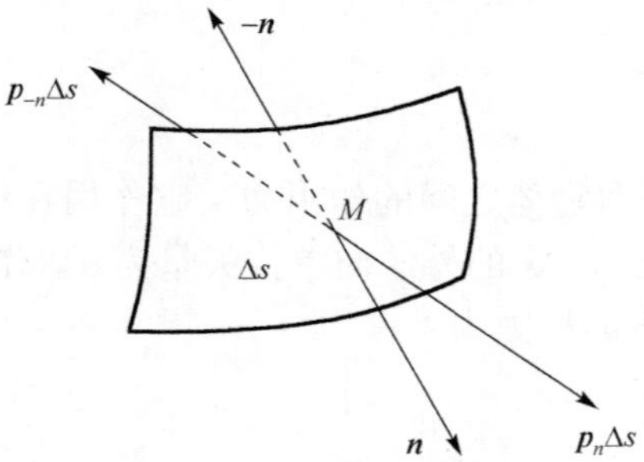

图 2-14　空间任一点的表面积力

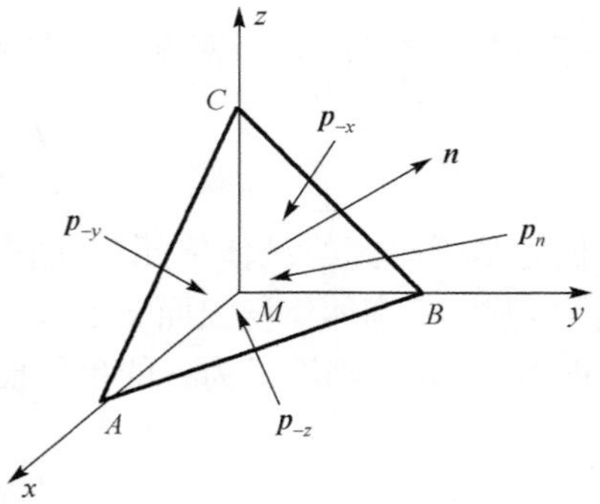

图 2-15　四面体的应力

代入式(2-2-14)，得

$$(\boldsymbol{p}_{-x}n_x + \boldsymbol{p}_{-y}n_y + \boldsymbol{p}_{-z}n_z + \boldsymbol{p}_n)\Delta s = 0$$

由于 $\Delta s \neq 0$，有

$$\boldsymbol{p}_{-x}n_x + \boldsymbol{p}_{-y}n_y + \boldsymbol{p}_{-z}n_z + \boldsymbol{p}_n = 0$$

即

$$\boldsymbol{p}_n = \boldsymbol{p}_x n_x + \boldsymbol{p}_y n_y + \boldsymbol{p}_z n_z \tag{2-2-15}$$

写成分量形式：

$$\begin{cases} p_{nx} = n_x p_{xx} + n_y p_{yx} + n_z p_{zx} \\ p_{ny} = n_x p_{xy} + n_y p_{yy} + n_z p_{zy} \\ p_{nz} = n_x p_{xz} + n_y p_{yz} + n_z p_{zz} \end{cases}$$

即

$$[p_{nx}\ p_{ny}\ p_{nz}] = [n_x \quad n_y \quad n_z]\begin{bmatrix} p_{xx} & p_{xy} & p_{xz} \\ p_{yx} & p_{yy} & p_{yz} \\ p_{zx} & p_{zy} & p_{zz} \end{bmatrix}$$

定义应力张量：

$$\boldsymbol{P} = \begin{bmatrix} p_{xx} & p_{xy} & p_{xz} \\ p_{yx} & p_{yy} & p_{yz} \\ p_{zx} & p_{zy} & p_{zz} \end{bmatrix}$$

有

$$\boldsymbol{p}_n = \boldsymbol{n} \cdot \boldsymbol{P} \tag{2-2-16}$$

或者

$$p_{nj} = n_i p_{ij} \tag{2-2-17}$$

3．应力张量的对称性

应力张量的 9 个分量并非都是独立的，对任意流体微元内一点 O 取关于任意轴的矩，则其表面积力的合力矩都将等于零，即

$$\oint_s \boldsymbol{x}\times\boldsymbol{p}_n \mathrm{d}s=\oint_s \boldsymbol{x}\times(\boldsymbol{n}\cdot\boldsymbol{P})\mathrm{d}s=\oint_s x_i\boldsymbol{e}_i\times(n_m\boldsymbol{e}_m\cdot p_{lj}\boldsymbol{e}_l\boldsymbol{e}_j)\mathrm{d}s=\oint_s \varepsilon_{ijk}x_i p_{lj}n_l\boldsymbol{e}_k\mathrm{d}s=\boldsymbol{0} \tag{2-2-18}$$

其中

$$\varepsilon_{ijk}x_i p_{lj}n_l\boldsymbol{e}_k=\varepsilon_{ijk}x_i p_{lj}\boldsymbol{e}_k\boldsymbol{e}_l\cdot n_m\boldsymbol{e}_m=(\varepsilon_{ijk}x_i p_{lj}\boldsymbol{e}_k\boldsymbol{e}_l)\cdot\boldsymbol{n}$$

根据奥-高公式，有

$$\iiint_{\tau(t)}\nabla\cdot\boldsymbol{a}\mathrm{d}\tau=\oiint_{s(t)}\boldsymbol{a}\cdot\boldsymbol{n}\mathrm{d}s$$

式(2-2-18)等于

$$\begin{aligned}\boldsymbol{0}&=\oint_s \varepsilon_{ijk}x_i p_{lj}n_l\boldsymbol{e}_k\mathrm{d}s=\int_\tau \frac{\partial}{\partial x_l}(\varepsilon_{ijk}x_i p_{lj})\boldsymbol{e}_k\mathrm{d}\tau\\&=\int_\tau \varepsilon_{ijk}\left(\frac{\partial x_i}{\partial x_l}p_{lj}+x_i\frac{\partial p_{lj}}{\partial x_l}\right)\boldsymbol{e}_k\mathrm{d}\tau=\int_\tau \varepsilon_{ijk}\left(p_{ij}+x_i\frac{\partial p_{lj}}{\partial x_l}\right)\boldsymbol{e}_k\mathrm{d}\tau\end{aligned}$$

$\int_\tau \varepsilon_{ijk}p_{ij}\mathrm{d}\tau$ 这项和 $\Delta\tau$ 成正比，故其为三阶小量，$\int_\tau \varepsilon_{ijk}x_i\frac{\partial p_{lj}}{\partial x_l}\mathrm{d}\tau$ 的量级是 $\Delta\tau\cdot\delta x$，故为四阶小量，因此，$\int_\tau \varepsilon_{ijk}p_{ij}\mathrm{d}\tau=0$。由于 τ 的任意性，有 $\varepsilon_{ijk}p_{ij}=0$，由 ε_{ijk} 的性质，得

$$\varepsilon_{ijk}(p_{ij}-p_{ji})=0$$

即

$$p_{ij}=p_{ji} \tag{2-2-19}$$

根据牛顿黏性定律 $\tau=\mu\dfrac{\mathrm{d}u}{\mathrm{d}y}$，当流体静止时，$p_{ij}=0(i\neq j)$，代入式(2-2-15)，有

$$\begin{cases}p_{nx}=n_x p_{xx}\\p_{ny}=n_y p_{yy}\\p_{nz}=n_z p_{zz}\end{cases}$$

同时，在任一平面上，静止流体也不承受剪切应力，即 $\boldsymbol{p}_n=p_{nn}\boldsymbol{n}$，于是有

$$\begin{cases}p_{nx}=p_{nn}n_x\\p_{ny}=p_{nn}n_y\\p_{nz}=p_{nn}n_z\end{cases}$$

因此，有 $p_{xx}=p_{yy}=p_{zz}=p_{nn}$。即对于静止流体，满足

$$\begin{cases}p_{xx}=p_{yy}=p_{zz}=p_{nn}\\p_{ij}=0,\quad i\neq j\end{cases} \tag{2-2-20}$$

所以静止流体的应力张量为

$$\boldsymbol{P}=\begin{bmatrix}-p & 0 & 0\\ 0 & -p & 0\\ 0 & 0 & -p\end{bmatrix} \tag{2-2-21}$$

根据牛顿黏性定律 $\tau=\mu\dfrac{\mathrm{d}u}{\mathrm{d}y}$，显然，如果 $\mu=0$，则 $\tau=0$，故上述静止流体的结论同样适用于 $\mu=0$ 的流体。实际流体都是有黏性的，但若黏性系数或流场中的速度梯度很小以致流体的黏性(剪切)应力很小时，可以近似地把黏性应力取为零，这种虚构的流体，通常称为无黏流体或理想流体。

2.2.5 本构关系

在力学问题研究中，需要知道物质的应力(应力张量)和应变(应变速率张量)之间的关系，我们称为本构方程。为了推导应力与应变速率的关系，1848 年，斯托克斯(Stokes)做了如下假设。

(1)当流体静止时，应变速率为零，流体的应力就是静止压强，因此，应力张量表示为

$$p_{ij}=-p\delta_{ij}+\sigma'_{ij} \tag{2-2-22}$$

其中，p 为各向同性项，表示静水压强；σ'_{ij} 为各向异性项，称为剪切应力、偏应力或黏性应力。

(2)应力张量是应变速率张量的线性函数。前面给出了一维纯剪切流的牛顿黏性定律 $\tau=\mu\dfrac{\mathrm{d}u}{\mathrm{d}y}$，即应力张量中的分量 $\sigma'_{12}=\tau_{xy}=\mu\dfrac{\mathrm{d}v_x}{\mathrm{d}y}$，如果将偏应力张量表示成应变速率张量各分量的线性齐次函数，有

$$\sigma'_{ij}=D_{ijkl}S_{kl}=\frac{1}{2}D_{ijkl}\left(\frac{\partial v_k}{\partial x_l}+\frac{\partial v_l}{\partial x_k}\right) \tag{2-2-23}$$

其中，D_{ijkl} 是四阶张量，具有 81 个分量。牛顿黏性定律对应其中 $i=1, j=2$，只有 $\dfrac{\mathrm{d}v_x}{\mathrm{d}y}\neq 0$，其他速度梯度分量都为 0 的特殊情况。由于应力张量和应变速率张量的对称性，有 $\sigma'_{ij}=\sigma'_{ji}$，$S_{kl}=S_{lk}$，相应有 $D_{ijkl}=D_{jikl}=D_{ijlk}$，因此 D_{ijkl} 有 36 个独立分量，式(2-2-23)化简为

$$\begin{bmatrix}\sigma'_{11}\\ \sigma'_{22}\\ \sigma'_{33}\\ \sigma'_{23}\\ \sigma'_{31}\\ \sigma'_{12}\end{bmatrix}=\begin{bmatrix}D_{1111} & D_{1122} & D_{1133} & D_{1123} & D_{1131} & D_{1112}\\ D_{2211} & D_{2222} & D_{2233} & D_{2223} & D_{2231} & D_{2212}\\ D_{3311} & D_{3322} & D_{3333} & D_{3323} & D_{3331} & D_{3312}\\ D_{2311} & D_{2322} & D_{2333} & D_{2323} & D_{2331} & D_{2312}\\ D_{3111} & D_{3122} & D_{3133} & D_{3123} & D_{3131} & D_{3112}\\ D_{1211} & D_{1222} & D_{1233} & D_{1223} & D_{1231} & D_{1212}\end{bmatrix}\begin{bmatrix}S_{11}\\ S_{22}\\ S_{33}\\ S_{23}\\ S_{31}\\ S_{12}\end{bmatrix} \tag{2-2-24}$$

(3)流体是各向同性的，流体的性质在各个方向上是相同的，即流体的性质不依赖于方向或坐标的变换。设存在正交坐标变换矩阵 Q_{ij}，则四阶张量 D_{ijkl} 在新坐标系下的表达式为

$$D'_{i'j'k'l'}=Q_{i'i}Q_{j'j}Q_{k'k}Q_{l'l}D_{ijkl} \tag{2-2-25}$$

若选取

$$\boldsymbol{Q}=\begin{bmatrix}1 & 0 & 0\\ 0 & 1 & 0\\ 0 & 0 & -1\end{bmatrix}$$

则有

$$\begin{aligned}
D'_{1111} &= Q_{1i}Q_{1j}Q_{1k}Q_{1l}D_{ijkl} = Q_{11}Q_{11}Q_{11}Q_{11}D_{1111}+0+\cdots+0 = D_{1111}\\
D'_{1112} &= D_{1112}\\
D'_{1131} &= Q_{11}Q_{11}Q_{33}Q_{11}D_{1131} = -D_{1131} = 0\\
D'_{3133} &= Q_{33}Q_{11}Q_{33}Q_{33}D_{3133} = -D_{3133} = 0
\end{aligned}$$

即 D_{ijkl} 中下标有奇数个 3 的分量等于 0：

$$\begin{bmatrix}\sigma'_{11}\\ \sigma'_{22}\\ \sigma'_{33}\\ \sigma'_{23}\\ \sigma'_{31}\\ \sigma'_{12}\end{bmatrix}=\begin{bmatrix}D_{1111} & D_{1122} & D_{1133} & 0 & 0 & D_{1112}\\ D_{2211} & D_{2222} & D_{2233} & 0 & 0 & D_{2212}\\ D_{3311} & D_{3322} & D_{3333} & 0 & 0 & D_{3312}\\ 0 & 0 & 0 & D_{2323} & D_{2331} & 0\\ 0 & 0 & 0 & D_{3123} & D_{3131} & 0\\ D_{1211} & D_{1222} & D_{1233} & 0 & 0 & D_{1212}\end{bmatrix}\begin{bmatrix}S_{11}\\ S_{22}\\ S_{33}\\ S_{23}\\ S_{31}\\ S_{12}\end{bmatrix}$$

同理，选取

$$\boldsymbol{Q}=\begin{bmatrix}-1 & 0 & 0\\ 0 & 1 & 0\\ 0 & 0 & 1\end{bmatrix}\quad 和\quad \boldsymbol{Q}=\begin{bmatrix}1 & 0 & 0\\ 0 & -1 & 0\\ 0 & 0 & 1\end{bmatrix}$$

D_{ijkl} 下标中有奇数个 2 或 1 的分量等于 0。

另外，通过坐标变换，令

$$\boldsymbol{Q}=\begin{bmatrix}1 & 0 & 0\\ 0 & 0 & 1\\ 0 & 1 & 0\end{bmatrix}$$

有

$$\begin{aligned}
D'_{2222} &= Q_{2i}Q_{2j}Q_{2k}Q_{2l}D_{ijkl} = Q_{23}Q_{23}Q_{23}Q_{23}D_{3333}+0+\cdots+0 = D_{3333}\\
D'_{2233} &= Q_{2i}Q_{2j}Q_{3k}Q_{3l}D_{ijkl} = Q_{23}Q_{23}Q_{32}Q_{32}D_{3322} = D_{3322}\\
D'_{1212} &= Q_{1i}Q_{2j}Q_{1k}Q_{2l}D_{ijkl} = Q_{11}Q_{23}Q_{11}Q_{23}D_{1313} = D_{1313} = D_{3131}
\end{aligned}$$

即

$$\begin{aligned}
D_{2222} &= D_{3333}\\
D_{2233} &= D_{3322}\\
D_{1212} &= D_{3131}
\end{aligned}$$

同理，选取

$$\boldsymbol{Q}=\begin{bmatrix}0 & 1 & 0\\ 1 & 0 & 0\\ 0 & 0 & 1\end{bmatrix}\quad 和\quad \boldsymbol{Q}=\begin{bmatrix}0 & 0 & 1\\ 0 & 1 & 0\\ 1 & 0 & 0\end{bmatrix}$$

可得

$$D_{2222}=D_{1111}$$
$$D_{2323}=D_{1313}=D_{3131}$$
$$D_{2211}=D_{1122}$$
$$D_{1133}=D_{2233}$$
$$D_{1133}=D_{3311}$$

令 $D_{1122}=\lambda, D_{1212}=\mu$，有

$$\begin{bmatrix}\sigma'_{11}\\\sigma'_{22}\\\sigma'_{33}\\\sigma'_{23}\\\sigma'_{31}\\\sigma'_{12}\end{bmatrix}=\begin{bmatrix}D_{1111} & \lambda & \lambda & 0 & 0 & 0\\ & D_{1111} & \lambda & & & \\ & & D_{1111} & & & \\ \text{对} & & & \mu & & \\ & \text{称} & & & \mu & \\ & & & & & \mu\end{bmatrix}\begin{bmatrix}S_{11}\\S_{22}\\S_{33}\\S_{23}\\S_{31}\\S_{12}\end{bmatrix}$$

取

$$\boldsymbol{Q}=\begin{bmatrix}\dfrac{1}{\sqrt{2}} & \dfrac{1}{\sqrt{2}} & 0\\ -\dfrac{1}{\sqrt{2}} & \dfrac{1}{\sqrt{2}} & 0\\ 0 & 0 & 1\end{bmatrix}$$

有

$$D_{1212}=\frac{1}{2}(D_{1111}-D_{1122})$$

即

$$D_{1111}=2D_{1212}+D_{1122}=2\mu+\lambda$$

经过一系列坐标变换，可得出 D_{ijkl} 只有两个相互独立的量，式(2-2-24)满足

$$\begin{bmatrix}\sigma'_{11}\\\sigma'_{22}\\\sigma'_{33}\\\sigma'_{23}\\\sigma'_{31}\\\sigma'_{12}\end{bmatrix}=\begin{bmatrix}2\mu+\lambda & \lambda & \lambda & 0 & 0 & 0\\ & 2\mu+\lambda & \lambda & & & \\ & & 2\mu+\lambda & & & \\ \text{对} & & & \mu & & \\ & \text{称} & & & \mu & \\ & & & & & \mu\end{bmatrix}\begin{bmatrix}S_{11}\\S_{22}\\S_{33}\\S_{23}\\S_{31}\\S_{12}\end{bmatrix}$$

即

$$\sigma'_{ij}=\lambda\delta_{ij}S_{kk}+2\mu S_{ij} \tag{2-2-26}$$

根据以上假设，纳维(Navier)和斯托克斯(Stokes)共同建立了牛顿流体的本构关系：

$$p_{ij}=-p\delta_{ij}+\lambda\delta_{ij}S_{kk}+2\mu S_{ij} \tag{2-2-27}$$

其中，μ 为第一黏性系数；λ 为第二黏性系数。本构关系还可以写成以下形式：

$$p_{ij} = -p\delta_{ij} + \left(\lambda + \frac{2}{3}\mu\right)S_{kk}\delta_{ij} + 2\mu\left(S_{ij} - \frac{1}{3}S_{kk}\delta_{ij}\right)$$

张量形式为

$$\boldsymbol{P} = \left[-p + \left(\lambda + \frac{2}{3}\mu\right)\nabla\cdot\boldsymbol{v}\right]\boldsymbol{I} + 2\mu\left(\boldsymbol{S} - \frac{1}{3}\nabla\cdot\boldsymbol{v}\boldsymbol{I}\right)$$

对于大多数流体(高温和高频声波这些极端情况除外)，斯托克斯(Stokes)假设

$$\lambda + \frac{2}{3}\mu = 0$$

因此，本构方程化简为

$$p_{ij} = -p\delta_{ij} + 2\mu\left(S_{ij} - \frac{1}{3}S_{kk}\delta_{ij}\right) \tag{2-2-28}$$

如果流体不可压缩，则有

$$p_{ij} = -p\delta_{ij} + 2\mu S_{ij} \tag{2-2-29}$$

定义 $\overline{p} = -\frac{1}{3}p_{ii} = p - \left(\lambda + \frac{2}{3}\mu\right)S_{kk}$，记 $p - \overline{p} = \xi S_{kk}$，其中 $\xi = \lambda + \frac{2}{3}\mu$，称为体积黏性系数，显然，当流体的体积膨胀速率很大时，也不满足 Stokes 流体的条件。对静止流体或无黏流体，有 $\overline{p} = p$。

课 后 习 题

2.1 能把流体看作连续介质的条件是什么？

2.2 设稀薄气体的分子平均自由程是几米的数量级，问下列情况下连续介质假设成立否？

(1)人造卫星在飞离大气层进入稀薄气体层时；

(2)假想地球在这样的稀薄气体中运动。

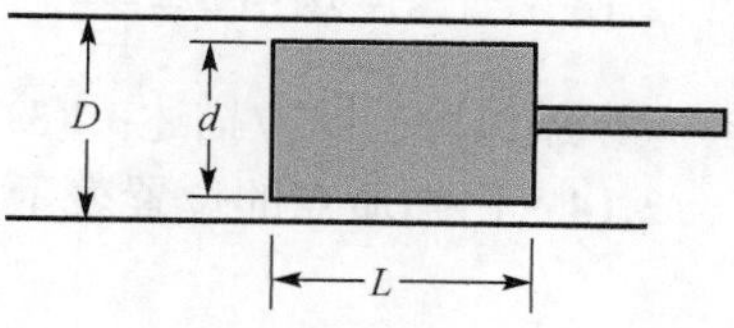

题 2.6 图

2.3 当压强增量为 50000Pa 时，某种流体的密度增加了 0.02%。试求该流体的体积弹性模量。

2.4 当空气($R = 287.1\text{J/(kg·K)}$)压强为 $p = 10^5\text{Pa}$，温度为 T = 20℃时，分别求其等温压缩系数和热膨胀系数($p = \rho RT$)。

2.5 什么是流体运动的拉格朗日方法和欧拉方法？它们分别应用于什么情况？举例说明。

2.6 汽缸内壁的直径 $D = 12\text{cm}$，活塞的直径 $d = 11.96\text{cm}$，活塞长度 $L = 14\text{cm}$，活塞往复运动的速度为 1m/s，润滑油的$\mu = 0.1\text{Pa·s}$。求作用在活塞上的黏性力。

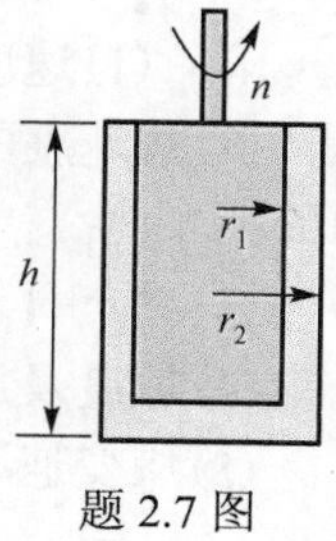

题 2.7 图

2.7 有一旋转圆筒黏度计，外筒固定，内筒转速 $n = 10\text{r/min}$，内外筒间充入实验液体。内筒 $r_1 = 1.93\text{cm}$，外筒 $r_2 = 2\text{cm}$，内筒高 $h = 7\text{cm}$，转轴上的扭矩 $M = 0.0045\text{N·m}$。求该实验液体的黏度。

2.8　试写出在柱坐标系和球坐标系中用欧拉描述法表示的流线及迹线的微分方程。

2.9　设速度场为 $u=-ky,\ v=k(x-at),\ w=0$，其中 k 与 a 为常数，求：

(1) t 时刻的流线方程及 $t=0$ 时刻在 (a,b,c) 处的流体质点的迹线；

(2) 速度的拉格朗日表达式；

(3) 加速度的拉格朗日表达式；

(4) 散度、旋度；

(5) 应变速率张量及旋转率张量。

2.10　已知速度场 $\begin{cases} u=x+t \\ v=-y-t \end{cases}$，求：

(1) 速度的欧拉表示；

(2) 加速度的欧拉表示及拉格朗日表示，并分别求 $(x,y,z)=(1,0,0)$ 及 $(a,b,c)=(1,0,0)$ 的值；

(3) 过点 $(1,1,1)$ 的流线及 $t=0$ 时在 $(a,b,c)=(1,1,1)$ 这一质点的迹线；

(4) 散度、旋度；

(5) 应变速率张量及旋转率张量。

2.11　某一区域的流场速度分布为 $u=2x,\ v=-ky,\ w=0$，求：

(1) 速度的拉格朗日表示；

(2) 加速度的欧拉表示及拉格朗日表示；

(3) 散度、旋度，并判断流体是否可压缩；

(4) 应变速率张量。

2.12　流体在收缩管内做定常流动，其速度为 $u=V_1\left(1+\dfrac{x}{L}\right), v=0, w=0$，式中，$V_1$ 为管段入口处(即 $x=0$ 处)的速度，L 为管段长度。求：(1) 速度的欧拉描述；(2) 加速度的拉格朗日描述；(3) 散度；(4) 应变速率张量。

2.13　一速度场用 $u=\dfrac{x}{1+t},\ v=\dfrac{2y}{1+t},\ w=\dfrac{3z}{1+t}$ 描述，求：(1) 速度和加速度的 Lagrange 描述；(2) 加速度的欧拉描述；(3) 流线及迹线。

2.14　已知质点的位置表示如下：

$$\begin{cases} x=a \\ y=b+a(\mathrm{e}^{-2t}-1) \\ z=c+a(\mathrm{e}^{-3t}-1) \end{cases}$$

求：(1) 速度的欧拉表示；

(2) 加速度的欧拉表示及拉格朗日表示，并分别求 $(x,y,z)=(1,0,0)$ 及 $(a,b,c)=(1,0,0)$ 的值；

(3) 过点 $(1,1,1)$ 的流线及 $t=0$ 时在 $(a,b,c)=(1,1,1)$ 这一质点的迹线；

(4) 散度及旋度；

(5) 应变速率张量及旋转率张量。

2.15　已知$\begin{cases} u = 0 \\ v = -2x\mathrm{e}^{-2t} \\ w = -3x\mathrm{e}^{-3t} \end{cases}$（习题 2.14 的另一种形式），求：

(1) 速度的拉格朗日表示；

(2) 加速度的欧拉表示及拉格朗日表示，并分别求 $(x, y, z) = (1, 0, 0)$ 及 $(a, b, c) = (1, 0, 0)$ 的值；

(3) 过点 $(1, 1, 1)$ 的流线及 $t = 0$ 时在 $(a, b, c) = (1, 1, 1)$ 这一质点的迹线；

(4) 散度及旋度；

(5) 应变速率张量及旋转率张量。

2.16　已知拉格朗日描述为$\begin{cases} x = a\mathrm{e}^{-\frac{2t}{k}} \\ y = b\mathrm{e}^{\frac{t}{k}} \\ z = c\mathrm{e}^{\frac{t}{k}} \end{cases}$，求：

(1) 速度和加速度的拉格朗日和欧拉表达式；

(2) 过点 $(1, 1, 1)$ 的流线，$t = 1$ 时过 $(1, 1, 1)$ 点的迹线；

(3) 应变速率张量及旋转率张量；

(4) 运动是否定常，是否为不可压缩流体，是否为无旋流场。

2.17　某一区域的流场速度分布为 $u_x = 2x,\ u_y = -ay,\ u_z = 3t - bz$，求在 $t = 0$ 及 $t = 1$ 时，通过点 $(1, 1, 3)$ 的流线方程。

2.18　设两同轴圆管间的环状流动的速度分布为

$$v_\theta = \frac{1}{r_2^2 - r_1^2}\left[r(\omega_2 r_2^2 - \omega_1 r_1^2) - \frac{r_2^2 r_1^2}{r}(\omega_2 - \omega_1)\right]$$

其中，r_1、r_2 及 ω_1、ω_2 分别是内外圆管半径及内外圆管的旋转角速度；θ 为柱坐标极角。求作用于柱面上的切应力。

2.19　设绕圆球运动的速度分布为

$$v_R(R,\theta) = v\cos\theta\left(1 - \frac{3a}{2R} + \frac{1}{2}\frac{a^3}{R^3}\right)$$

$$v_\theta(R,\theta) = -v\sin\theta\left(1 - \frac{3a}{2R} - \frac{1}{4}\frac{a^3}{R^3}\right)$$

$$p(R,\theta) = -\frac{3}{2}\mu v\cos\theta\frac{a}{R^2} + p_0$$

其中，v, p_0 为常数；a 为球半径；R, θ 为球坐标。求圆球上所受的应力。

第 3 章　流体运动基本方程

本章将通过经典物理中的守恒定律推导流体力学基本方程。这些守恒定律是自然科学中通过大量实践和实验归纳出来的，包括质量守恒、动量守恒、能量守恒等。

3.1　雷诺输运定理

3.1.1　系统与控制体

1．系统

在流体力学中，系统是指某一确定流体质点集合的总体，也称为体系。系统以外的环境称为外界。分隔系统与外界的界面，称为系统的边界。系统通常是研究的对象，外界则用来区别于系统。

系统的特点是：系统将随系统内质点一起运动，系统内的质点始终包含在系统内，系统边界的形状和所围空间的大小，则可随运动而变化；系统与外界无质量交换，但可以有力的相互作用及能量(热和功)的交换。

依第 2 章所述的描述流体运动的方法，系统对应拉格朗日的描述方法。

2．控制体

控制体是指在流体所在的空间中，以假想或真实流体边界包围固定不动、形状任意的空间体积(可运动、变形的控制体本书不作介绍)。包围这个空间体积的边界称为控制面。

控制体的特点是：控制体的形状与大小不变，并相对于某坐标系固定不动，控制体内流体质点的组成并非不变的；控制体既可通过控制面与外界有质量和能量的交换，也可与控制体外的环境有力的相互作用。

控制体对应欧拉的描述方法。

3.1.2　物质积分

质量、动量和能量守恒定律，都是描述确定物质客观存在和运动形式的普遍物理规律。因此，当研究这些定律在流体这种特殊形态物质中的数学表示时，首先要做的就是取出一个确定的物质系统，然后考察该物质系统的质量、动量和能量的变化方式。

我们把系统的物理量称为物质系统的广延量，或系统的总物理量，用积分形式来定义：

$$I(t)=\int_{\tau(t)} f(\boldsymbol{x},t)\mathrm{d}\tau \tag{3-1-1}$$

其中，$\tau(t)$ 表示 t 时刻系统所占据的空间，如果 $\tau(t)$ 是一条线，式(3-1-1)就是线积分，如果 $\tau(t)$

是一个面，式(3-1-1)就是面积分，如果$\tau(t)$是一个体积，式(3-1-1)就是体积分。$f(\boldsymbol{x},t)$表示t时刻位于$\boldsymbol{x}$的质点的物理量强度，若$f(\boldsymbol{x},t)$为流体的密度分布函数$\rho(\boldsymbol{x},t)$，则$I(t)$代表了系统的总质量M，若$f(\boldsymbol{x},t)$为流体的动量分布函数$\rho(\boldsymbol{x},t)\boldsymbol{v}(\boldsymbol{x},t)$，则$I(t)$代表了系统的总动量$\boldsymbol{K}$，若$f(\boldsymbol{x},t)$为流体的动能分布函数$\dfrac{1}{2}\rho(\boldsymbol{x},t)\boldsymbol{v}(\boldsymbol{x},t)\cdot\boldsymbol{v}(\boldsymbol{x},t)$，则$I(t)$代表了系统的总动能$k$。

3.1.3　物质的随体导数(输运定理)

考虑由质点组成的物质线、物质面和物质体，随着时间的推移，连续的物质线、面、体不断改变自己的位置和形状，并维持其连续性，定义在这些流动集合上的物理量也在不断地改变，物理量的变化和物质形状的变化都将使物理量随时间不断改变其值，我们通过定义随体导数来刻画物理量的变化。

1．物质微元的时间导数

对于线元，有

$$\frac{\mathrm{d}}{\mathrm{d}t}\delta\boldsymbol{x}=\delta\left(\frac{\mathrm{d}\boldsymbol{x}}{\mathrm{d}t}\right)=\delta\boldsymbol{v}=\frac{\partial\boldsymbol{v}}{\partial x_1}\delta x_1+\frac{\partial\boldsymbol{v}}{\partial x_2}\delta x_2+\frac{\partial\boldsymbol{v}}{\partial x_3}\delta x_3=\boldsymbol{v}\nabla\cdot\delta\boldsymbol{x}=\delta\boldsymbol{x}\cdot\nabla\boldsymbol{v}\tag{3-1-2}$$

(注：因为位置与时间线性无关，所以式(3-1-2)关于位置求导和关于时间求导的顺序可以交换)

由$\delta\tau=\delta\boldsymbol{s}\cdot\delta\boldsymbol{x}$，有

$$\frac{\mathrm{d}}{\mathrm{d}t}\delta\tau=\frac{\mathrm{d}}{\mathrm{d}t}(\delta\boldsymbol{s}\cdot\delta\boldsymbol{x})=\frac{\mathrm{d}(\delta\boldsymbol{s})}{\mathrm{d}t}\cdot\delta\boldsymbol{x}+\delta\boldsymbol{s}\cdot\frac{\mathrm{d}(\delta\boldsymbol{x})}{\mathrm{d}t}=\frac{\mathrm{d}(\delta\boldsymbol{s})}{\mathrm{d}t}\cdot\delta\boldsymbol{x}+\delta\boldsymbol{s}\cdot\boldsymbol{v}\nabla\cdot\delta\boldsymbol{x}$$

根据第2章的方程(2-2-10)，体积元导数有

$$\frac{\mathrm{d}}{\mathrm{d}t}\delta\tau=\nabla\cdot\boldsymbol{v}\delta\tau\tag{3-1-3}$$

于是

$$(\nabla\cdot\boldsymbol{v})(\delta\boldsymbol{s}\cdot\delta\boldsymbol{x})=\frac{\mathrm{d}(\delta\boldsymbol{s})}{\mathrm{d}t}\cdot\delta\boldsymbol{x}+\delta\boldsymbol{s}\cdot\boldsymbol{v}\nabla\cdot\delta\boldsymbol{x}$$

即

$$\left[(\nabla\cdot\boldsymbol{v})\delta\boldsymbol{s}-\frac{\mathrm{d}(\delta\boldsymbol{s})}{\mathrm{d}t}-\delta\boldsymbol{s}\cdot\boldsymbol{v}\nabla\right]\cdot\delta\boldsymbol{x}=0$$

由于$\delta\boldsymbol{x}$的任意性，有

$$\frac{\mathrm{d}(\delta\boldsymbol{s})}{\mathrm{d}t}=(\nabla\cdot\boldsymbol{v})\delta\boldsymbol{s}-\delta\boldsymbol{s}\cdot\boldsymbol{v}\nabla=(\nabla\cdot\boldsymbol{v})\delta\boldsymbol{s}-\nabla\boldsymbol{v}\cdot\delta\boldsymbol{s}\tag{3-1-4}$$

2．物质积分的随体导数

这里我们分析连续可微的张量$\boldsymbol{\phi}$在物质线、面、体上积分的时间变化率。$\boldsymbol{\phi}$线积分的导数为(注：因为位置与时间线性无关，所以关于时间求导和关于位置积分的顺序可交换)

$$\frac{\mathrm{d}}{\mathrm{d}t}\int\boldsymbol{\phi}\cdot\mathrm{d}\boldsymbol{x}=\int\frac{\mathrm{d}}{\mathrm{d}t}(\boldsymbol{\phi}\cdot\mathrm{d}\boldsymbol{x})=\int\frac{\mathrm{d}\boldsymbol{\phi}}{\mathrm{d}t}\cdot\mathrm{d}\boldsymbol{x}+\int\boldsymbol{\phi}\cdot\frac{\mathrm{d}(\mathrm{d}\boldsymbol{x})}{\mathrm{d}t}=\int\frac{\mathrm{d}\boldsymbol{\phi}}{\mathrm{d}t}\cdot\mathrm{d}\boldsymbol{x}+\int\boldsymbol{\phi}\cdot\boldsymbol{v}\nabla\cdot\mathrm{d}\boldsymbol{x}\tag{3-1-5}$$

如果张量$\boldsymbol{\phi}$为速度$\boldsymbol{v}$，积分域为封闭曲线，则定义其为速度环量$\varGamma$，有

$$\frac{\mathrm{d}}{\mathrm{d}t}\Gamma=\frac{\mathrm{d}}{\mathrm{d}t}\oint\boldsymbol{v}\cdot\mathrm{d}\boldsymbol{x}=\oint\frac{\mathrm{d}\boldsymbol{v}}{\mathrm{d}t}\cdot\mathrm{d}\boldsymbol{x}+\oint\boldsymbol{v}\cdot\frac{\mathrm{d}(\mathrm{d}\boldsymbol{x})}{\mathrm{d}t}=\oint\frac{\mathrm{d}\boldsymbol{v}}{\mathrm{d}t}\cdot\mathrm{d}\boldsymbol{x}+\oint\frac{1}{2}\mathrm{d}(\boldsymbol{v}\cdot\boldsymbol{v})=\oint\frac{\mathrm{d}\boldsymbol{v}}{\mathrm{d}t}\cdot\mathrm{d}\boldsymbol{x} \tag{3-1-6}$$

式(3-1-6)称为速度环量传输定理。

$\boldsymbol{\phi}$ 面积分的导数为

$$\frac{\mathrm{d}}{\mathrm{d}t}\int\boldsymbol{\phi}\cdot\mathrm{d}\boldsymbol{s}=\int\frac{\mathrm{d}}{\mathrm{d}t}(\boldsymbol{\phi}\cdot\mathrm{d}\boldsymbol{s})=\int\frac{\mathrm{d}\boldsymbol{\phi}}{\mathrm{d}t}\cdot\mathrm{d}\boldsymbol{s}+\int\boldsymbol{\phi}\cdot\frac{\mathrm{d}(\mathrm{d}\boldsymbol{s})}{\mathrm{d}t}=\int\frac{\mathrm{d}\boldsymbol{\phi}}{\mathrm{d}t}\cdot\mathrm{d}\boldsymbol{s}+\int\boldsymbol{\phi}\cdot\nabla\cdot\boldsymbol{v}\mathrm{d}\boldsymbol{s}-\int\boldsymbol{\phi}\cdot\nabla\boldsymbol{v}\cdot\mathrm{d}\boldsymbol{s} \tag{3-1-7}$$

$\boldsymbol{\phi}$ 体积分的导数为

$$\frac{\mathrm{d}}{\mathrm{d}t}\int\boldsymbol{\phi}\mathrm{d}\tau=\int\frac{\mathrm{d}}{\mathrm{d}t}(\boldsymbol{\phi}\mathrm{d}\tau)=\int\frac{\mathrm{d}\boldsymbol{\phi}}{\mathrm{d}t}\mathrm{d}\tau+\int\boldsymbol{\phi}\frac{\mathrm{d}(\mathrm{d}\tau)}{\mathrm{d}t}=\int\frac{\mathrm{d}\boldsymbol{\phi}}{\mathrm{d}t}\mathrm{d}\tau+\int\boldsymbol{\phi}(\nabla\cdot\boldsymbol{v})\mathrm{d}\tau \tag{3-1-8}$$

式(3-1-8)还可表示为

$$\frac{\mathrm{d}}{\mathrm{d}t}\int\boldsymbol{\phi}\mathrm{d}\tau=\int\left[\frac{\partial\boldsymbol{\phi}}{\partial t}+\boldsymbol{v}\cdot\nabla\boldsymbol{\phi}+\boldsymbol{\phi}(\nabla\cdot\boldsymbol{v})\right]\mathrm{d}\tau$$

根据奥-高公式，有

$$\int_s\boldsymbol{\phi}\boldsymbol{v}\cdot\boldsymbol{n}\mathrm{d}s=\int_\tau\nabla\cdot(\boldsymbol{\phi}\boldsymbol{v})\mathrm{d}\tau=\int_\tau\boldsymbol{\phi}\nabla\cdot\boldsymbol{v}\mathrm{d}\tau+\int_\tau\boldsymbol{v}\cdot\nabla\boldsymbol{\phi}\mathrm{d}\tau$$

即

$$\frac{\mathrm{d}}{\mathrm{d}t}\int_\tau\boldsymbol{\phi}\mathrm{d}\tau=\int_\tau\frac{\partial\boldsymbol{\phi}}{\partial t}\mathrm{d}\tau+\int_s\boldsymbol{\phi}\boldsymbol{v}\cdot\boldsymbol{n}\mathrm{d}s \tag{3-1-9}$$

式(3-1-8)和式(3-1-9)称为雷诺(Reynolds)输运定理，其中式(3-1-9)用文字描述为：某时刻一可变体积上系统总物理量的时间变化率，等于该时刻所在空间域(控制体)中物理量的时间变化率与单位时间通过该空间域边界净输运的流体物理量之和。

3.2 守恒方程

3.2.1 质量守恒

式(3-1-8)和式(3-1-9)中，取$\boldsymbol{\phi}=\rho$，由于物质体系的总质量守恒，即$\dfrac{\mathrm{d}M}{\mathrm{d}t}=0$，于是有

$$\frac{\mathrm{d}M}{\mathrm{d}t}=\frac{\mathrm{d}}{\mathrm{d}t}\iiint_{\tau(t)}\rho\mathrm{d}\tau=\iiint_{\tau(t)}\left[\frac{\mathrm{d}\rho}{\mathrm{d}t}+\rho(\nabla\cdot\boldsymbol{v})\right]\mathrm{d}\tau=\iiint_{\tau(t)}\frac{\partial\rho}{\partial t}\mathrm{d}\tau+\oiint_{s(t)}\rho\boldsymbol{v}\cdot\boldsymbol{n}\mathrm{d}s=0 \tag{3-2-1}$$

式(3-2-1)称为积分形式的连续性方程。考虑到τ的任意性，式(3-2-1)满足

$$\frac{\mathrm{d}\rho}{\mathrm{d}t}+\rho(\nabla\cdot\boldsymbol{v})=0 \tag{3-2-2}$$

式(3-2-2)称为微分形式的连续性方程。它还有以下几种形式：

$$\frac{d\rho}{dt}+\rho(\nabla\cdot\boldsymbol{v})=\frac{\partial\rho}{\partial t}+\boldsymbol{v}\cdot\nabla\rho+\rho(\nabla\cdot\boldsymbol{v})=\frac{\partial\rho}{\partial t}+\nabla\cdot(\rho\boldsymbol{v})=0 \tag{3-2-3a}$$

由式(1-2-13)，得式(3-2-2a)的分量形式为

$$\frac{\partial\rho}{\partial t}+\frac{1}{h_1h_2h_3}\left[\frac{\partial(h_2h_3\rho v_1)}{\partial x_1}+\frac{\partial(h_3h_1\rho v_2)}{\partial x_2}+\frac{\partial(h_1h_2\rho v_3)}{\partial x_3}\right]=0$$

式(3-2-2b)在直角坐标系下的形式为

$$\frac{\partial\rho}{\partial t}+\frac{\partial(\rho v_1)}{\partial x_1}+\frac{\partial(\rho v_2)}{\partial x_2}+\frac{\partial(\rho v_3)}{\partial x_3}=0 \tag{3-2-3b}$$

【例 3-1】 如图 3-1 所示，流体在弯曲的变截面细管中流动，写出它的连续性方程。

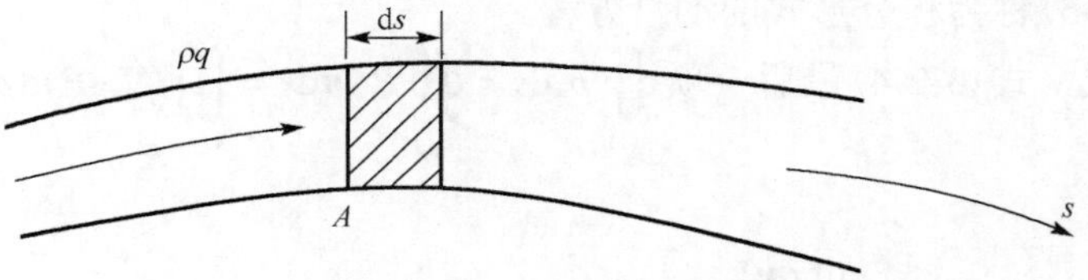

图 3-1　弯曲变截面细管中的流动

解：设管截面上的物理量为均匀的(若不均匀，则取截面平均值)。截面位置用管轴坐标 s 来表示，截面积用 A 表示，则 A 是 s 的函数，$A=A(s)$，沿轴线方向的管流速用 q 表示，它是 s 及 t 的函数，$q=q(s,t)$，密度用ρ表示，它也是 s 及 t 的函数，$\rho=\rho(s,t)$。因管微元控制面由侧面及两底面组成，侧面无流体通过，所以只需考察截面流量。

s 处截面：
$$\int_s f\boldsymbol{v}\cdot\boldsymbol{n}\mathrm{d}s=-\rho qA$$

s+ds 处截面：
$$\int_{s+\mathrm{d}s} f\boldsymbol{v}\cdot\boldsymbol{n}\mathrm{d}s=\rho qA+\frac{\partial}{\partial s}(\rho qA)\mathrm{d}s$$

单位时间控制体内的质量变化为$\frac{\partial}{\partial t}(\rho A\mathrm{d}s)$，代入连续性方程，得

$$\frac{\partial}{\partial t}(\rho A\mathrm{d}s)-\rho qA+\left[\rho qA+\frac{\partial}{\partial s}(\rho qA)\mathrm{d}s\right]=0$$

即

$$\frac{\partial}{\partial t}(\rho A)+\frac{\partial}{\partial s}(\rho qA)=0$$

因为$\frac{\partial A}{\partial t}=0$，所以有

$$A\frac{\partial\rho}{\partial t}+\frac{\partial}{\partial s}(\rho qA)=0$$

3.2.2 动量守恒

1. 动量方程

式(3-1-8)和式(3-1-9)中，取$\boldsymbol{\phi}=\rho\boldsymbol{v}$，作用在体系上的力有体积力$\iiint\limits_{\tau(t)}\rho\boldsymbol{f}\mathrm{d}\tau$和面积力$\oiint\limits_{s(t)}\boldsymbol{p}_n\mathrm{d}s$，于是有

$$\frac{\mathrm{d}}{\mathrm{d}t}\boldsymbol{K}=\frac{\mathrm{d}}{\mathrm{d}t}\iiint\limits_{\tau(t)}\rho\boldsymbol{v}\mathrm{d}\tau=\iiint\limits_{\tau(t)}\frac{\mathrm{d}(\rho\boldsymbol{v})}{\mathrm{d}t}\mathrm{d}\tau+\iiint\limits_{\tau(t)}\rho\boldsymbol{v}(\nabla\cdot\boldsymbol{v})\mathrm{d}\tau=\iiint\limits_{\tau(t)}\rho\boldsymbol{f}\mathrm{d}\tau+\oiint\limits_{s(t)}\boldsymbol{p}_n\mathrm{d}s \tag{3-2-4}$$

$$\iiint\limits_{\tau(t)}\frac{\partial(\rho\boldsymbol{v})}{\partial t}\mathrm{d}\tau+\oiint\limits_{s(t)}\rho\boldsymbol{v}\boldsymbol{v}\cdot\boldsymbol{n}\mathrm{d}s=\iiint\limits_{\tau(t)}\rho\boldsymbol{f}\mathrm{d}\tau+\oiint\limits_{s(t)}\boldsymbol{p}_n\mathrm{d}s \tag{3-2-5}$$

式(3-2-4)或式(3-2-5)称为积分形式的动量方程。

根据奥-高公式，式(3-2-4)最后一项$\oiint\limits_{s(t)}\boldsymbol{p}_n\mathrm{d}s=\oiint\limits_{s(t)}\boldsymbol{P}\cdot\boldsymbol{n}\mathrm{d}s=\iiint\limits_{\tau(t)}(\nabla\cdot\boldsymbol{P})\mathrm{d}\tau$，考虑到$\tau$的任意性，式(3-2-4)满足

$$\frac{\mathrm{d}(\rho\boldsymbol{v})}{\mathrm{d}t}+\rho\boldsymbol{v}(\nabla\cdot\boldsymbol{v})=\rho\boldsymbol{f}+\nabla\cdot\boldsymbol{P} \tag{3-2-6}$$

由于

$$\frac{\mathrm{d}(\rho\boldsymbol{v})}{\mathrm{d}t}+\rho\boldsymbol{v}(\nabla\cdot\boldsymbol{v})=\rho\frac{\mathrm{d}\boldsymbol{v}}{\mathrm{d}t}+\boldsymbol{v}\frac{\mathrm{d}\rho}{\mathrm{d}t}+\rho\boldsymbol{v}(\nabla\cdot\boldsymbol{v})=\rho\frac{\mathrm{d}\boldsymbol{v}}{\mathrm{d}t}+\boldsymbol{v}\left[\frac{\mathrm{d}\rho}{\mathrm{d}t}+\rho(\nabla\cdot\boldsymbol{v})\right]=\rho\frac{\mathrm{d}\boldsymbol{v}}{\mathrm{d}t}$$

式(3-2-6)化简为

$$\rho\frac{\mathrm{d}\boldsymbol{v}}{\mathrm{d}t}=\rho\frac{\partial\boldsymbol{v}}{\partial t}+\rho\boldsymbol{v}\cdot\nabla\boldsymbol{v}=\rho\boldsymbol{f}+\nabla\cdot\boldsymbol{P} \tag{3-2-7}$$

此为微分形式的动量方程。式(3-2-7)在直角坐标系下的形式为

$$\rho\frac{\mathrm{d}v_i}{\mathrm{d}t}=\rho f_i+\frac{\partial p_{ji}}{\partial x_j}$$

在曲线坐标系中，由式(1-2-13)，有

$$\begin{aligned}\nabla\cdot\boldsymbol{P}&=\frac{1}{h_1h_2h_3}\left[\frac{\partial\left(\boldsymbol{p}_1h_2h_3\right)}{\partial x_1}+\frac{\partial\left(\boldsymbol{p}_2h_1h_3\right)}{\partial x_2}+\frac{\partial\left(\boldsymbol{p}_3h_1h_2\right)}{\partial x_3}\right]\\&=\frac{1}{h_1h_2h_3}\left\{\frac{\partial[(p_{11}\boldsymbol{e}_1+p_{12}\boldsymbol{e}_2+p_{13}\boldsymbol{e}_3)h_2h_3]}{\partial x_1}+\frac{\partial[(p_{21}\boldsymbol{e}_1+p_{22}\boldsymbol{e}_2+p_{23}\boldsymbol{e}_3)h_1h_3]}{\partial x_2}\right.\\&\quad\left.+\frac{\partial[(p_{31}\boldsymbol{e}_1+p_{32}\boldsymbol{e}_2+p_{33}\boldsymbol{e}_3)h_1h_2]}{\partial x_3}\right\}\end{aligned}$$

即

$$\nabla\cdot\boldsymbol{P}=\frac{\boldsymbol{e}_1}{h_1h_2h_3}\left[\frac{\partial(p_{11}h_2h_3)}{\partial x_1}+\frac{\partial(p_{21}h_1h_3)}{\partial x_2}+\frac{\partial(p_{31}h_1h_2)}{\partial x_3}+p_{12}h_3\frac{\partial h_1}{\partial x_2}+p_{13}h_2\frac{\partial h_1}{\partial x_3}\right.$$
$$\left.-p_{22}h_3\frac{\partial h_2}{\partial x_1}-p_{33}h_2\frac{\partial h_3}{\partial x_1}\right]+\frac{\boldsymbol{e}_2}{h_1h_2h_3}\left[\frac{\partial(p_{12}h_2h_3)}{\partial x_1}+\frac{\partial(p_{22}h_1h_3)}{\partial x_2}+\frac{\partial(p_{32}h_1h_2)}{\partial x_3}\right.$$
$$\left.+p_{21}h_3\frac{\partial h_2}{\partial x_1}+p_{23}h_1\frac{\partial h_2}{\partial x_3}-p_{33}h_1\frac{\partial h_3}{\partial x_2}-p_{11}h_3\frac{\partial h_1}{\partial x_2}\right]+\frac{\boldsymbol{e}_3}{h_1h_2h_3}\left[\frac{\partial(p_{13}h_2h_3)}{\partial x_1}+\frac{\partial(p_{23}h_1h_3)}{\partial x_2}\right.$$
$$\left.+\frac{\partial(p_{33}h_1h_2)}{\partial x_3}+p_{31}h_2\frac{\partial h_3}{\partial x_1}+p_{32}h_1\frac{\partial h_3}{\partial x_2}-p_{11}h_2\frac{\partial h_1}{\partial x_3}-p_{22}h_1\frac{\partial h_2}{\partial x_3}\right]$$

由式(1-1-8)，有

$$(\boldsymbol{v}\cdot\nabla)\boldsymbol{v}=(\boldsymbol{v}\cdot\nabla)(v_j\boldsymbol{e}_j)=v_i\frac{\partial}{h_i\partial x_i}(v_j\boldsymbol{e}_j)=\frac{v_i}{h_i}\frac{\partial v_j}{\partial x_i}\boldsymbol{e}_j+v_iv_j\frac{1}{h_i}\frac{\partial\boldsymbol{e}_j}{\partial x_i}$$
$$=\frac{v_i}{h_i}\frac{\partial v_j}{\partial x_i}\boldsymbol{e}_j+v_j\left(\frac{v_I}{h_I}\frac{\partial\boldsymbol{e}_j}{\partial x_I}+\frac{v_J}{h_J}\frac{\partial\boldsymbol{e}_j}{\partial x_J}+\frac{v_K}{h_K}\frac{\partial\boldsymbol{e}_j}{\partial x_K}\right)$$
$$=\frac{v_i}{h_i}\frac{\partial v_j}{\partial x_i}\boldsymbol{e}_j+v_j\left[\frac{v_I}{h_I}\frac{1}{h_j}\frac{\partial h_I}{\partial x_j}\boldsymbol{e}_I+\frac{v_J}{h_J}\left(-\frac{1}{h_I}\frac{\partial h_j}{\partial x_I}\boldsymbol{e}_I-\frac{1}{h_K}\frac{\partial h_j}{\partial x_K}\boldsymbol{e}_K\right)+\frac{v_K}{h_K}\frac{1}{h_j}\frac{\partial h_K}{\partial x_j}\boldsymbol{e}_K\right]$$
$$=\frac{v_i}{h_i}\frac{\partial v_j}{\partial x_i}\boldsymbol{e}_j+v_j\left[\left(\frac{v_I}{h_Ih_j}\frac{\partial h_I}{\partial x_j}-\frac{v_J}{h_Ih_J}\frac{\partial h_j}{\partial x_I}\right)\boldsymbol{e}_I+\left(\frac{v_K}{h_jh_K}\frac{\partial h_K}{\partial x_j}-\frac{v_J}{h_Jh_K}\frac{\partial h_j}{\partial x_K}\right)\boldsymbol{e}_K\right]$$
$$=\frac{v_i}{h_i}\frac{\partial v_j}{\partial x_i}\boldsymbol{e}_j+v_j\left[\left(\frac{v_I}{h_Ih_j}\frac{\partial h_I}{\partial x_j}-\frac{v_J}{h_Ih_J}\frac{\partial h_j}{\partial x_I}\right)\boldsymbol{e}_I+\left(\frac{v_J}{h_Jh_j}\frac{\partial h_J}{\partial x_J}-\frac{v_J}{h_Jh_J}\frac{\partial h_j}{\partial x_J}\right)\boldsymbol{e}_J\right.$$
$$\left.+\left(\frac{v_K}{h_jh_K}\frac{\partial h_K}{\partial x_j}-\frac{v_J}{h_Jh_K}\frac{\partial h_j}{\partial x_K}\right)\boldsymbol{e}_K\right]$$
$$=\left[\frac{v_j}{h_j}\frac{\partial v_i}{\partial x_j}+\frac{v_j}{h_ih_j}\left(v_i\frac{\partial h_i}{\partial x_j}-v_j\frac{\partial h_j}{\partial x_i}\right)\right]\boldsymbol{e}_i$$

于是

$$\frac{\partial\boldsymbol{v}}{\partial t}+\boldsymbol{v}\cdot\nabla\boldsymbol{v}=\left[\frac{\partial v_i}{\partial t}+\frac{v_j}{h_j}\frac{\partial v_i}{\partial x_j}+\frac{v_j}{h_ih_j}\left(v_i\frac{\partial h_i}{\partial x_j}-v_j\frac{\partial h_j}{\partial x_i}\right)\right]\boldsymbol{e}_i=\left[\frac{\mathrm{d}v_i}{\mathrm{d}t}+\frac{v_j}{h_ih_j}\left(v_i\frac{\partial h_i}{\partial x_j}-v_j\frac{\partial h_j}{\partial x_i}\right)\right]\boldsymbol{e}_i$$

曲线坐标系中式(3-2-7)的分量形式为

$$\rho\left[\frac{\mathrm{d}v_1}{\mathrm{d}t}+\frac{v_2}{h_1h_2}\left(v_1\frac{\partial h_1}{\partial x_2}-v_2\frac{\partial h_2}{\partial x_1}\right)+\frac{v_3}{h_1h_3}\left(v_1\frac{\partial h_1}{\partial x_3}-v_3\frac{\partial h_3}{\partial x_1}\right)\right]$$
$$=\rho f_1+\frac{1}{h_1h_2h_3}\left[\frac{\partial(p_{11}h_2h_3)}{\partial x_1}+\frac{\partial(p_{21}h_1h_3)}{\partial x_2}+\frac{\partial(p_{31}h_1h_2)}{\partial x_3}\right.\tag{3-2-8}$$
$$\left.+p_{12}h_3\frac{\partial h_1}{\partial x_2}+p_{13}h_2\frac{\partial h_1}{\partial x_3}-p_{22}h_3\frac{\partial h_2}{\partial x_1}-p_{33}h_2\frac{\partial h_3}{\partial x_1}\right]$$

对于斯托克斯(Stokes)流体，将本构关系 $\boldsymbol{P}=-p\boldsymbol{I}+2\mu\left(\boldsymbol{S}-\frac{1}{3}\nabla\cdot\boldsymbol{v}\boldsymbol{I}\right)$ 代入式(3-2-7)，有

$$\rho\frac{\mathrm{d}}{\mathrm{d}t}\boldsymbol{v}=\rho\boldsymbol{f}-\nabla p+(\nabla\cdot 2\mu\boldsymbol{S})-\frac{2}{3}\nabla(\mu\nabla\cdot\boldsymbol{v})$$

上式称为纳维-斯托克斯(Navier-Stokes)方程。

当 $\mu=$ 常数时，有

$$\rho\frac{\mathrm{d}}{\mathrm{d}t}\boldsymbol{v}=\rho\boldsymbol{f}-\nabla p+\mu(\nabla\cdot 2\boldsymbol{S})-\frac{2}{3}\mu\nabla(\nabla\cdot\boldsymbol{v})$$

由于

$$\begin{aligned}\nabla\cdot 2\boldsymbol{S}&=\frac{\partial}{\partial x_k}\boldsymbol{e}_k\cdot\frac{2}{2}\left(\frac{\partial u_i}{\partial x_j}+\frac{\partial u_j}{\partial x_i}\right)\boldsymbol{e}_i\otimes\boldsymbol{e}_j=\frac{\partial}{\partial x_i}\left(\frac{\partial u_i}{\partial x_j}+\frac{\partial u_j}{\partial x_i}\right)\boldsymbol{e}_j\\&=\left(\frac{\partial}{\partial x_j}\frac{\partial u_i}{\partial x_i}+\frac{\partial^2 u_j}{\partial x_i^2}\right)\boldsymbol{e}_j=\nabla(\nabla\cdot\boldsymbol{v})+\nabla^2\boldsymbol{v}\end{aligned}$$

有

$$\rho\frac{\mathrm{d}}{\mathrm{d}t}\boldsymbol{v}=\rho\boldsymbol{f}-\nabla p+\mu\left[\frac{1}{3}\nabla(\nabla\cdot\boldsymbol{v})+\nabla^2\boldsymbol{v}\right]\tag{3-2-9}$$

式(3-2-9)在直角坐标系下的形式为

$$\frac{\partial v_i}{\partial t}+v_j\frac{\partial v_i}{\partial x_j}=-\frac{1}{\rho}\frac{\partial p}{\partial x_i}+\frac{1}{\rho}\frac{\partial}{\partial x_i}\left(-\frac{2}{3}\mu\frac{\partial v_k}{\partial x_k}\right)+\frac{1}{\rho}\frac{\partial}{\partial x_j}\left[\mu\left(\frac{\partial v_i}{\partial x_j}+\frac{\partial v_j}{\partial x_i}\right)\right]+f_i$$

对于静止流体 $\boldsymbol{v}=0$，有

$$\rho\boldsymbol{f}=\nabla p\tag{3-2-10}$$

2. 非惯性系中均质流体的相对平衡

以上方程是在惯性坐标系下推导的，如果在非惯性系中研究，则要分析相对运动的方程。定义 $\boldsymbol{x}_0$ 为坐标系的位移，$\boldsymbol{x}_r$ 为相对坐标系的位移，于是绝对位移 $\boldsymbol{x}=\boldsymbol{x}_0+\boldsymbol{x}_r$。取固连在非惯性系上的坐标系 $\{O,\boldsymbol{e}_1,\boldsymbol{e}_2,\boldsymbol{e}_3\}$，绝对位移 $\boldsymbol{x}=\boldsymbol{x}_0+\boldsymbol{x}_r=\boldsymbol{x}_0+x_i\boldsymbol{e}_i$，于是绝对速度为

$$\boldsymbol{v}=\frac{\mathrm{d}\boldsymbol{x}}{\mathrm{d}t}=\frac{\mathrm{d}\boldsymbol{x}_0}{\mathrm{d}t}+\frac{\mathrm{d}\boldsymbol{x}_r}{\mathrm{d}t}=\boldsymbol{v}_0+\frac{\mathrm{d}(x_i\boldsymbol{e}_i)}{\mathrm{d}t}=\boldsymbol{v}_0+\frac{\mathrm{d}x_i}{\mathrm{d}t}\boldsymbol{e}_i+x_i\frac{\mathrm{d}\boldsymbol{e}_i}{\mathrm{d}t}=\boldsymbol{v}_0+v_i\boldsymbol{e}_i+x_i\frac{\mathrm{d}\boldsymbol{e}_i}{\mathrm{d}t}$$

其中，$\boldsymbol{v}_0$ 为坐标架平移速度；$\boldsymbol{v}_r=v_i\boldsymbol{e}_i$ 为相对速度。坐标架转动时，设 $\{O,\boldsymbol{e}_1,\boldsymbol{e}_2,\boldsymbol{e}_3\}$ 相对于以 O 点为原点的直角坐标系 $\{O,\boldsymbol{i},\boldsymbol{j},\boldsymbol{k}\}$ 存在 $\boldsymbol{e}_3$ 方向的转动，则有坐标变换式：

$$\boldsymbol{e}=\begin{bmatrix}\boldsymbol{e}_1 & \boldsymbol{e}_2 & \boldsymbol{e}_3\end{bmatrix}=\begin{bmatrix}\boldsymbol{i} & \boldsymbol{j} & \boldsymbol{k}\end{bmatrix}\begin{bmatrix}\cos\theta & -\sin\theta & 0\\ \sin\theta & \cos\theta & 0\\ 0 & 0 & 1\end{bmatrix}=\boldsymbol{i}\cdot\boldsymbol{Q}$$

其中，θ 为坐标架转过的角度；$\boldsymbol{Q}$ 为正交矩阵，并且有 $\boldsymbol{i}=\boldsymbol{e}\cdot\boldsymbol{Q}^{-1}=\boldsymbol{e}\cdot\boldsymbol{Q}^{\mathrm{T}}$。于是有

$$\frac{\mathrm{d}\boldsymbol{e}}{\mathrm{d}t}=\boldsymbol{i}\cdot\frac{\mathrm{d}\boldsymbol{Q}}{\mathrm{d}t}=\boldsymbol{e}\cdot\boldsymbol{Q}^{\mathrm{T}}\cdot\frac{\mathrm{d}\boldsymbol{Q}}{\mathrm{d}t}$$

$$\boldsymbol{Q}^{\mathrm{T}}\cdot\frac{\mathrm{d}\boldsymbol{Q}}{\mathrm{d}t}=\begin{bmatrix}\cos\theta & \sin\theta & 0\\ -\sin\theta & \cos\theta & 0\\ 0 & 0 & 1\end{bmatrix}\cdot\begin{bmatrix}-\frac{\mathrm{d}\theta}{\mathrm{d}t}\sin\theta & -\frac{\mathrm{d}\theta}{\mathrm{d}t}\cos\theta & 0\\ \frac{\mathrm{d}\theta}{\mathrm{d}t}\cos\theta & -\frac{\mathrm{d}\theta}{\mathrm{d}t}\sin\theta & 0\\ 0 & 0 & 0\end{bmatrix}=\begin{bmatrix}0 & -\frac{\mathrm{d}\theta}{\mathrm{d}t} & 0\\ \frac{\mathrm{d}\theta}{\mathrm{d}t} & 0 & 0\\ 0 & 0 & 0\end{bmatrix}$$

记角速度 $\boldsymbol{\Omega}=\frac{\mathrm{d}\theta}{\mathrm{d}t}\boldsymbol{e}_3$，有 $\begin{bmatrix}\mathrm{d}\boldsymbol{e}_1 & \mathrm{d}\boldsymbol{e}_2 & \mathrm{d}\boldsymbol{e}_3\end{bmatrix}=\begin{bmatrix}\frac{\mathrm{d}\theta}{\mathrm{d}t}\boldsymbol{e}_2 & -\frac{\mathrm{d}\theta}{\mathrm{d}t}\boldsymbol{e}_1 & 0\end{bmatrix}$，于是

$$x_i\frac{\mathrm{d}\boldsymbol{e}_i}{\mathrm{d}t}=x_1\frac{\mathrm{d}\theta}{\mathrm{d}t}\boldsymbol{e}_2-x_2\frac{\mathrm{d}\theta}{\mathrm{d}t}\boldsymbol{e}_1=\frac{\mathrm{d}\theta}{\mathrm{d}t}\boldsymbol{e}_3\times(x_1\boldsymbol{e}_1+x_2\boldsymbol{e}_2+x_3\boldsymbol{e}_3)=\boldsymbol{\Omega}\times\boldsymbol{x}_r$$

整理得

$$\boldsymbol{v}=\frac{\mathrm{d}\boldsymbol{x}}{\mathrm{d}t}=\frac{\mathrm{d}\boldsymbol{x}_0}{\mathrm{d}t}+\frac{\mathrm{d}\boldsymbol{x}_r}{\mathrm{d}t}=\boldsymbol{v}_0+\boldsymbol{\Omega}\times\boldsymbol{x}_r+\boldsymbol{v}_r \tag{3-2-11}$$

同理可证，如果存在三个方向的旋转(在 $\boldsymbol{e}_1,\boldsymbol{e}_2,\boldsymbol{e}_3$ 方向的转角分别为 ϕ,ψ,θ)，则有

$$\boldsymbol{Q}^{\mathrm{T}}\cdot\frac{\mathrm{d}\boldsymbol{Q}}{\mathrm{d}t}=\begin{bmatrix}0 & -\frac{\mathrm{d}\theta}{\mathrm{d}t} & \frac{\mathrm{d}\psi}{\mathrm{d}t}\\ \frac{\mathrm{d}\theta}{\mathrm{d}t} & 0 & -\frac{\mathrm{d}\phi}{\mathrm{d}t}\\ -\frac{\mathrm{d}\psi}{\mathrm{d}t} & \frac{\mathrm{d}\phi}{\mathrm{d}t} & 0\end{bmatrix}=\begin{bmatrix}0 & -\boldsymbol{\Omega}_3 & \boldsymbol{\Omega}_2\\ \boldsymbol{\Omega}_3 & 0 & -\boldsymbol{\Omega}_1\\ -\boldsymbol{\Omega}_2 & \boldsymbol{\Omega}_1 & 0\end{bmatrix}$$

角速度 $\boldsymbol{\Omega}=\frac{\mathrm{d}\phi}{\mathrm{d}t}\boldsymbol{e}_1+\frac{\mathrm{d}\psi}{\mathrm{d}t}\boldsymbol{e}_2+\frac{\mathrm{d}\theta}{\mathrm{d}t}\boldsymbol{e}_3=\boldsymbol{\Omega}_1\boldsymbol{e}_1+\boldsymbol{\Omega}_2\boldsymbol{e}_2+\boldsymbol{\Omega}_3\boldsymbol{e}_3$，则有

$$\begin{aligned}x_i\frac{\mathrm{d}\boldsymbol{e}_i}{\mathrm{d}t}&=\frac{\mathrm{d}\phi}{\mathrm{d}t}\boldsymbol{e}_1\times(x_1\boldsymbol{e}_1+x_2\boldsymbol{e}_2+x_3\boldsymbol{e}_3)+\frac{\mathrm{d}\psi}{\mathrm{d}t}\boldsymbol{e}_2\times(x_1\boldsymbol{e}_1+x_2\boldsymbol{e}_2+x_3\boldsymbol{e}_3)\\&\quad+\frac{\mathrm{d}\theta}{\mathrm{d}t}\boldsymbol{e}_3\times(x_1\boldsymbol{e}_1+x_2\boldsymbol{e}_2+x_3\boldsymbol{e}_3)=\boldsymbol{\Omega}\times\boldsymbol{x}_r\end{aligned}$$

定义牵连速度 $\boldsymbol{v}_e=\boldsymbol{v}_0+\boldsymbol{\Omega}\times\boldsymbol{x}_r$，于是 $\boldsymbol{v}=\boldsymbol{v}_e+\boldsymbol{v}_r$，$\boldsymbol{v}_r$ 为相对速度。于是，绝对加速度为

$$\begin{aligned}\boldsymbol{a}=\frac{\mathrm{d}\boldsymbol{v}}{\mathrm{d}t}&=\frac{\mathrm{d}\boldsymbol{v}_0}{\mathrm{d}t}+\frac{\mathrm{d}\boldsymbol{\Omega}\times\boldsymbol{x}_r}{\mathrm{d}t}+\frac{\mathrm{d}\boldsymbol{v}_r}{\mathrm{d}t}=\frac{\mathrm{d}\boldsymbol{v}_0}{\mathrm{d}t}+\frac{\mathrm{d}\boldsymbol{\Omega}}{\mathrm{d}t}\times\boldsymbol{x}_r+\boldsymbol{\Omega}\times(\boldsymbol{\Omega}\times\boldsymbol{x}_r+\boldsymbol{v}_r)+\frac{\mathrm{d}(v_i\boldsymbol{e}_i)}{\mathrm{d}t}\\&=\frac{\mathrm{d}\boldsymbol{v}_0}{\mathrm{d}t}+\frac{\mathrm{d}\boldsymbol{\Omega}}{\mathrm{d}t}\times\boldsymbol{x}_r+\boldsymbol{\Omega}\times(\boldsymbol{\Omega}\times\boldsymbol{x}_r)+\boldsymbol{\Omega}\times\boldsymbol{v}_r+\frac{\mathrm{d}v_i}{\mathrm{d}t}\boldsymbol{e}_i+\boldsymbol{\Omega}\times\boldsymbol{v}_r\\&=\frac{\mathrm{d}\boldsymbol{v}_0}{\mathrm{d}t}+\frac{\mathrm{d}\boldsymbol{\Omega}}{\mathrm{d}t}\times\boldsymbol{x}_r+\boldsymbol{\Omega}\times(\boldsymbol{\Omega}\times\boldsymbol{x}_r)+2\boldsymbol{\Omega}\times\boldsymbol{v}_r+\frac{\mathrm{d}v_i}{\mathrm{d}t}\boldsymbol{e}_i\end{aligned}$$

定义相对加速度 $\boldsymbol{a}_r=\frac{\tilde{\mathrm{d}}\boldsymbol{v}_r}{\mathrm{d}t}=\frac{\mathrm{d}v_i}{\mathrm{d}t}\boldsymbol{e}_i$，$\tilde{\mathrm{d}}$ 表示对相对坐标系的微分，牵连加速度 $\boldsymbol{a}_e=\frac{\mathrm{d}\boldsymbol{v}_0}{\mathrm{d}t}+\frac{\mathrm{d}\boldsymbol{\Omega}}{\mathrm{d}t}\times\boldsymbol{x}_r+\boldsymbol{\Omega}\times(\boldsymbol{\Omega}\times\boldsymbol{x}_r)$，科氏加速度 $\boldsymbol{a}_c=2\boldsymbol{\Omega}\times\boldsymbol{v}_r$，则绝对加速度为

$$\boldsymbol{a}=\frac{\mathrm{d}\boldsymbol{v}}{\mathrm{d}t}=\boldsymbol{a}_e+\boldsymbol{a}_c+\boldsymbol{a}_r \tag{3-2-12}$$

将式(3-2-12)代入式(3-2-9)，因为非惯性系是刚体运动，所以 $\boldsymbol{v}_0=\boldsymbol{v}_0(t),\ \boldsymbol{\Omega}=\boldsymbol{\Omega}(t)$ 在整个空间是均匀的，不影响应力张量 $\boldsymbol{P}$，于是

$$\begin{aligned}\rho\frac{\tilde{\mathrm{d}}}{\mathrm{d}t}\boldsymbol{v}_r&=\rho\boldsymbol{f}-\nabla p+\mu\left[\frac{1}{3}\nabla(\nabla\cdot\boldsymbol{v}_r)+\nabla^2\boldsymbol{v}_r\right]\\&\quad-\rho\left[\frac{\mathrm{d}\boldsymbol{v}_0}{\mathrm{d}t}+\frac{\mathrm{d}\boldsymbol{\Omega}}{\mathrm{d}t}\times\boldsymbol{x}_r+\boldsymbol{\Omega}\times(\boldsymbol{\Omega}\times\boldsymbol{x}_r)+2\boldsymbol{\Omega}\times\boldsymbol{v}_r\right]\end{aligned}\tag{3-2-13}$$

如果流体相对于非惯性系静止（$\boldsymbol{v}_r=\boldsymbol{0}$），有

$$\rho\boldsymbol{f}-\nabla p-\rho\left[\frac{\mathrm{d}\boldsymbol{v}_0}{\mathrm{d}t}+\frac{\mathrm{d}\boldsymbol{\Omega}}{\mathrm{d}t}\times\boldsymbol{x}_r+\boldsymbol{\Omega}\times(\boldsymbol{\Omega}\times\boldsymbol{x}_r)\right]=0\tag{3-2-14}$$

【例 3-2】 如图 3-2 所示，一圆柱形容器绕 z 轴旋转，求与容器一起整体旋转的均质流体在重力场中的压强分布和自由面形状。

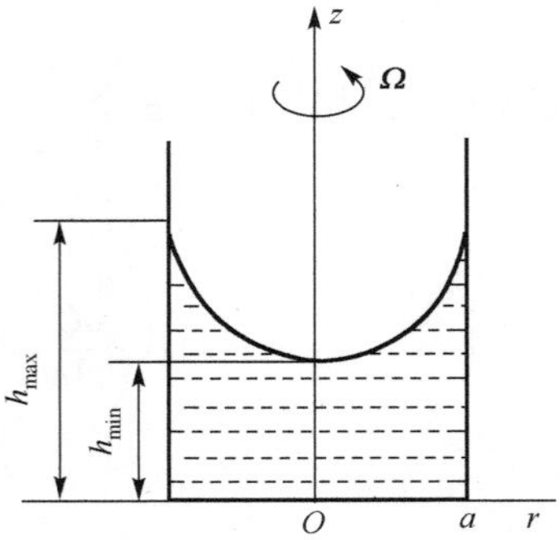

图 3-2　柱体绕轴旋转

解：根据式(3-2-14)有

$$\left.\begin{aligned}&\boldsymbol{a}_e=\frac{\mathrm{d}\boldsymbol{v}_0}{\mathrm{d}t}+\frac{\mathrm{d}\boldsymbol{\Omega}}{\mathrm{d}t}\times\boldsymbol{x}_r+\boldsymbol{\Omega}\times(\boldsymbol{\Omega}\times\boldsymbol{x}_r)\\&\rho\boldsymbol{f}-\nabla p-\rho\boldsymbol{a}_e=0\end{aligned}\right\}\Rightarrow\nabla p=\rho(\boldsymbol{g}+\boldsymbol{\Omega}^2r\boldsymbol{e}_r)$$

流体中的压强分布为

$$\begin{aligned}p&=\int\mathrm{d}p=\int\nabla p\cdot\mathrm{d}\boldsymbol{x}_r=\rho\int(\boldsymbol{g}+\Omega^2r\boldsymbol{e}_r)\cdot\mathrm{d}\boldsymbol{x}_r\\&=\rho\int(-g\boldsymbol{k}+\Omega^2r\boldsymbol{e}_r)\cdot(\mathrm{d}z\boldsymbol{k}+\mathrm{d}r\boldsymbol{e}_r)\\&=\rho\int(-g\mathrm{d}z+\Omega^2r\mathrm{d}r)=-\rho gz+\frac{1}{2}\rho\Omega^2r^2+C\end{aligned}$$

在自由面上，$p=$常数。于是自由面形状 $z=\dfrac{\Omega^2}{2g}r^2+$常数。此式说明自由面是一个旋转抛物面，旋转角速度 Ω 越大，这个抛物面就变得越细越高。也可以通过抛物面中高度差 $h_{\max}-h_{\min}$、半径 a，求出容器的旋转角速度 $\Omega=\dfrac{1}{a}\sqrt{2g(h_{\max}-h_{\min})}$。

3.2.3　流体静力学

1. 均质流体作用于平壁上的压强合力

如图 3-3 所示，设平壁与水平面的夹角为 θ，则平壁上任一点的压强应为 $\rho gy\sin\theta$，于是

$$F_R=\int p\mathrm{d}s=\rho g\sin\theta\int y\mathrm{d}s$$

定义 $\int y\mathrm{d}s=y_cS$，这里 (x_c,y_c) 是壁面的形心坐标，S 是壁面的面积，则有

$$F_R=\rho gy_c\sin\theta S=\rho gh_cS\tag{3-2-15}$$

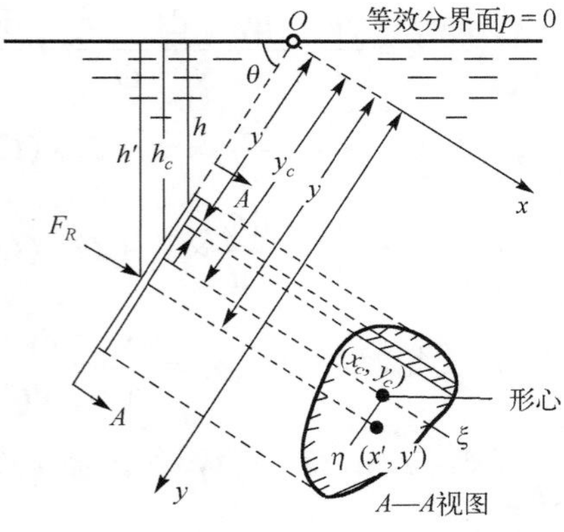

图 3-3　平壁上静止流体受力示意图

假定合力 F_R 的作用线通过 (x', y')，把通过 (x_c, y_c) 平行于 x、y 两个轴的坐标轴分别记作 ξ、η，那么 F_R 对于 ξ 轴和 η 轴的力矩应分别等于分布压强所引起的相应力矩，即

$$F_R(y' - y_c) = \int p\eta \mathrm{d}s = \rho g \sin\theta \int y\eta \mathrm{d}s = \rho g \sin\theta \int (y_c + \eta)\eta \mathrm{d}s = \rho g \sin\theta \int \eta^2 \mathrm{d}s$$

$$F_R(x' - x_c) = \int p\xi \mathrm{d}s = \rho g \sin\theta \int y\xi \mathrm{d}s = \rho g \sin\theta \int (y_c + \eta)\xi \mathrm{d}s = \rho g \sin\theta \int \xi\eta \mathrm{d}s$$

于是

$$y' - y_c = \frac{I_{\xi\xi}}{y_c S}, \quad x' - x_c = \frac{I_{\xi\eta}}{y_c S} \tag{3-2-16}$$

其中，$I_{\xi\xi} = \int \eta^2 \mathrm{d}s$；$I_{\xi\eta} = \int \xi\eta \mathrm{d}s$。

2．均质流体作用于曲壁上的压强合力

如图 3-4 所示，由于力平衡，曲壁面所受流体压强合力的 x 分量，恰好等于此曲壁面在 yz 平面上的投影 s_x 上所受的流体压强合力，即

$$F_x = -\int_{s_x} p \mathrm{d}s_x, \quad F_y = -\int_{s_y} p \mathrm{d}s_y \tag{3-2-17}$$

如图 3-5 所示，由于力平衡，曲壁面 S 所受流体压强合力的竖直分量 F_z 的大小等于该曲面以上直到等效分界面之间的体积(称为压力体)都充满该种流体时的重量。

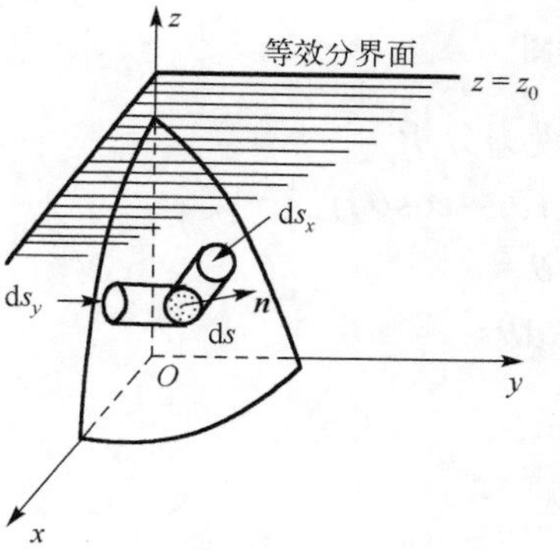

图 3-4　曲壁上静止流体受力水平分量示意图

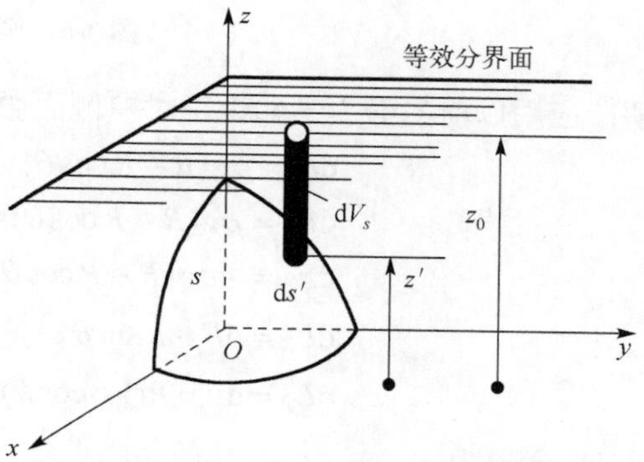

图 3-5　曲壁上静止流体受力竖直分量示意图

$$\mathrm{d}F_z = -\rho g(z_0 - z_s)\mathrm{d}s_z$$

$$F_z = \int \mathrm{d}F_z = -\rho g \int (z_0 - z_s)\mathrm{d}s_z = -\rho g V_s$$

设竖直方向的流体压强合力的作用线通过 (x', y')，则有

$$F_z x' = \int -px\mathrm{d}s_z = -\rho g \int x(z_0 - z_s)\mathrm{d}s_z = -\rho g \int x\mathrm{d}V_s$$

于是

$$x' = \frac{-\rho g \int x\mathrm{d}V_s}{F_z} = \frac{-\rho g \int x\mathrm{d}V_s}{-\rho g V_s} = \frac{\int x\mathrm{d}V_s}{V_s} \tag{3-2-18}$$

同理得

$$y' = \frac{\int y \mathrm{d}V_s}{V_s}$$

显然，(x', y')是该曲面以上压力体的几何中心，即为(x_c, y_c)。静止均质流体中曲壁面所受竖直方向的流体压强合力的作用线通过该曲面以上压力体的几何中心。

【例 3-3】 如图 3-6 所示，圆柱形堰的直径为 $2R$，长 $L=1$。试求两侧静止流体作用于堰上的合力大小、方向及作用线。

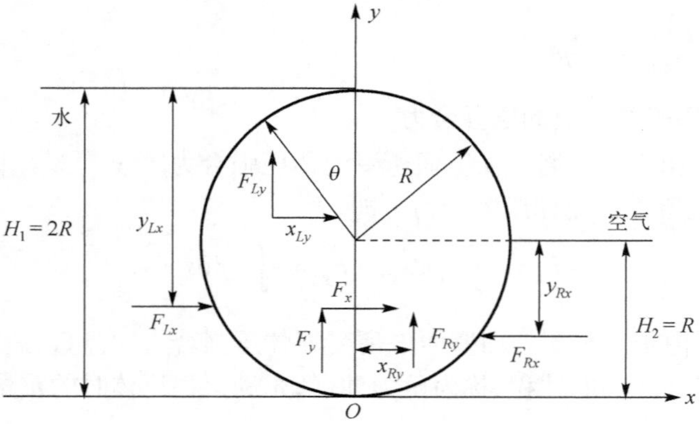

图 3-6　例 3-3 示意图

解：应用以前的静力学知识，对左侧面微元进行受力分析。

$$\mathrm{d}F = \rho g(R - R\cos\theta)\cdot R\mathrm{d}\theta\cdot(\sin\theta\boldsymbol{i} - \cos\theta\boldsymbol{j})$$

$$\mathrm{d}F_x = \rho g(R - R\cos\theta)\sin\theta\cdot R\mathrm{d}\theta$$

$$\mathrm{d}F_y = -\rho g(R - R\cos\theta)\cos\theta\cdot R\mathrm{d}\theta$$

$$\mathrm{d}L_y = \mathrm{d}F_y\cdot R\sin\theta$$

$$\mathrm{d}L_x = \mathrm{d}F_x\cdot R(1+\cos\theta)$$

于是，F_{Lx} 合力为

$$F_{Lx} = \int_0^{\pi}\mathrm{d}F_x = \rho g R^2\int_0^{\pi}(\sin\theta - \sin\theta\cos\theta)\cdot\mathrm{d}\theta = 2\rho g R^2$$

对原点的力矩为

$$F_{Lx}\cdot(2R - y_{Lx}) = \int_0^{\pi}\mathrm{d}F_x\cdot R(1+\cos\theta) = \rho g R^3\int_0^{\pi}(1-\cos^2\theta)\cdot\sin\theta\mathrm{d}\theta$$

$$= -\rho g R^3\left(\cos\theta - \frac{\cos^3\theta}{3}\right)\Bigg|_0^{\pi} = \frac{4\rho g R^3}{3}$$

解得

$$y_{Lx} = \frac{4R}{3}$$

根据上面的曲壁面静力学知识，左、右侧面 x 方向的合力分别为

$$F_{Lx}=\int p\mathrm{d}s_x=\int_0^{2R}\rho g(2R-y)\mathrm{d}y=2\rho gR^2$$

$$F_{Rx}=\int_0^{R}\rho g(R-y)\mathrm{d}y=\frac{1}{2}\rho gR^2$$

合力作用线为

$$|y_{Lx}-R|=\frac{\int_{-R}^{R}\eta^2\mathrm{d}\eta}{Rs_x}=\frac{\left.\frac{\eta^3}{3}\right|_{-R}^{R}}{2R^2}=\frac{R}{3}$$

解为

$$y_{Lx}=\frac{4R}{3}$$

说明：合力的作用线低于形心。

同理得

$$y_{Rx}=\frac{R}{3}$$

左、右侧面 y 方向的合力分别为

$$F_{Ly}=\rho gV_s=\rho g\left(\frac{\pi}{2}R^2\right)$$

$$F_{Ry}=\rho g\left(\frac{\pi}{4}R^2\right)$$

合力作用线为

$$x_{Ly}=\frac{-\int x\mathrm{d}s}{S}=\frac{-\int_0^{R}2x\sqrt{R^2-x^2}\mathrm{d}x}{\pi R^2/2}=-\frac{4R}{3\pi}$$

$$x_{Ry}=\frac{4R}{3\pi}$$

3.2.4　能量守恒

封闭物质体系的能量 $E(t)=\int_{\tau(t)}\rho\left(\frac{\boldsymbol{v}\cdot\boldsymbol{v}}{2}+\varepsilon\right)\mathrm{d}\tau$，其中 $\rho\frac{\boldsymbol{v}\cdot\boldsymbol{v}}{2}$ 表示动能强度，$\rho\varepsilon$ 表示内能强度。能量变化率 $\frac{\mathrm{d}E}{\mathrm{d}t}=\frac{\mathrm{d}}{\mathrm{d}t}W+Q$，其中 $\frac{\mathrm{d}}{\mathrm{d}t}W$ 表示外力做功的功率，包括体积力做功 $\iiint_{\tau(t)}\rho\boldsymbol{f}\cdot\boldsymbol{v}\mathrm{d}\tau$ 和面积力做功 $\oiint_{s(t)}\boldsymbol{p}_n\cdot\boldsymbol{v}\mathrm{d}s$，$Q$ 表示吸收的热量，包括热传导 $-\oiint_{s(t)}\boldsymbol{q}\cdot\boldsymbol{n}\mathrm{d}s$、热辐射 $\iiint_{\tau(t)}\rho q_0\mathrm{d}\tau$ 等(图 3-7)。因此有

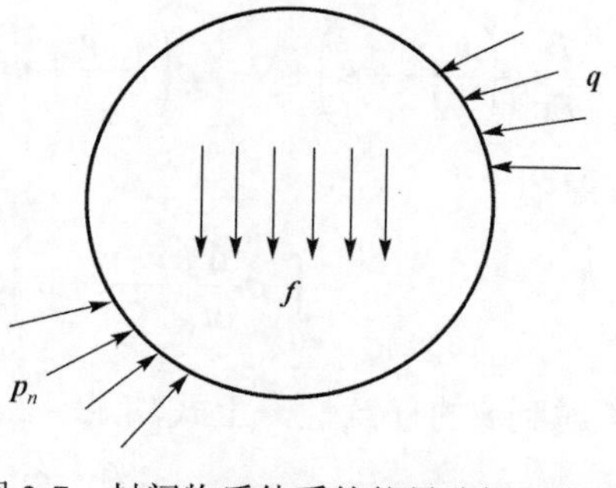

图 3-7　封闭物质体系的能量分析示意图

$$\frac{\mathrm{d}}{\mathrm{d}t}\int_{\tau(t)}\rho\left(\frac{\boldsymbol{v}\cdot\boldsymbol{v}}{2}+\varepsilon\right)\mathrm{d}\tau=\int_{\tau(t)}\rho\boldsymbol{f}\cdot\boldsymbol{v}\mathrm{d}\tau+\int_{s(t)}\boldsymbol{p}_n\cdot\boldsymbol{v}\mathrm{d}s-\int_{s(t)}\boldsymbol{q}\cdot\boldsymbol{n}\mathrm{d}s+\int_{\tau(t)}\rho q_0\mathrm{d}\tau$$

根据雷诺输运定理，式(3-1-8)中取$\boldsymbol{\phi}=\rho\left(\frac{\boldsymbol{v}\cdot\boldsymbol{v}}{2}+\varepsilon\right)$，有

$$\begin{aligned}\frac{\mathrm{d}}{\mathrm{d}t}\int_{\tau(t)}\rho\left(\frac{\boldsymbol{v}\cdot\boldsymbol{v}}{2}+\varepsilon\right)\mathrm{d}\tau&=\int_{\tau(t)}\frac{\partial}{\partial t}\rho\left(\frac{\boldsymbol{v}\cdot\boldsymbol{v}}{2}+\varepsilon\right)\mathrm{d}\tau+\int_{s(t)}\rho\left(\frac{\boldsymbol{v}\cdot\boldsymbol{v}}{2}+\varepsilon\right)\boldsymbol{v}\cdot\boldsymbol{n}\mathrm{d}s\\&=\int_{\tau(t)}\rho\boldsymbol{f}\cdot\boldsymbol{v}\mathrm{d}\tau+\int_{s(t)}\boldsymbol{p}_n\cdot\boldsymbol{v}\mathrm{d}s-\int_{s(t)}\boldsymbol{q}\cdot\boldsymbol{n}\mathrm{d}s+\int_{\tau(t)}\rho q_0\mathrm{d}\tau\end{aligned}\tag{3-2-19}$$

式(3-2-19)为积分形式的能量方程。

由奥-高公式，有

$$\int_{s(t)}\rho\left(\frac{\boldsymbol{v}\cdot\boldsymbol{v}}{2}+\varepsilon\right)\boldsymbol{v}\cdot\boldsymbol{n}\mathrm{d}s=\int_{\tau(t)}\nabla\cdot\left[\rho\left(\frac{\boldsymbol{v}\cdot\boldsymbol{v}}{2}+\varepsilon\right)\boldsymbol{v}\right]\mathrm{d}\tau$$

$$\int_{s(t)}\boldsymbol{p}_n\cdot\boldsymbol{v}\mathrm{d}s=\int_{s(t)}\boldsymbol{n}\cdot\boldsymbol{P}\cdot\boldsymbol{v}\mathrm{d}s=\int_{\tau(t)}\nabla\cdot(\boldsymbol{P}\cdot\boldsymbol{v})\mathrm{d}\tau$$

$$-\int_{s(t)}\boldsymbol{q}\cdot\boldsymbol{n}\mathrm{d}s=-\int_{\tau(t)}\nabla\cdot\boldsymbol{q}\mathrm{d}\tau$$

式(3-2-19)可表示为

$$\int_{\tau(t)}\left\{\frac{\partial}{\partial t}\rho\left(\frac{\boldsymbol{v}\cdot\boldsymbol{v}}{2}+\varepsilon\right)+\nabla\cdot\left[\rho\left(\frac{\boldsymbol{v}\cdot\boldsymbol{v}}{2}+\varepsilon\right)\boldsymbol{v}\right]\right\}\mathrm{d}\tau=\int_{\tau(t)}[\rho\boldsymbol{f}\cdot\boldsymbol{v}+\nabla\cdot(\boldsymbol{P}\cdot\boldsymbol{v})-\nabla\cdot\boldsymbol{q}+\rho q_0]\mathrm{d}\tau$$

其中

$$\begin{aligned}&\frac{\partial}{\partial t}\rho\left(\frac{\boldsymbol{v}\cdot\boldsymbol{v}}{2}+\varepsilon\right)+\nabla\cdot\left[\rho\left(\frac{\boldsymbol{v}\cdot\boldsymbol{v}}{2}+\varepsilon\right)\boldsymbol{v}\right]\\&=\rho\frac{\partial}{\partial t}\left(\frac{\boldsymbol{v}\cdot\boldsymbol{v}}{2}+\varepsilon\right)+\left(\frac{\boldsymbol{v}\cdot\boldsymbol{v}}{2}+\varepsilon\right)\frac{\partial\rho}{\partial t}+\left(\frac{\boldsymbol{v}\cdot\boldsymbol{v}}{2}+\varepsilon\right)\nabla\cdot(\rho\boldsymbol{v})+\rho\boldsymbol{v}\cdot\nabla\left(\frac{\boldsymbol{v}\cdot\boldsymbol{v}}{2}+\varepsilon\right)\end{aligned}$$

根据连续性方程$\frac{\partial\rho}{\partial t}+\nabla\cdot(\rho\boldsymbol{v})=0$，上式化简为

$$\frac{\partial}{\partial t}\rho\left(\frac{\boldsymbol{v}\cdot\boldsymbol{v}}{2}+\varepsilon\right)+\nabla\cdot\left[\rho\left(\frac{\boldsymbol{v}\cdot\boldsymbol{v}}{2}+\varepsilon\right)\boldsymbol{v}\right]=\rho\frac{\partial}{\partial t}\left(\frac{\boldsymbol{v}\cdot\boldsymbol{v}}{2}+\varepsilon\right)+\rho\boldsymbol{v}\cdot\nabla\left(\frac{\boldsymbol{v}\cdot\boldsymbol{v}}{2}+\varepsilon\right)=\rho\frac{\mathrm{d}}{\mathrm{d}t}\left(\frac{\boldsymbol{v}\cdot\boldsymbol{v}}{2}+\varepsilon\right)$$

于是有

$$\int_{\tau(t)}\rho\frac{\mathrm{d}}{\mathrm{d}t}\left(\frac{\boldsymbol{v}\cdot\boldsymbol{v}}{2}+\varepsilon\right)\mathrm{d}\tau=\int_{\tau(t)}[\rho\boldsymbol{f}\cdot\boldsymbol{v}+\nabla\cdot(\boldsymbol{P}\cdot\boldsymbol{v})-\nabla\cdot\boldsymbol{q}+\rho q_0]\mathrm{d}\tau$$

考虑到τ的任意性，上式满足

$$\rho\frac{\mathrm{d}}{\mathrm{d}t}\left(\frac{\boldsymbol{v}\cdot\boldsymbol{v}}{2}+\varepsilon\right)=\rho\boldsymbol{f}\cdot\boldsymbol{v}+\nabla\cdot(\boldsymbol{P}\cdot\boldsymbol{v})-\nabla\cdot\boldsymbol{q}+\rho q_0$$

不考虑热辐射：$q_0=0$，又因为边界热传导 $\boldsymbol{q}=-k\nabla T$。有

$$\rho\frac{\mathrm{d}}{\mathrm{d}t}\left(\frac{\boldsymbol{v}\cdot\boldsymbol{v}}{2}+\varepsilon\right)=\rho\boldsymbol{f}\cdot\boldsymbol{v}+\nabla\cdot(\boldsymbol{P}\cdot\boldsymbol{v})+\nabla\cdot(k\nabla T) \tag{3-2-20}$$

式(3-2-20)为微分形式的能量方程。

用速度 $\boldsymbol{v}$ 点乘动量方程(3-2-6)，有

$$\boldsymbol{v}\cdot\rho\frac{\mathrm{d}}{\mathrm{d}t}\boldsymbol{v}=\boldsymbol{v}\cdot\rho\boldsymbol{f}+\boldsymbol{v}\cdot\nabla\cdot\boldsymbol{P}$$

由于

$$\nabla\cdot(\boldsymbol{P}\cdot\boldsymbol{v})=\boldsymbol{e}_i\frac{\partial}{\partial x_i}\cdot(P_{mn}\boldsymbol{e}_m\boldsymbol{e}_n\cdot v_j\boldsymbol{e}_j)=\boldsymbol{e}_i\frac{\partial}{\partial x_i}\cdot(P_{mj}v_j\boldsymbol{e}_m)=\frac{\partial(P_{ij}v_j)}{\partial x_i}=\frac{\partial P_{ij}}{\partial x_i}v_j+P_{ij}\frac{\partial v_j}{\partial x_i}$$

$$\boldsymbol{v}\cdot(\nabla\cdot\boldsymbol{P})=v_j\boldsymbol{e}_j\cdot\left(\boldsymbol{e}_i\frac{\partial}{\partial x_i}\cdot P_{mn}\boldsymbol{e}_m\boldsymbol{e}_n\right)=v_j\boldsymbol{e}_j\cdot\frac{\partial}{\partial x_i}P_{in}\boldsymbol{e}_n=v_j\frac{\partial P_{ij}}{\partial x_i}$$

$$\boldsymbol{P}:\boldsymbol{S}=P_{in}\boldsymbol{e}_i\boldsymbol{e}_n:S_{mj}\boldsymbol{e}_j\boldsymbol{e}_m=P_{ij}\boldsymbol{e}_i\cdot S_{mj}\boldsymbol{e}_m=P_{ij}S_{ij}=P_{ij}\frac{\partial v_j}{\partial x_i}$$

其中，“:”表示 $\boldsymbol{P}$ 和 $\boldsymbol{S}$ 求两次点积。整理上式，可得

$$\nabla\cdot(\boldsymbol{P}\cdot\boldsymbol{v})=\boldsymbol{v}\cdot(\nabla\cdot\boldsymbol{P})+\boldsymbol{P}:\boldsymbol{S}$$

于是

$$\rho\frac{\mathrm{d}\varepsilon}{\mathrm{d}t}=\boldsymbol{P}:\boldsymbol{S}+\nabla\cdot(k\nabla T) \tag{3-2-21}$$

考虑斯托克斯(Stokes)流体的本构关系：

$$\boldsymbol{P}=2\mu\boldsymbol{S}-\left(p+\frac{2}{3}\mu\nabla\cdot\boldsymbol{v}\right)\boldsymbol{I}$$

有

$$\boldsymbol{P}:\boldsymbol{S}=\left[2\mu\boldsymbol{S}-\left(p+\frac{2}{3}\mu\nabla\cdot\boldsymbol{v}\right)\boldsymbol{I}\right]:\boldsymbol{S}=2\mu\boldsymbol{S}:\boldsymbol{S}-p\nabla\cdot\boldsymbol{v}-\frac{2\mu}{3}(\nabla\cdot\boldsymbol{v})^2=-p\nabla\cdot\boldsymbol{v}+\varphi$$

其中

$$\varphi=2\mu\boldsymbol{S}:\boldsymbol{S}-\frac{2\mu}{3}(\nabla\cdot\boldsymbol{v})^2=2\mu\left[\left(\frac{\partial u}{\partial x}\right)^2+\left(\frac{\partial v}{\partial y}\right)^2+\left(\frac{\partial w}{\partial z}\right)^2+\frac{1}{2}\left(\frac{\partial u}{\partial y}+\frac{\partial v}{\partial x}\right)^2\right.$$
$$\left.+\frac{1}{2}\left(\frac{\partial v}{\partial z}+\frac{\partial w}{\partial y}\right)^2+\frac{1}{2}\left(\frac{\partial w}{\partial x}+\frac{\partial u}{\partial z}\right)^2\right]-\frac{2\mu}{3}\left(\frac{\partial u}{\partial x}+\frac{\partial v}{\partial y}+\frac{\partial w}{\partial z}\right)^2\geqslant 0$$

式(3-2-21)可表示为

$$\rho\frac{\mathrm{d}\varepsilon}{\mathrm{d}t}+p\nabla\cdot\boldsymbol{v}=\nabla\cdot(k\nabla T)+\varphi \tag{3-2-22}$$

这表明，可转换为内能的一部分功 $\boldsymbol{P}$: $\boldsymbol{S}$ 分为两部分，与黏性有关的一部分为φ，由于$\varphi\geqslant 0$，

说明功总是被耗散的，即黏性应力所做功总是不断地转换成热，并由热转化成内能，这一转化是不可逆的。因此在流体力学中称φ为耗散功，或耗散函数。与此不同，$-p\nabla\cdot\boldsymbol{v}$这一部分功，表示流体压缩（$\nabla\cdot\boldsymbol{v}<0$）或膨胀（$\nabla\cdot\boldsymbol{v}>0$）时，压强$p$所做的功：压缩时，功转为内能，膨胀时，内能转为功，即它们的转化是可逆的。

【例 3-4】 如图 3-8 所示，一等截面的细直管中，有一段长为$2l$的无黏性等密度流体，流体受一方向始终指向一点，大小与各质点到该点的距离成正比的力的作用，求此流体的运动规律及每一质点的压强。设流体与空气接触处为大气压p_0。（用机械能方程求解。）

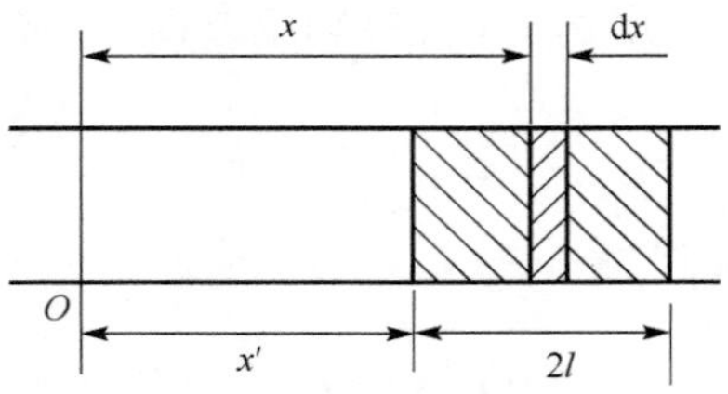

图 3-8 例 3-4 示意图

对无黏流体，机械能方程为

$$\rho\frac{\mathrm{d}}{\mathrm{d}t}\left(\frac{\boldsymbol{v}^2}{2}\right)=\boldsymbol{v}\cdot\rho\boldsymbol{f}-\boldsymbol{v}\cdot\nabla p$$

因为速度只有u分量，且满足连续性方程，所以有

$$\frac{\partial u}{\partial x}=0 \quad\Rightarrow\quad u=u(t)$$

外力$f=-kx$，所以

$$\rho\frac{\mathrm{d}}{\mathrm{d}t}\left(\frac{u^2}{2}\right)=-kx\rho u-u\frac{\partial p}{\partial x} \tag{例 3-4-1}$$

从x'到$x'+2l$对x进行积分，得

$$\rho\frac{\mathrm{d}}{\mathrm{d}t}\left(\frac{u^2}{2}\right)2l=-k\rho u\left[\frac{1}{2}(x'+2l)^2-\frac{1}{2}x'^2\right]-u(p|_{x=x'+2l}-p|_{x=x'})$$

因为$p|_{x=x'+2l}=p|_{x=x'}=p_0$，所以

$$\frac{\mathrm{d}}{\mathrm{d}t}\left(\frac{u^2}{2}\right)=-ku(x'+l) \tag{例 3-4-2}$$

即

$$u\frac{\mathrm{d}u}{\mathrm{d}t}=-ku(x'+l)$$

$$\frac{\mathrm{d}u}{\mathrm{d}t}=-k(x'+l)$$

由于$u=\dfrac{\mathrm{d}x'}{\mathrm{d}t}$，有

$$\frac{\mathrm{d}^2x'}{\mathrm{d}t^2}+k(x'+l)=0$$

解得

$$x'+l=A\sin(\sqrt{k}t+\theta)$$

对式(例 3-4-1)由 x' 积分到 x，得

$$\rho\frac{\mathrm{d}}{\mathrm{d}t}\left(\frac{u^2}{2}\right)(x-x')=-k\rho u\left(\frac{1}{2}x^2-\frac{1}{2}x'^2\right)-u(p|_{x=x}-p|_{x=x'})$$

将式(例 3-4-2) $\frac{\mathrm{d}u}{\mathrm{d}t}=-k(x'+l)$ 代入上式，得

$$-k\rho u(x'+l)(x-x')=-\frac{1}{2}k\rho u(x'+x)(x-x')-up+up_0$$

整理，得

$$p=p_0+k\rho(x-x')(x'+l)-\frac{1}{2}k\rho(x'+x)(x-x')$$

即

$$p=p_0+\frac{1}{2}k\rho(x-x')(x'+2l-x)$$

3.3　热力学方程

3.3.1　状态方程

状态方程是描述平衡态热力学特性的方程，状态参量有ρ、p、T 等，对于均匀物质，有 $\rho=\rho(p,T)$，状态方程必须通过实验来确定，或者由统计物理学的理论来推导，对完全气体有

$$p=\rho RT \tag{3-3-1}$$

对于多组分的理想气体，如空气，道尔顿根据实验总结出下列结论：某一气体在气体混合物中产生的分压等于在相同温度下它单独占有整个容器时所产生的压力；而气体混合物的总压强等于其中各气体的分压之和，这就是气体分压定律(law of partial pressure)，即

$$p=p_1+p_2+p_3+\cdots \tag{3-3-2}$$

通常，液体的压强用热膨胀系数来定，液体的密度通常视为常数，$\rho-\rho_0$ 为小量，根据

$$\beta=-\frac{1}{\rho}\frac{\partial\rho}{\partial T}=-\frac{1}{\partial T}\left(\frac{\partial\rho}{\rho}\right)_p$$

积分得

$$-\beta(T-T_0)=\ln\frac{\rho}{\rho_0}=\ln\left(1+\frac{\rho-\rho_0}{\rho_0}\right)$$

当 $\rho-\rho_0$ 为小量时，可以近似得到

$$-\beta(T-T_0)=\frac{\rho-\rho_0}{\rho_0} \tag{3-3-3}$$

即密度改变量与温度改变量成比例。

当密度只是压强的函数时，$\rho=\rho(p)$，流体为正压流体，否则为斜压流体。常见的密度为(在一个标准大气压下)：4℃时的水 $\rho=1000\text{kg}/\text{m}^3$，20℃时的空气 $\rho=1.2\text{kg}/\text{m}^3$。

3.3.2 完全气体的内能

1. 完全气体内能与等容比热

完全气体的内能是比容 v、温度 T 的函数：$\varepsilon=\varepsilon(v,T)$，于是

$$\mathrm{d}\varepsilon=\frac{\partial\varepsilon}{\partial T}\mathrm{d}T+\frac{\partial\varepsilon}{\partial v}\mathrm{d}v$$

对于单位质量流体而言，可逆过程的热力学第一定律为

$$T\mathrm{d}S=\mathrm{d}Q=\mathrm{d}\varepsilon+p\mathrm{d}v$$

其中，S 称为熵；$\mathrm{d}Q$ 为传给单位质量流体的总热量；$\mathrm{d}\varepsilon$ 为单位质量流体内能的增量；$p\mathrm{d}v$ 是流体因膨胀对外界做的功，显然 S 也是 v、T 的函数，于是

$$\mathrm{d}S=\frac{\partial S}{\partial T}\mathrm{d}T+\frac{\partial S}{\partial v}\mathrm{d}v=\frac{1}{T}(\mathrm{d}\varepsilon+p\mathrm{d}v)=\frac{\partial\varepsilon}{T\partial T}\mathrm{d}T+\frac{1}{T}\left(\frac{\partial\varepsilon}{\partial v}+p\right)\mathrm{d}v$$

即 $\frac{\partial S}{\partial T}=\frac{\partial\varepsilon}{T\partial T}$，$\frac{\partial S}{\partial v}=\frac{1}{T}\left(\frac{\partial\varepsilon}{\partial v}+p\right)$。根据全微分 Swartz 定理，混合导数 $\frac{\partial}{\partial v}\frac{\partial S}{\partial T}=\frac{\partial}{\partial T}\frac{\partial S}{\partial v}$，又由于 $p=\rho RT\Rightarrow\frac{p}{T}=\rho R=\frac{R}{v}$ (与 T 无关)，于是有

$$\frac{\partial}{\partial v}\left(\frac{\partial\varepsilon}{T\partial T}\right)=\frac{\partial}{\partial T}\left[\frac{1}{T}\left(\frac{\partial\varepsilon}{\partial v}+p\right)\right]=\frac{\partial}{\partial T}\left(\frac{1}{T}\frac{\partial\varepsilon}{\partial v}+\frac{R}{v}\right)=\frac{\partial}{\partial T}\left(\frac{1}{T}\frac{\partial\varepsilon}{\partial v}\right)=\frac{1}{T}\frac{\partial}{\partial T}\frac{\partial\varepsilon}{\partial v}-\frac{1}{T^2}\frac{\partial\varepsilon}{\partial v}$$

由于 $\frac{\partial}{\partial v}\left(\frac{\partial\varepsilon}{T\partial T}\right)=\frac{\partial}{T\partial v}\left(\frac{\partial\varepsilon}{\partial T}\right)=\frac{\partial}{T\partial T}\frac{\partial\varepsilon}{\partial v}$，于是有 $\frac{1}{T^2}\frac{\partial\varepsilon}{\partial v}=0$，说明 ε 与 v 无关，即 $\varepsilon=\varepsilon(T)$，定义等容比热为 C_V，有

$$\varepsilon=\int C_V\mathrm{d}T\Rightarrow\varepsilon=C_VT \tag{3-3-4}$$

当温度变化范围不大时，C_V 可以认为是常数。于是内能方程(3-2-22)可表示为

$$\rho C_V\frac{\mathrm{d}T}{\mathrm{d}t}+p\nabla\cdot\boldsymbol{v}=\nabla\cdot(k\nabla T)+\varphi \tag{3-3-5}$$

2. 焓表示的完全气体内能与等压比热

定义焓 $i=\varepsilon+pv=\varepsilon+\frac{p}{\rho}=\varepsilon+RT=i(T)$，于是

$$\rho\frac{\mathrm{d}\varepsilon}{\mathrm{d}t}=\rho\frac{\mathrm{d}\left(i-\frac{p}{\rho}\right)}{\mathrm{d}t}=\rho\frac{\mathrm{d}i}{\mathrm{d}t}-\rho\frac{p}{-\rho^2}\frac{\mathrm{d}\rho}{\mathrm{d}t}-\rho\frac{1}{\rho}\frac{\mathrm{d}p}{\mathrm{d}t}=\rho\frac{\mathrm{d}i}{\mathrm{d}t}+\frac{p}{\rho}\frac{\mathrm{d}\rho}{\mathrm{d}t}-\frac{\mathrm{d}p}{\mathrm{d}t}$$

考虑能量方程 $\rho\frac{\mathrm{d}\varepsilon}{\mathrm{d}t}+p\nabla\cdot\boldsymbol{v}=\nabla\cdot(k\nabla T)+\varphi$ 和连续性方程 $\frac{\mathrm{d}\rho}{\mathrm{d}t}+\rho\nabla\cdot\boldsymbol{v}=0$，有

$$\rho\frac{\mathrm{d}\varepsilon}{\mathrm{d}t}+p\nabla\cdot\boldsymbol{v}=\rho\frac{\mathrm{d}i}{\mathrm{d}t}+\frac{p}{\rho}\frac{\mathrm{d}\rho}{\mathrm{d}t}-\frac{\mathrm{d}p}{\mathrm{d}t}-\frac{p}{\rho}\frac{\mathrm{d}\rho}{\mathrm{d}t}=\rho\frac{\mathrm{d}i}{\mathrm{d}t}-\frac{\mathrm{d}p}{\mathrm{d}t}=\nabla\cdot(k\nabla T)+\varphi$$

即

$$\rho\frac{\mathrm{d}i}{\mathrm{d}t}=\frac{\mathrm{d}p}{\mathrm{d}t}+\nabla\cdot(k\nabla T)+\varphi$$

定义等压比热：

$$C_p=\frac{\mathrm{d}i}{\mathrm{d}T}=\frac{\mathrm{d}\varepsilon}{\mathrm{d}T}+\left[\frac{\mathrm{d}\left(\dfrac{p}{\rho}\right)}{\mathrm{d}T}\right]_p=C_V+\left[\frac{\mathrm{d}\left(\dfrac{\rho RT}{\rho}\right)}{\mathrm{d}T}\right]_p=C_V+R \tag{3-3-6}$$

于是，有

$$\rho C_p\frac{\mathrm{d}T}{\mathrm{d}t}=\frac{\mathrm{d}p}{\mathrm{d}t}+\nabla\cdot(k\nabla T)+\varphi \tag{3-3-7}$$

3.3.3 等熵过程(理想绝热)

根据可逆过程的热力学第一定律 $T\mathrm{d}S=\mathrm{d}Q=\mathrm{d}\varepsilon+p\mathrm{d}v$，有

$$\mathrm{d}S=\frac{\mathrm{d}\varepsilon}{T}+\frac{p\mathrm{d}v}{T}=\frac{\mathrm{d}\varepsilon}{T}+\frac{\rho RT\mathrm{d}v}{T}=\frac{\mathrm{d}\varepsilon}{T}+\rho R\mathrm{d}v=\frac{C_V}{T}\mathrm{d}T+\frac{R}{v}\mathrm{d}v$$

根据式(3-3-6)，有 $\mathrm{d}S=\dfrac{C_V}{T}\mathrm{d}T+C_V\left(\dfrac{C_p}{C_V}-1\right)\dfrac{\mathrm{d}v}{v}$，令 $\gamma=\dfrac{C_p}{C_V}$，积分，得

$$S=C_V[\ln T+(\gamma-1)\ln v]+\text{常数}=C_V\ln Tv^{\gamma-1}+\text{常数}=C_V\ln\frac{p}{R}v^{\gamma}+\text{常数}=C_V\ln\frac{p}{\rho^{\gamma}}+\text{常数}$$

对于等熵过程(理想绝热)，$S=$ 常数，有 $C_V\ln\dfrac{p}{\rho^{\gamma}}=$ 常数，即

$$\frac{p}{\rho^{\gamma}}=\text{常数} \tag{3-3-8}$$

此为理想绝热过程流体的状态方程。

用熵表示的内能方程为

$$\mathrm{d}S=\frac{\mathrm{d}\varepsilon}{T}+\frac{p\mathrm{d}v}{T}=\frac{\mathrm{d}\varepsilon}{T}+\frac{p}{T}\mathrm{d}\left(\frac{1}{\rho}\right)=\frac{\mathrm{d}\varepsilon}{T}-\frac{p}{T\rho^2}\mathrm{d}\rho$$

考虑能量方程 $\rho\dfrac{\mathrm{d}\varepsilon}{\mathrm{d}t}+p\nabla\cdot\boldsymbol{v}=\nabla\cdot(k\nabla T)+\varphi$ 和连续性方程 $\dfrac{\mathrm{d}\rho}{\mathrm{d}t}+\rho\nabla\cdot\boldsymbol{v}=0$，有

$$\rho T\frac{\mathrm{d}S}{\mathrm{d}t}=\rho\frac{\mathrm{d}\varepsilon}{\mathrm{d}t}-\frac{p}{\rho}\frac{\mathrm{d}\rho}{\mathrm{d}t}=\rho\frac{\mathrm{d}\varepsilon}{\mathrm{d}t}+p\nabla\cdot\boldsymbol{v}=\nabla\cdot(k\nabla T)+\varphi \tag{3-3-9}$$

3.4　初始和边界条件

流体力学的基本方程如下。

质量守恒：$\dfrac{\mathrm{d}\rho}{\mathrm{d}t}+\rho(\nabla\cdot\boldsymbol{v})=\dfrac{\partial\rho}{\partial t}+\boldsymbol{v}\cdot\nabla\rho+\rho(\nabla\cdot\boldsymbol{v})=\dfrac{\partial\rho}{\partial t}+\nabla\cdot(\rho\boldsymbol{v})=0$

动量守恒：$\rho\dfrac{\mathrm{d}}{\mathrm{d}t}\boldsymbol{v}=\rho\boldsymbol{f}-\nabla p+\mu\left[\dfrac{1}{3}\nabla(\nabla\cdot\boldsymbol{v})+\nabla^2\boldsymbol{v}\right]$

能量守恒：$\rho\dfrac{\mathrm{d}\varepsilon}{\mathrm{d}t}+p\nabla\cdot\boldsymbol{v}=\nabla\cdot(k\nabla T)+\varphi$

状态方程：$\rho=\rho(p,T)$

3.4.1　初始条件

初始条件由$t=t_0$时，各未知量的分布函数给出，在直角坐标系中有

$$\begin{cases}u(x,y,z;t_0)=u_0(x,y,z)\\ v(x,y,z;t_0)=v_0(x,y,z)\\ w(x,y,z;t_0)=w_0(x,y,z)\\ \rho(x,y,z;t_0)=\rho_0(x,y,z)\\ p(x,y,z;t_0)=p_0(x,y,z)\\ T(x,y,z;t_0)=T_0(x,y,z)\end{cases}\tag{3-4-1}$$

当运动定常时，初始条件即为方程的解，所以不需要初始条件。

3.4.2　边界条件

1. 分界面上的边界条件

分界面：指两种介质的接触面，其中至少有一种介质是我们所考虑的流体。假设：在界面上不发生蒸发、凝结、渗透和互相溶解等现象，则此种分界面就是一个物质面，即在运动过程中，分界面始终由同一批质点所组成(图 3-9)。

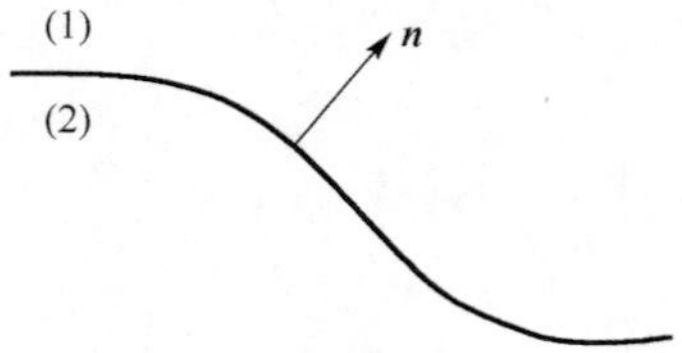

图 3-9　分界面

设F是分界面方程，有$F(x,y,z;t)=0,\ (x,y,z)\in S$，那么，物质面两侧质点速度应满足的运动学边界条件是

$$v_n^{(1)}=v_n^{(2)}\tag{3-4-2}$$

其中，$v_n=\boldsymbol{v}\cdot\boldsymbol{n}$。如果不满足此条件，物质面就要分离，也就不是分界面了。

分界面方程$F(x,y,z;t)=0$满足

$$\frac{\mathrm{d}F}{\mathrm{d}t}=0$$

即

$$\frac{\partial F}{\partial t}+\boldsymbol{v}\cdot\nabla F=0 \tag{3-4-3}$$

式(3-4-3)为分界面上的运动学边界条件，对于液、气分界面，常用式(3-4-3)来求分界面形状。

流体的分界面上同样存在分子的输运效应，要消除分界面两侧介质之间的不平衡，因此分界面上热力学边界条件满足

$$T^{(1)}=T^{(2)} \tag{3-4-4}$$

如果分界面上无滑移运动，则运动学边界条件进一步满足

$$\boldsymbol{v}^{(1)}=\boldsymbol{v}^{(2)} \tag{3-4-5}$$

式(3-4-4)和式(3-4-5)对于稠密流体的分界面是精确成立的，如果分界面一侧是稀薄气体，它们不一定成立。

2．固壁边界条件和自由面边界条件

当分界面一侧是固体时，固体边界的运动通常是给定的，当界面无滑移时，流体在界面上的速度 $\boldsymbol{v}_{\text{fluid}}$ 等于固壁的速度 $\boldsymbol{v}_{\text{solid}}$，即

$$\boldsymbol{v}_{\text{fluid}}=\boldsymbol{v}_{\text{solid}}=\boldsymbol{v}_0+\boldsymbol{\Omega}\times\boldsymbol{x} \tag{3-4-6}$$

如果已知固体表面的温度分布，则有 $T_{\text{fluid}}=T_{\text{solid}}$，如果已知固体表面绝热，则有 $\frac{\partial T}{\partial n}=0$。

当分界面是液体与真空或液体与自由大气时，有

$$\rho_{\text{liquid}}\gg\rho_{\text{air}},\qquad \mu_{\text{liquid}}\gg\mu_{\text{air}}$$

此时，液体自由面的形状是待求的，通过分界面方程(3-4-3)求解。

3．无穷远边界条件

如果流体域是无限远的，可取无限远处的边界条件为已知值，有

$$\boldsymbol{v}=\boldsymbol{v}_\infty,\quad p=p_\infty,\quad \rho=\rho_\infty,\quad T=T_\infty$$

此外还有充分发展边界条件、周期性边界条件、对称性边界条件等。

3.5　量纲分析与流体模型

3.5.1　量纲分析

物理量通常是用数字和单位联合表达的。目前世界上最普遍采用的标准度量系统(国际单位制 SI)中的直接物理量(基本量)有长度(米，m)、质量(千克，kg)、时间(秒，s)、电流(安，A)、温度(开，K)、发光强度(坎，cd)、物质的量(摩，mol)，其单位称为基本单位。其他的物理量(间接物理量)有速度、加速度等，它们的单位则根据其本身的物理意义，由有关基本单位组合构成，这种单位称为导出单位。例如，$\boldsymbol{v}=\frac{\mathrm{d}\boldsymbol{x}}{\mathrm{d}t}$，速度的单位则由位移 $\boldsymbol{x}$ 的单位(m)除以时间的单位(s)得出，即为m/s。

量纲分析是在一定物理过程中，寻求某些物理量之间规律性联系的一种方法。力学中的

物理量主要有时间(t)、长度(L)、质量(M)，热力学物理量有温度(K)。力学中，一切导出量的量纲都是这些基本量的幂组合，即为 $L^{\alpha}M^{\beta}t^{n}K^{\gamma}$，其中 α、β、γ、n 为量纲指数。量纲理论的基本出发点是在一定物理过程中，表达物理规律的函数关系式或方程式，必定是“量纲齐次”的，即式中各项的量纲指数都分别相同。它包括以下两点内容：①所有单位制在描述客观物理规律时具有同等的效力；②任何表示客观物理规律的数学关系式，经过测量单位制的变换后，其数学形式不变。例如，牛顿第二定律 $\boldsymbol{F}=m\boldsymbol{a}=\dfrac{\mathrm{d}(m\boldsymbol{v})}{\mathrm{d}t}$，力的单位可以由 $[F]=[m][a]=MLt^{-2}$ 导出，也可由 $\dfrac{[m][V]}{[t]}=\dfrac{MLt^{-1}}{t}=MLt^{-2}$ 导出，两者的结果是一致的。

【例 3-5】 通过能量方程 $\rho C_p\dfrac{\mathrm{d}T}{\mathrm{d}t}=\dfrac{\mathrm{d}p}{\mathrm{d}t}+\nabla\cdot(k\nabla T)+\varphi$，推导 C_p 和 k 的单位。

解：等式左侧单位为 $\left[\rho C_p\dfrac{\mathrm{d}T}{\mathrm{d}t}\right]=\left[\dfrac{M}{L^3}C_p\dfrac{K}{t}\right]=[C_p]\dfrac{MK}{L^3t}$，右侧第一项单位为 $\left[\dfrac{\mathrm{d}p}{\mathrm{d}t}\right]=\dfrac{[p]}{t}=\dfrac{MLt^{-2}L^{-2}}{t}=Mt^{-3}L^{-1}$，这两项的单位要一致，于是有

$$[C_p]=Mt^{-3}L^{-1}\Big/\frac{MK}{L^3t}=L^2t^{-2}K^{-1}$$

同理，右式第二项单位 $[\nabla\cdot(k\nabla T)]=[k]KL^{-2}$，于是

$$[k]=\frac{Mt^{-3}L^{-1}}{KL^{-2}}=MLt^{-3}K^{-1}$$

【例 3-6】 已知声速 c 是压强和密度的函数 $c=c(p,\rho)$，试通过量纲齐次理论分析声速的表达式。

解：因为压强单位 $[p]=\dfrac{MLt^{-2}}{L^2}=ML^{-1}t^{-2}$，密度单位 $[\rho]=ML^{-3}$，两者单位不一致，因此声速不能是两者的线性加减，只能是两者的幂乘积有关的形式。定义声速单位：

$$[c]=[p]^{\alpha}[\rho]^{\beta}=(ML^{-1}t^{-2})^{\alpha}(ML^{-3})^{\beta}$$

因为声速是声音的速度，它的单位一定是速度的单位，于是有

$$(ML^{-1}t^{-2})^{\alpha}(ML^{-3})^{\beta}=Lt^{-1}$$

因为 L、M、t 是相互独立的量，所以只有等式两边 L、M、t 的幂次都相同，等式才成立，即

$$\begin{cases}\alpha+\beta=0\text{：}\ M\\-\alpha-3\beta=1\text{：}\ L\\-2\alpha=-1\text{：}\ t\end{cases}$$

解得

$$\alpha=\frac{1}{2},\quad \beta=-\frac{1}{2}$$

于是，c 是 $\sqrt{p/\rho}$ 的函数，记为 $c=\sqrt{\gamma p/\rho}$。

实际上，根据声速是小扰动在可压缩物质中的传播速度，我们定义其表达式为

$$c=\sqrt{\frac{\partial p}{\partial \rho}}$$

对于理想绝热过程，有

$$\frac{p}{\rho^{\gamma}}=\theta^{\gamma}\ (\text{常数})$$

于是，由 $c=\sqrt{\partial p/\partial \rho}$，得

$$c^2=\frac{\partial p}{\partial \rho}=\frac{\partial(\theta^{\gamma}\rho^{\gamma})}{\partial \rho}=\gamma\theta^{\gamma}\rho^{\gamma-1}=\gamma\frac{p}{\rho}=\gamma RT$$

即

$$c=\sqrt{\gamma RT} \tag{3-5-1}$$

3.5.2　Π 定理

对于某一物理过程，基本量是 k 个，有 m 个物理量 $Q_1,\cdots,Q_m$ 存在着确定的函数关系 $f(Q_1,\cdots,Q_m)=0$，经过任何单位制的变换，上述关系的数学形式都保持不变，则表示 m 个变量关联的函数式一定可以简化为 $m-k$ 个无量纲量 $\Phi(\Pi_1,\cdots,\Pi_{m-k})=0$，其中 $\Pi_1,\cdots,\Pi_{m-k}$ 是由 $Q_1,\cdots,Q_m$ 构成的 $m-k$ 个独立的无量纲参数，若该物理过程的基本单位有 n 个，则有 $k\leqslant n$，当 $k=n$ 时，问题得到最大程度的简化。

【例 3-7】 应用 Π 定理分析可压缩黏性流体在重力场中的流动。

解： 可压缩黏性流体在重力场中流动时的物理量有特征长度 L、特征速度 U、密度 ρ、动力黏性系数 μ、热传导系数 k、体积力 g、特征压力 p、等压比热 C_p、特征温度 T，即 $m=9$。选取 $LMtK$ 系统，即以长度 L、质量 M、时间 t 以及温度 K 为基本单位，即 $k=4$。

量纲矩阵 $\boldsymbol{A}$ 是

$$\begin{array}{c} \\ L\\ M\\ t\\ K\end{array}\begin{array}{c}\begin{array}{ccccccccc} L & U & \rho & \mu & k & g & p & C_p & T\end{array}\\ \begin{pmatrix} 1 & 1 & -3 & -1 & 1 & 1 & -1 & 2 & 0\\ 0 & 0 & 1 & 1 & 1 & 0 & 1 & 0 & 0\\ 0 & -1 & 0 & -1 & -3 & -2 & -2 & -2 & 0\\ 0 & 0 & 0 & 0 & -1 & 0 & 0 & -1 & 1\end{pmatrix}\end{array}$$

上面所列出的 $\boldsymbol{A}$ 矩阵的秩显然为 4，因此独立的无量纲量 Π_i 为 $9-4=5$(个)。

选取 L、U、ρ 和 k 为基本量，设

$$\Pi_1=L^{x_1}U^{x_2}\rho^{x_3}k^{x_4}\mu$$

$$\Pi_2=L^{x_5}U^{x_6}\rho^{x_7}k^{x_8}g$$

$$\Pi_3=L^{x_9}U^{x_{10}}\rho^{x_{11}}k^{x_{12}}p$$

$$\Pi_4=L^{x_{13}}U^{x_{14}}\rho^{x_{15}}k^{x_{16}}C_p$$

$$\Pi_5=L^{x_{17}}U^{x_{18}}\rho^{x_{19}}k^{x_{20}}T$$

于是

$$[\Pi_1]=[L]^{x_1}[Lt^{-1}]^{x_2}[L^{-3}M]^{x_3}[LMt^{-3}K^{-1}]^{x_4}[L^{-1}Mt^{-1}]$$
$$=[L]^{x_1+x_2-3x_3+x_4-1}\cdot[M]^{x_3+x_4+1}\cdot[t]^{-x_2-3x_4-1}\cdot[K^{-x_4}]$$

根据 Π_1 是无量纲组合量的要求得到

$$\begin{cases} x_1+x_2-3x_3+x_4-1=0 \\ x_3+x_4+1=0 \\ -x_2-3x_4-1=0 \\ -x_4=0 \end{cases}$$

可以解得

$$x_1=-1,\quad x_2=-1,\quad x_3=-1,\quad x_4=0$$

所以 $\Pi_1=\dfrac{\mu}{UL\rho}$，类似地求出

$$\begin{cases} \Pi_2=\dfrac{Lg}{U^2}, & \Pi_3=\dfrac{p}{\rho U^2} \\ \Pi_4=\dfrac{LU\rho C_p}{k}, & \Pi_5=\dfrac{kT}{LU^3\rho} \end{cases}$$

进一步整理，得

$$Re=\frac{1}{\Pi_1}=\frac{UL\rho}{\mu}$$
$$Fr=\frac{1}{\Pi_2}=\frac{U^2}{Lg}$$
$$M^2=\frac{1}{\gamma\Pi_3}=\frac{\rho U^2}{\gamma p}=\frac{\rho U^2}{\gamma\rho RT}=\frac{U^2}{\gamma RT}=\frac{U^2}{c^2}$$

其中，M 为马赫数，是表征流体可压缩程度的无量纲参数，为流场中某点的速度同该点的当地声速之比，它是以奥地利科学家 E. 马赫的姓氏命名的。马赫数小于 1 为亚声速，近乎等于 1 为跨声速，大于 1 为超声速。一般 $M<0.3$ 的流体可视为不可压缩流体。

3.5.3 相似性原理

对于物理量，有几何相似——对应边成比例，即 $\dfrac{x_1}{L_1}=\dfrac{x_2}{L_2}$，参见几何学上的相似图形。有运动相似——对应速度成比例 $\dfrac{\boldsymbol{v}_1(t_1)}{U_1}=\dfrac{\boldsymbol{v}_2(t_2)}{U_2}$，以及动力相似——对应物理量成比例 $\dfrac{f_1}{F_1}=\dfrac{f_2}{F_2}$，以上大、小写字母分别表示做比较的物理量。

直角坐标系下流体的守恒方程为

$$\frac{\partial\rho}{\partial t}+\frac{\partial}{\partial x_i}(\rho u_i)=0 \tag{3-5-2}$$

$$\frac{\partial u_i}{\partial t}+u_j\frac{\partial u_i}{\partial x_j}=-\frac{1}{\rho}\frac{\partial p}{\partial x_i}+\frac{1}{\rho}\frac{\partial}{\partial x_i}\left(-\frac{2}{3}\mu\frac{\partial u_k}{\partial x_k}\right)+\frac{1}{\rho}\frac{\partial}{\partial x_j}\left[\mu\left(\frac{\partial u_i}{\partial x_j}+\frac{\partial u_j}{\partial x_i}\right)\right]+f_i \tag{3-5-3}$$

$$\rho C_V\frac{\mathrm{d}T}{\mathrm{d}t}+p\frac{\partial u_k}{\partial x_k}=\frac{\partial}{\partial x_j}\left(k\frac{\partial T}{\partial x_j}\right)+\varphi \tag{3-5-4}$$

式(3-5-4)还可表示成如下形式：

$$\rho C_p\frac{\mathrm{d}T}{\mathrm{d}t}=\frac{\mathrm{d}p}{\mathrm{d}t}+\frac{\partial}{\partial x_j}\left(k\frac{\partial T}{\partial x_j}\right)+\varphi$$

取特征物理量 L, t_0, ρ_0, U, p_0。令 $x_i'=\frac{x_i}{L}, t'=\frac{t}{t_0}, \rho'=\frac{\rho}{\rho_0}, u_i'=\frac{u_i}{U}, p'=\frac{p}{p_0}, T'=\frac{T-T_\infty}{T_w-T_\infty}$，$T_w$、$T_\infty$ 分别为壁面和无穷远处温度。这些都是无量纲量，在重力场中，$\boldsymbol{f}=\boldsymbol{g}$，$\mu$ 与 $\boldsymbol{x}$ 无关。

将无量纲量代入式(3-5-2)，得到

$$\frac{\rho_0}{t_0}\frac{\partial\rho'}{\partial t'}+\frac{\rho_0U}{L}\frac{\partial}{\partial x_i'}(\rho'u_i')=0$$

等式两边除以 $\frac{\rho_0U}{L}$，有

$$\frac{L}{Ut_0}\frac{\partial\rho'}{\partial t'}+\frac{\partial}{\partial x_i'}(\rho'u_i')=0 \tag{3-5-5}$$

将无量纲量代入式(3-5-3)，得到

$$\frac{U}{t_0}\frac{\partial u_i'}{\partial t'}+\frac{U^2}{L}u_j'\frac{\partial u_i'}{\partial x_j'}=-\frac{p_0}{\rho_0L}\frac{1}{\rho'}\frac{\partial p'}{\partial x_i'}+\frac{U\mu}{\rho_0L^2}\left[\frac{1}{\rho'}\frac{\partial}{\partial x_i'}\left(-\frac{2}{3}\frac{\partial u_k'}{\partial x_k'}\right)+\frac{1}{\rho'}\frac{\partial}{\partial x_j'}\left(\frac{\partial u_i'}{\partial x_j'}+\frac{\partial u_j'}{\partial x_i'}\right)\right]+gg_i'$$

等式两边除以 $\frac{U^2}{L}$，有

$$\frac{L}{Ut_0}\frac{\partial u_i'}{\partial t'}+u_j'\frac{\partial u_i'}{\partial x_j'}=-\frac{p_0}{\rho U^2}\frac{\partial p'}{\partial x_i'}+\frac{\mu}{\rho UL}\left[\frac{\partial}{\partial x_i'}\left(-\frac{2}{3}\frac{\partial u_k'}{\partial x_k'}\right)+\frac{\partial}{\partial x_j'}\left(\frac{\partial u_i'}{\partial x_j'}+\frac{\partial u_j'}{\partial x_i'}\right)\right]+\frac{gL}{U^2}g_i' \tag{3-5-6}$$

将无量纲量代入式(3-5-4)，得到

$$\frac{\rho_0\rho'T_w}{t_0}C_p\frac{\mathrm{d}T'}{\mathrm{d}t'}-\frac{p_0}{t_0}\frac{\mathrm{d}p'}{\mathrm{d}t'}=\frac{T_w}{L^2}\frac{\partial}{\partial x_j'}\left(k\frac{\partial T'}{\partial x_j'}\right)+\frac{U^2\mu}{L^2}\varphi'$$

等式两边乘以 $\frac{L}{U\rho_0\rho'T_wC_p}=\frac{L}{U\rho T_wC_p}$，有

$$\frac{L}{Ut_0}\frac{\mathrm{d}T'}{\mathrm{d}t'}=\frac{Lp_0}{t_0T_wC_pU\rho}\frac{\mathrm{d}p'}{\mathrm{d}t'}+\frac{k}{\rho C_pUL}\frac{\partial}{\partial x_j'}\left(\frac{\partial T'}{\partial x_j'}\right)+\frac{U\mu}{\rho T_wC_pL}\varphi' \tag{3-5-7}$$

定义：

$St=\frac{L}{Ut_0}$，Strouhal 数，它是比较局部惯性力和迁移惯性力的量级大小的参数，流体以特

征速度 U 流过特征长度 L 所需时间 (L/U) 与特征时间 t_0（如振动周期）之比表示。如果物体尺度很小，流速和振动周期较大，那么 St 就会很小，非定常效应就可以忽略。

$Re=\dfrac{\rho UL}{\mu}$，Reynolds 数，它是表示惯性力和黏性力之比的参数。Re 数很大时，反映了流动的惯性效应远大于黏性效应，作为一种近似处理，可以在运动方程中略去黏性项，当 Re 数很小时，反映了流体的黏性效应起主导作用，于是可以略去惯性项。

$Fr=\dfrac{U^2}{gL}$，Froude 数，它是比较迁移惯性力和外力的参数。

$Pr=\dfrac{\mu C_p}{k}$，Prandtl 数，它是比较黏性效应与热传导效应的参数。

$Ec=\dfrac{U^2}{C_pT_w}$，Eckert 数，它表示动能与耗散功的比较。

$Eu=\dfrac{p_0}{\rho U^2}$，Euler 数，它表示压差力与惯性力的相对大小。

将以上物理量代入方程(3-5-5)～方程(3-5-7)中，将方程中各变量的“′”去掉，得到无量纲的连续性、运动和能量方程：

$$St\frac{\partial\rho}{\partial t}+\nabla\cdot(\rho\boldsymbol{v})=0 \tag{3-5-8}$$

$$St\frac{\partial\boldsymbol{v}}{\partial t}+\boldsymbol{v}\cdot\nabla\boldsymbol{v}=-Eu\nabla p+\frac{1}{Re}\left[\frac{1}{3}\nabla(\nabla\cdot\boldsymbol{v})+\nabla^2\boldsymbol{v}\right]+\frac{1}{Fr}\boldsymbol{k} \tag{3-5-9}$$

$$St\cdot\rho\frac{\mathrm{d}T}{\mathrm{d}t}=St\cdot EuEc\frac{\mathrm{d}p}{\mathrm{d}t}+\frac{1}{Re}\frac{1}{Pr}\nabla\cdot\nabla T+\frac{Ec}{Re}\varphi \tag{3-5-10}$$

根据相似性原理：假定两个现象服从同一个函数关系，在两现象中所有 Π_i 都相等，则两个现象相似。

对于流体，忽略体积力，两种流动相似的充分必要条件如下。

流动控制参数相等：$(St)_1=(St)_2$，$(Re)_1=(Re)_2$，$(Eu)_1=(Eu)_2$。

流动初始条件相同：$f_1'(x',y',z';t_0')=f_2'(x',y',z';t_0)$，$f:u_i,p,\rho,\cdots$

流动边界条件相同：$f_1'|_{\Sigma'}=f_2'|_{\Sigma'}$，$f:u_i,p,\rho,\cdots$

【例 3-8】 给定船型的船只在水面上以一定速度 U 匀速航行，不考虑重力的影响，如果以 1/20 缩尺的模型在水洞中进行实验（假设船只与模型所在的流体性质相同），试确定模型的船速，分析模型的阻力与实际船只的比值。

解：由于船只匀速航行，因此，问题为定常问题，不存在 Strouhal 数和初始条件。问题中不考虑重力，因此，也不考虑 Froude 数。所以，无量纲运动方程(3-5-9)中，对本问题最有影响的是 Reynolds 数 $Re=\dfrac{\rho UL}{\mu}$。

实体和模型中，流体性质相同，即 $\rho_R=\rho_M$，$\mu_R=\mu_M$。要满足 $Re_R=Re_M$，有 $U_RL_R=U_ML_M$，即 $U_M=\dfrac{L_R}{L_M}U_R=20U_R$。

根据 Π 定理，以长度 L、密度 ρ、速度 U 为基本量，于是阻力 $D=f(L,U,\rho)$，阻力的量纲为 MLt^{-2}，于是 $\Pi=L^{x_1}U^{x_2}\rho^{x_3}D=L^{x_1}(Lt^{-1})^{x_2}(ML^{-3})^{x_3}(MLt^{-2})=L^{x_1+x_2-3x_3+1}M^{x_3+1}t^{-x_2-2}$。因为 Π 的量纲为 0，于是解方程：

$$\begin{cases}x_1+x_2-3x_3+1=0\\x_3+1=0\\x_2+2=0\end{cases}$$

得

$$\begin{cases}x_1=-2\\x_3=-1\\x_2=-2\end{cases}$$

即

$$\Pi=\frac{D}{\rho U^2L^2}$$

显然，实际船只和模型受到的阻力满足

$$\frac{D_R}{\rho_R {U_R}^2 {L_R}^2}=\frac{D_M}{\rho_M {U_M}^2 {L_M}^2}$$

即

$$\frac{D_R}{D_M}=\frac{\rho_R {U_R}^2 {L_R}^2}{\rho_M {U_M}^2 {L_M}^2}=\frac{1}{1}$$

即模型和实际船只所受阻力是一样的。

3.5.4　流体模型

1．黏性流动与无黏性流动

对于无量纲的运动方程(3-5-9)，如果在所研究的问题中，黏性效应不十分显著，通常可以忽略黏性效应。Re 数很大时也可忽略黏性项，于是得到

$$St\frac{\partial \boldsymbol{v}}{\partial t}+\boldsymbol{v}\cdot\nabla\boldsymbol{v}=-Eu\nabla p+\frac{1}{Fr}\boldsymbol{k}$$

恢复真实量纲，有

$$\frac{\partial \boldsymbol{v}}{\partial t}+\boldsymbol{v}\cdot\nabla\boldsymbol{v}=\boldsymbol{g}-\frac{1}{\rho}\nabla p \tag{3-5-11}$$

此为无黏流体的欧拉方程。欧拉方程适用于平面和空间无旋运动、水波运动等。例如，水波在河中传播时，在较长的距离上，仍不衰减。大气在高空中运动时，可以长驱直入，常常跨越数千公里。但是，无法解释物体在流体中运动的阻力和管道、渠道等的压力损失。

2．非定常流动与定常流动

一切随时间变化的流动都是非定常流动，$\dfrac{\partial}{\partial t}\neq 0$，随时间变化极慢或不发生变化的流动

可近似为定常流动，$\frac{\partial}{\partial t}=0$。$St$ 数很小时，非定常效应就可以忽略，于是

$$\boldsymbol{v}\cdot\nabla\boldsymbol{v}=-Eu\nabla p+\frac{1}{Re}\left[\frac{1}{3}\nabla(\nabla\cdot\boldsymbol{v})+\nabla^2\boldsymbol{v}\right]+\frac{1}{Fr}\boldsymbol{k} \tag{3-5-12}$$

非定常流动与定常流动依赖于参考系的选取。非定常效应产生物理量的非定常变化，产生新的物理现象(如水击)。

3. 可压缩流动与不可压缩流动

当 $\rho=$ 常数，即 $\nabla\cdot\boldsymbol{v}=0$ 时，为不可压缩流动，有

$$\rho\frac{\mathrm{d}}{\mathrm{d}t}\boldsymbol{v}=\rho\boldsymbol{f}-\nabla p+\mu\nabla^2\boldsymbol{v} \tag{3-5-13}$$

此为黏性不可压缩流体的控制方程。通常情况下，液体可以看作不可压缩的。极端情形除外，如冲击波、水击等。如果气体做定常运动，则当流体运动速度远小于声速时(一般 $M<0.3$)，流动的压缩效应可以忽略。可压缩流动相对不可压缩流动的研究开展得比较晚，在 1845 年 Stokes 建立了可压缩流体运动方程组，并在 20 世纪得到极快的发展。

4. 有旋流动与无旋流动

流场中流体质点有旋转的流动称为有旋流动。

通过矢量公式 $(\boldsymbol{v}\cdot\nabla)\boldsymbol{v}=\nabla\left(\frac{\boldsymbol{v}\cdot\boldsymbol{v}}{2}\right)+\nabla\times\boldsymbol{v}\times\boldsymbol{v}=\nabla\left(\frac{\boldsymbol{v}\cdot\boldsymbol{v}}{2}\right)+\boldsymbol{\omega}\times\boldsymbol{v}$，得兰姆-葛罗米柯方程：

$$\rho\left(\frac{\partial\boldsymbol{v}}{\partial t}+\boldsymbol{v}\cdot\nabla\boldsymbol{v}\right)=\rho\left[\frac{\partial\boldsymbol{v}}{\partial t}+\nabla\left(\frac{\boldsymbol{v}\cdot\boldsymbol{v}}{2}\right)+\boldsymbol{\omega}\times\boldsymbol{v}\right]=\rho\boldsymbol{f}-\nabla p+\mu\left[\frac{1}{3}\nabla(\nabla\cdot\boldsymbol{v})+\nabla^2\boldsymbol{v}\right] \tag{3-5-14}$$

对于无旋流动，$\boldsymbol{\omega}=0$，有

$$\rho\left[\frac{\partial\boldsymbol{v}}{\partial t}+\nabla\left(\frac{\boldsymbol{v}\cdot\boldsymbol{v}}{2}\right)\right]=\rho\boldsymbol{f}-\nabla p+\mu\left[\frac{1}{3}\nabla(\nabla\cdot\boldsymbol{v})+\nabla^2\boldsymbol{v}\right]$$

5. 绝热流动与等熵流动

绝热流动中封闭物质体系内均无热量输入或生成，也不发生热传导现象。它包括可逆绝热流动——没有机械能损耗；不可逆绝热流动——允许流体的黏性作用和流动中出现激波而使流动产生机械能耗损。

熵表示的内能方程(3-3-9)为

$$\rho T\frac{\mathrm{d}S}{\mathrm{d}t}=\nabla\cdot(k\nabla T)+\varphi$$

等熵流动 $\mathrm{d}S=0$，于是

$$\nabla\cdot(k\nabla T)+\varphi=0$$

显然，只有可逆的绝热过程才是等熵流动。严格来讲，绝热流动是不存在的，流体内部的温度总会出现分布不均匀，从而导致流体内部的热传导。

6．一维、二维和三维流动

一维流动：流动参数仅取决于一个位置坐标的流动，包括流体沿空间辐射的流动，如点爆炸。

二维流动：流动参数仅取决于两个位置坐标的流动，包括平面流动，如无穷长圆柱绕流；轴对称流动，如管道流动。

三维流动：流动参数取决于三个位置坐标的流动。

课 后 习 题

3.1　推导柱坐标系下微分形式连续性方程和运动方程的表达式。

3.2　推导球坐标系下微分形式连续性方程和运动方程的表达式。

3.3　运动物体的流动阻力存在着确定的函数关系 $D \sim \rho, \mu, L, U$，基本量有 L、M、T，求两个无量纲参数 Π_1、Π_2。

3.4　有压管道流动的管壁面切应力 τ_w 与流动速度 U、管径 D、动力黏性系数 μ 和流体密度 ρ 有关，试用量纲分析法构造该问题的无量纲参数，并说明物理意义。

3.5　在黏性流体中运动的小球受到的阻力 T 与流体的密度 ρ、动力黏性系数 μ、小球直径 D、速度 u 有关，运用量纲分析法确定其关系。

3.6　以下关于纳维-斯托克斯方程的叙述是否正确？为什么？其中 $\boldsymbol{P}$ 为应力张量。

$$\frac{\mathrm{d}\boldsymbol{v}}{\mathrm{d}t} = \boldsymbol{f} - \frac{1}{\rho} \cdot \nabla \boldsymbol{P} + \mu \nabla^2 \boldsymbol{v}$$

3.7　一扇形闸门如题 3.7 图所示，宽度 $b = 1.0\mathrm{m}$，圆心角 $\alpha = 45°$，闸门挡水深 $h = 3\mathrm{m}$，试求水对闸门的作用力及方向。

3.8　沿变深度矩形截面河道水面上有波动运动，求此波动应满足的连续性方程。

3.9　流体做有自由面的三维波动，底面为平面且流体等深，波动幅度小，求连续性方程。

3.10　无限长环状液体在半径为 a 和 b 的柱体间，液柱面 a 上有常压强 π 作用。证明：若内柱 b 突然破灭，则液体内半径 r 处的压强立即变为 $\pi \dfrac{\ln r - \ln b}{\ln a - \ln b}$。

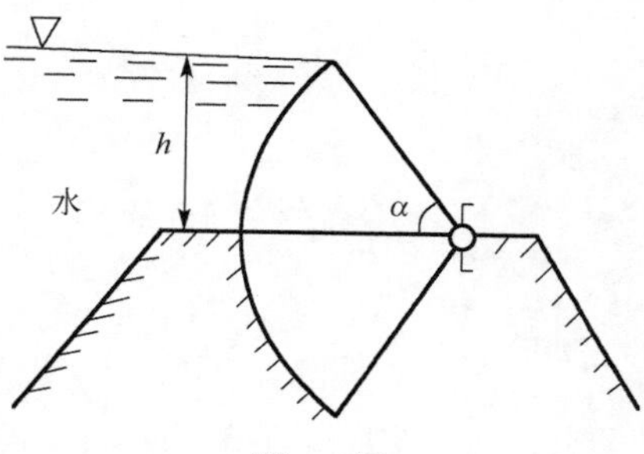

题 3.7 图

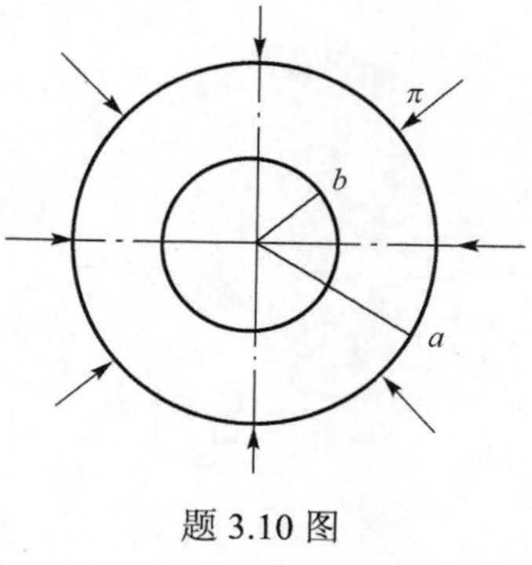

题 3.10 图

3.11　试推导无黏流体的拉格朗日描述的运动方程。

3.12　为确定深水航行的潜艇所受的阻力，采用 1/20 缩尺的模型在水洞中进行实验。若潜艇速度为$U_p = 2.572\text{m/s}$，海水密度$\rho_p = 1010\text{kg/m}^3$，运动黏性系数$\nu_p = 1.30\times 10^{-6}\text{m}^2/\text{s}$，水洞中水密度$\rho_m = 988\text{kg/m}^3$，运动黏性系数$\nu_m = 0.556\times 10^{-6}\text{m}^2/\text{s}$。试确定潜艇与模型的阻力比。

3.13　有一个水平放置的装满水的圆柱容器，沿着中心轴以角速度Ω旋转。(1)求证等压面是一圆柱面；(2)求等压面的方程。

3.14　一等截面管子ABC在B处成直角，AB竖直，BC水平，$AB = BC = a$，管内充满液体，液体是无黏的。密度ρ为常数。证明：当打开C处阀门的瞬时，竖直管中的压强立即降低 1/2。设大气压略去不计。

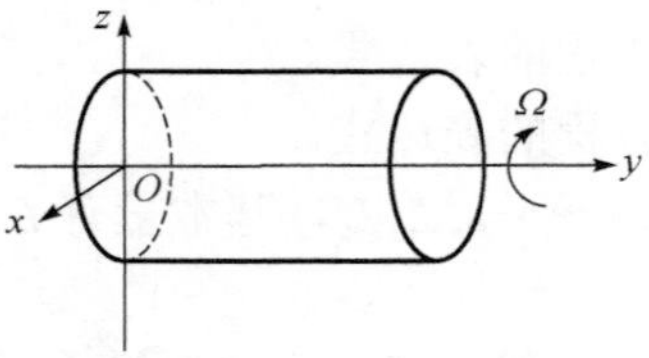

题 3.13 图

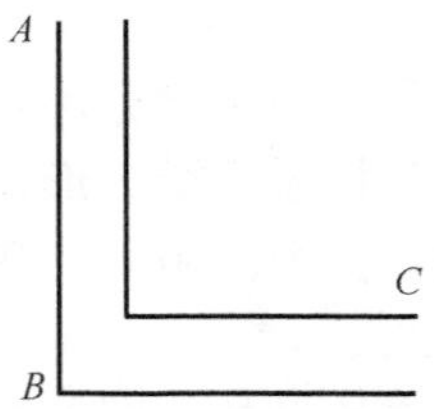

题 3.14 图

3.15　用数学语言描述一种边界条件。(如充分发展边界条件、周期性边界条件、对称性边界条件等，选一种用数学语言定义。)

第 4 章　控制方程的积分关系及应用

由第 3 章的量纲分析知道，当 Re 数很大时，流体运动过程中的黏性效应远小于惯性效应，因此可以忽略黏性项，这时的运动方程和理想流体(无黏流体)是一样的。实际上在自然界中，真正的无黏流体是不存在的，但当黏性项远小于惯性项时，忽略黏性项，将使问题简化，在一定程度上能够得到刻画问题实质的解析解。本章在这种处理下得到的伯努利(Bernoulli)积分和拉格朗日(Lagrange)积分就在现实中有很好的应用，是工程类流体力学的重要内容。另外，质量、动量、动量矩、能量的积分方程也在工程中有大量应用，积分方程的应用既可以规避精确描述流体运动细节的困难，又解决了实际问题。当然在得到问题的具体解后，还需要通过实验或经验来判断和修正。

4.1　无黏流体的伯努利积分

4.1.1　定常流动的伯努利积分

兰姆-葛罗米柯方程(3-5-14)为

$$\rho\left(\frac{\partial \boldsymbol{v}}{\partial t}+\boldsymbol{v}\cdot\nabla\boldsymbol{v}\right)=\rho\left[\frac{\partial \boldsymbol{v}}{\partial t}+\nabla\left(\frac{\boldsymbol{v}\cdot\boldsymbol{v}}{2}\right)+\boldsymbol{\omega}\times\boldsymbol{v}\right]=\rho\boldsymbol{f}-\nabla p+\mu\left[\frac{1}{3}\nabla(\nabla\cdot\boldsymbol{v})+\nabla^2\boldsymbol{v}\right]$$

如果在所研究的问题中，黏性效应不十分显著，通常可以忽略黏性效应。Re 数很大时也可忽略黏性项，于是对于无黏或大 Re 数流动，黏性项可忽略，则

$$\frac{\partial \boldsymbol{v}}{\partial t}+\nabla\left(\frac{\boldsymbol{v}\cdot\boldsymbol{v}}{2}\right)+\boldsymbol{\omega}\times\boldsymbol{v}=\boldsymbol{f}-\frac{1}{\rho}\nabla p \tag{4-1-1}$$

如果体积力有势，可以定义 $\boldsymbol{f}=\nabla\Psi$，如果流体正压，则 $\rho=\rho(p)$，根据第 1 章函数梯度的性质公式(1-2-12)，有

$$\nabla\left[\int\frac{\mathrm{d}p}{\rho(p)}\right]=\frac{\mathrm{d}\left[\int\frac{\mathrm{d}p}{\rho(p)}\right]}{\mathrm{d}p}\nabla p=\frac{\frac{\mathrm{d}p}{\rho(p)}}{\mathrm{d}p}\nabla p=\frac{\nabla p}{\rho(p)}$$

这样，方程(4-1-1)表示为

$$\frac{\partial \boldsymbol{v}}{\partial t}+\nabla\left[\frac{\boldsymbol{v}\cdot\boldsymbol{v}}{2}+\int\frac{\mathrm{d}p}{\rho(p)}-\Psi\right]+\boldsymbol{\omega}\times\boldsymbol{v}=0 \tag{4-1-2}$$

对于定常流动 $\frac{\partial}{\partial t}=0$，有

$$\nabla\left[\frac{\boldsymbol{v}\cdot\boldsymbol{v}}{2}+\int\frac{\mathrm{d}p}{\rho(p)}-\Psi\right]=-\boldsymbol{\omega}\times\boldsymbol{v}$$

沿流线或涡线 $\boldsymbol{s}$，$\mathrm{d}\boldsymbol{s}\times\boldsymbol{v}=0$ 或 $\mathrm{d}\boldsymbol{s}\times\boldsymbol{\omega}=0$ 成立，于是

$$\left\{\nabla\left[\frac{\boldsymbol{v}\cdot\boldsymbol{v}}{2}+\int\frac{\mathrm{d}p}{\rho(p)}-\Psi\right]\right\}\cdot\mathrm{d}\boldsymbol{s}=-\boldsymbol{\omega}\times\boldsymbol{v}\cdot\mathrm{d}\boldsymbol{s}=0$$

即

$$\frac{\partial}{\partial s}\left[\frac{\boldsymbol{v}\cdot\boldsymbol{v}}{2}+\int\frac{\mathrm{d}p}{\rho(p)}-\Psi\right]=0$$

于是在同一条流线或涡线上满足伯努利方程：

$$\frac{\boldsymbol{v}\cdot\boldsymbol{v}}{2}+\int\frac{\mathrm{d}p}{\rho(p)}-\Psi=\text{const} \tag{4-1-3}$$

在重力场中 $\Psi=-gz$ ，对于不可压缩流体，$\int\frac{\mathrm{d}p}{\rho(p)}=\frac{p}{\rho}$，于是式(4-1-4)成立：

$$\frac{\boldsymbol{v}\cdot\boldsymbol{v}}{2g}+\frac{p}{\rho g}+z=\text{const} \tag{4-1-4}$$

其中，各项的量纲均为长度。左边第一项代表单位重量流体的动能，或称为速度头；第二项为单位重量流体所做的功，或称为压强头；第三项为单位重量流体所具有的势能，或称为高度头。

对于绝热等熵流动，$\frac{p}{\rho^{\gamma}}=$常数，有

$$\int\frac{\mathrm{d}p}{\rho(p)}=\int\frac{\alpha\gamma\rho^{\gamma-1}\mathrm{d}\rho}{\rho(p)}=\int\alpha\gamma\rho^{\gamma-2}\mathrm{d}\rho=\frac{\alpha\gamma\rho^{\gamma-1}}{\gamma-1}=\frac{\gamma}{\gamma-1}\cdot\frac{p}{\rho}$$

于是有

$$\frac{\boldsymbol{v}\cdot\boldsymbol{v}}{2g}+\frac{\gamma}{\gamma-1}\cdot\frac{p}{\rho g}+z=\text{const} \tag{4-1-5}$$

【例 4-1】 皮托(Pitot)-静压管如图 4-1 所示，它由内外两层套管组成，头部有一小孔与内管相通，侧壁上有几个小孔与套管的环形空间相通，两通道的另一端分别与一 U 形压强计的两端相连，压强计盛有密度为 ρ_m 的液体，使用时，头部正对来流，管体轴线与来流平行，读出压强计的压差即可算出来流速度。

考虑沿管壁的流线，在点 1 处，$v_1=0$，压强最大，称为总压，此点为驻点，对 1,2 处应用伯努利积分，有

$$p_2+\frac{1}{2}\rho v_2^2=p_1+0$$

解得

$$v_2^2 = \frac{2(p_1 - p_2)}{\rho}$$

其中

$$p_1 - p_2 = \rho_m g \Delta h$$

于是

$$v_2 = \sqrt{\frac{2\rho_m g \Delta h}{\rho}}$$

此结果是在流体无黏性的假定上获得的，为了考虑流体的黏性和管体对流场扰动的影响，实际上，应对上述所得值加以修正，常用的方法是对皮托(Pitot)管进行校准，乘以校准系数ξ，有

$$v_2 = \sqrt{\frac{2\xi\rho_m g \Delta h}{\rho}} \tag{4-1-6}$$

【例 4-2】文丘里(Venturi)管如图 4-2 所示。

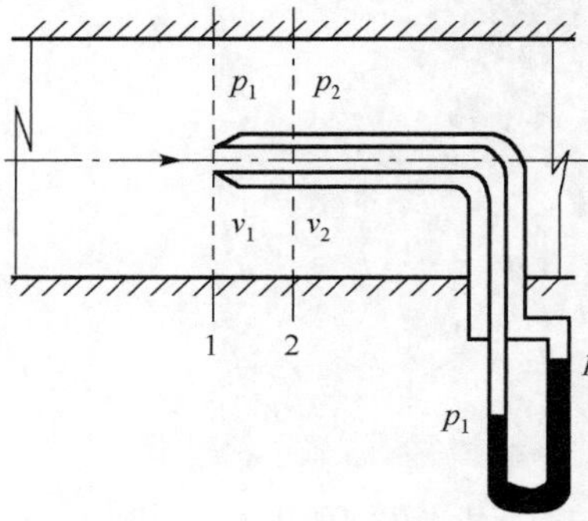

图 4-1　皮托(Pitot)-静压管示意图

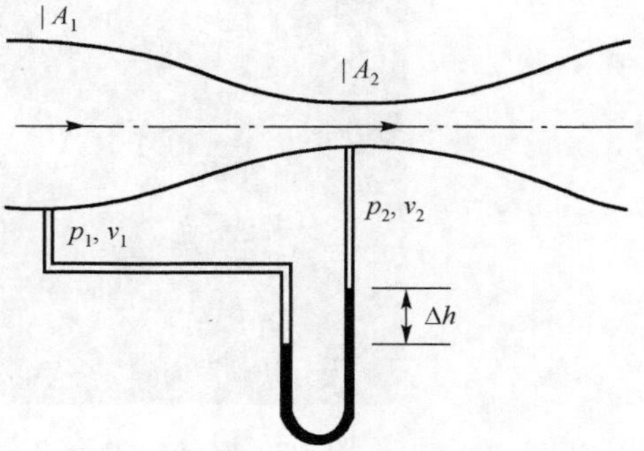

图 4-2　文丘里(Venturi)管示意图

对流线 1, 2 处流体应用伯努利积分，有

$$p_1 + \frac{1}{2}\rho v_1^2 = p_2 + \frac{1}{2}\rho v_2^2$$

由连续性方程，有

$$v_1 A_1 = v_2 A_2$$

于是

$$v_2^2 = \frac{2(p_1 - p_2)}{\rho\left[1 - \left(\dfrac{A_2}{A_1}\right)^2\right]}$$

其中

$$p_1 - p_2 = \rho_1 g \Delta h$$

于是

$$Q = v_2 A_2 = \sqrt{\frac{2\rho_1 g \Delta h}{\rho} \frac{A_1^2 A_2^2}{A_1^2 - A_2^2}}$$

这种在通过缩小的过流断面时，流体出现流速增大、伴随流体压力降低的现象称为文丘里现象，这种效应称为文丘里效应，也称文氏效应，是以其发现者意大利物理学家文丘里(Giovanni Battista Venturi)命名的。

2021 年 3 月 24 日，长赐号巨型集装箱船在苏伊士运河搁浅，造成运河的堵塞(图 4-3)。大船在狭窄的水道中前进时，船头的流断面宽，船身的流断面窄，由文丘里效应，船头的流速比船身断面慢，相应的船头压强比船身压强大，此时，船如果没沿着河道中心线前进，或船头开始转向，更靠近河岸的那一边船身就容易被河岸吸过去，这一现象也称为岸壁效应。1934 年 1 月，英国纳尔逊级战列舰以每秒 4.6m 的速度离开英国朴次茅斯港，结果就因为岸壁效应搁浅。

图 4-3　媒体 2021 年 3 月 27 日实拍的苏伊士运河现状

文丘里现象在航运中的应用不仅有岸壁效应，还有艉坐效应。大船在浅水中航行时，也会由于船身底部水流的速度高，压强低而引起船体入水更深。1992 年 7 月 8 日，伊丽莎白女王二号远洋邮轮在美国马萨诸塞州的卡蒂杭克岛(Cuttyhunk island)附近的沙洲上搁浅。美国国家运输安全委员会(NTSB)后来的调查指出，船员不清楚水底地形，因此低估了船速过高造成的艉坐效应，直接导致了事件的发生。也有轮船利用艉坐效应强行降低“身高”，避免超过最大安全通航高度的操作。2009 年 11 月 1 日，世界第三大游轮、高出水面 72m 的海洋绿洲号为了能通过丹麦的大贝尔特桥，在过桥时加速至每小时 37km，成功让大船多入水 30cm，最终以小于最大安全通航高度 4cm 的距离惊险过桥。

【例 4-3】 溢水堰如图 4-4 所示，水利工程师通过在明渠中放置障碍物——堰，让水漫过障碍物来测量流量。

考虑和大气接触面上的流线，对 1, 2 处的流体应用伯努利积分，有

$$\frac{1}{2}v_1^2 + \frac{p_1}{\rho} + gz_1 = \frac{1}{2}v_2^2 + \frac{p_2}{\rho} + gz_2$$

对于无穷远的来流 1 处，$v_1 = 0$。1, 2 处都和大气接触，故有 $p_1 = p_2 = p_0$。令 $z_1 - z_2 = h$，有

$\frac{1}{2}v_2^2 = gh$，设 2 处的水面高度为 d，流量 $Q = v_2 d$，于是

$$d + h = \frac{Q}{v_2} + \frac{v_2^2}{2g}$$

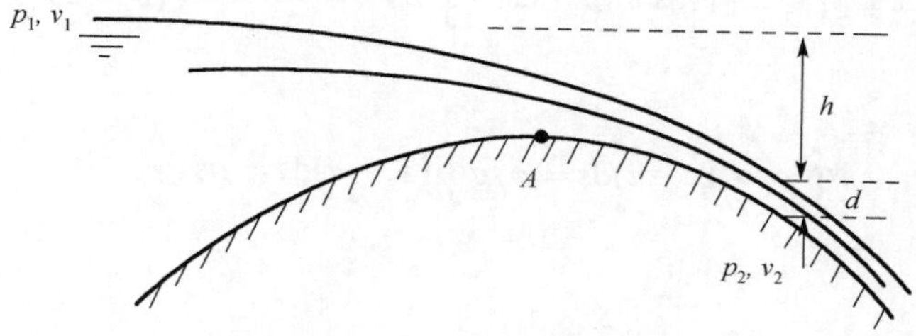

图 4-4　例 4-3 示意图

显然在堰的最高点 A 处，$d+h$ 的值最小，通过 $\frac{\mathrm{d}(d+h)}{\mathrm{d}v_A} = -\frac{Q}{v_A^2} + \frac{v_A}{g} = 0$，求得极值点处的速度：

$$v_A = (Qg)^{\frac{1}{3}}$$

于是

$$\frac{Q}{d} = (Qg)^{\frac{1}{3}} \quad \Rightarrow \quad Q = \sqrt{gd^3}$$

其中，d 为堰最高点到水面的距离。此法只用来估算水流量，不是一个很精确的结果。

【例 4-4】 转子流量计如图 4-5 所示，它由一锥形透明圆管和一节流转子构成。圆管的半锥角 θ 约为 4°，其小直径一端位于下方，$y_1 \approx y_2$，下端的横截面积较上端略小，节流转子可具有不同的形状和由不同的材料做成，但其密度必须大于所测流体的密度。当无流体从圆管下方往上流时，转子停留在锥形管的底部，其最大直径通常选择为几乎完全堵塞锥形管的下端。当流体由下往上流时，随着流速的增大，转子逐渐上升，直至管壁与转子之间的环形空隙足够大使转子能达到动平衡状态。忽略转子所受的阻力，试分析流量的测量原理。

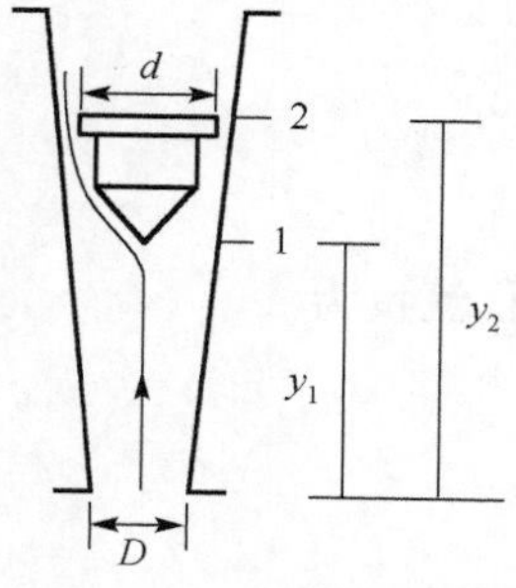

图 4-5　转子流量计示意图

解：取一条过 1, 2 的流线，满足伯努利方程，在流线上任一点和 2 处，满足

$$\frac{v^2}{2} + \frac{p}{\rho_f} + gz = \frac{{v_2}^2}{2} + \frac{p_2}{\rho_f} + gz_2 \tag{例 4-4-1}$$

转子受到的力为重力 $\rho_b g V_b$ 和流体作用于转子的面积力 $\oint p\mathrm{d}s$，静力平衡时，有

$$\oint p\mathrm{d}s = \rho_b g V_b$$

根据式(例 4-4-1)，有

$$p = \rho_f \left[\frac{{v_2}^2 - v^2}{2} + g(z_2 - z) \right] + p_2$$

即

$$\oint \rho_f \left[\frac{{v_2}^2 - v^2}{2} + g(z_2 - z) \right] \mathrm{d}s + \oint p_2 \mathrm{d}s = \oint \rho_f \left[\frac{{v_2}^2 - v^2}{2} + g(z_2 - z) \right] \mathrm{d}s = \rho_b g V_b$$

显然

$$\oint \rho_f g(z_2 - z) \mathrm{d}s = \rho_f g \oint (z_2 - z) \mathrm{d}s = \rho_f g V_b$$

于是

$$\oint \rho_f \left(\frac{{v_2}^2 - v^2}{2} \right) \mathrm{d}s = (\rho_b - \rho_f) g V_b$$

由于转子的对称性，积分后只有 y 方向的合力，上式等价于

$$\rho_f \left(\frac{{v_2}^2 - {v_1}^2}{2} \right) A_m = (\rho_b - \rho_f) g V_b$$

其中，A_m 为转子的最大横截面积。由连续性方程，有

$$\frac{{v_2}^2 - {v_1}^2}{2} = \frac{1}{2} {v_2}^2 \left[1 - \left(\frac{A_2}{A_1} \right)^2 \right]$$

其中，A_1、A_2 分别为横截面 1、2 处的面积，于是

$$v_2 = \frac{1}{\sqrt{1 - \left(\frac{A_2}{A_1} \right)^2}} \sqrt{\frac{2(\rho_b - \rho_f) V_b g}{\rho_f A_m}}$$

体积流量为

$$Q_V = v_2 A_2 = \frac{A_2}{\sqrt{1 - \left(\frac{A_2}{A_1} \right)^2}} \sqrt{\frac{2(\rho_b - \rho_f) V_b g}{\rho_f A_m}}$$

其中，$A_1 = \frac{\pi}{4}(D+2\theta y_1)^2$；$A_2 = \frac{\pi}{4}[(D + 2\theta y_2)^2 - d^2]$。当 $D \approx d$ 时，$A_2 \approx \pi D \theta y_2$，由于 $y_1 \approx y_2 = y$，于是

$$Q_V = \frac{\pi D \theta y}{\sqrt{1 - \left(\frac{A_2}{A_1} \right)^2}} \sqrt{\frac{2(\rho_b - \rho_f) V_b g}{\rho_f A_m}}$$

令 $c=\pi\dfrac{D\theta}{\sqrt{1-\left(\dfrac{A_2}{A_1}\right)^2}}\sqrt{\dfrac{2V_b g}{A_m}}$ = 常数，有

$$Q_V = cy\sqrt{\frac{\rho_b-\rho_f}{\rho_f}}$$

引入一由实验确定的修正系数 c_d，选取 $\rho_b = 2\rho_f$ 时，有

$$Q_V = c_d cy$$

说明转子的流量与高度成正比，这是转子流量计的一个优点。

4.1.2　无旋流动的拉格朗日积分

对于无旋流动，$\boldsymbol{\omega}=\nabla\times\boldsymbol{v}=0$，可定义 $\boldsymbol{v}=\nabla\varphi$，定义 φ 为速度势。由于

$$\nabla\times\nabla\varphi=\begin{vmatrix} \boldsymbol{i} & \boldsymbol{j} & \boldsymbol{k} \\ \dfrac{\partial}{\partial x} & \dfrac{\partial}{\partial y} & \dfrac{\partial}{\partial z} \\ \dfrac{\partial\varphi}{\partial x} & \dfrac{\partial\varphi}{\partial y} & \dfrac{\partial\varphi}{\partial z} \end{vmatrix}=0$$

所以 $\nabla\times\boldsymbol{v}=0$ 自动满足。

对于无黏、正压 $\dfrac{1}{\rho}\nabla p=\nabla\left[\displaystyle\int\frac{\mathrm{d}p}{\rho(p)}\right]$、体积力有势 $\boldsymbol{f}=\nabla\Psi$ 流体的兰姆(Lamb)方程(4-1-2)，如果无旋，定义 $\boldsymbol{v}=\nabla\varphi$，于是有

$$\nabla\left[\frac{\partial\varphi}{\partial t}+\frac{v^2}{2}+\int\frac{\mathrm{d}p}{\rho(p)}-\Psi\right]=0$$

因此

$$\frac{\partial\varphi}{\partial t}+\frac{v^2}{2}+\int\frac{\mathrm{d}p}{\rho(p)}-\Psi=f(t) \tag{4-1-7}$$

此为无旋流动的拉格朗日(Lagrange)积分，说明 $\dfrac{\partial\varphi}{\partial t}+\dfrac{v^2}{2}+\displaystyle\int\frac{\mathrm{d}p}{\rho(p)}-\Psi$ 在整个空间场是均匀的。

对重力场中的不可压缩流体，有

$$\frac{\partial\varphi}{\partial t}+\frac{v^2}{2}+\frac{p}{\rho}+gz=f(t) \tag{4-1-8}$$

【例 4-5】 如图 4-6 所示，等截面铅直管的下端分支为两个均匀截面水平管。截面积是铅直管的 1/2，水平管和铅直管接口处各有一阀门。阀门打开前，铅直管中盛有高度为 h_0 的无黏均质流体，求阀门同时打开后液面高度随时间变化的规律及流空时间 t。不计大气压。

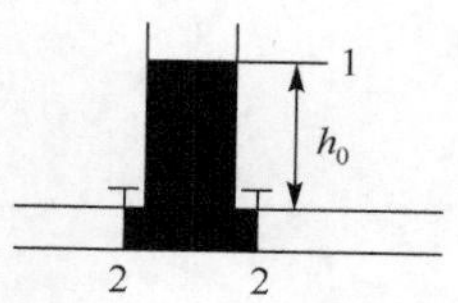

图 4-6　例 4-5 示意图

解：设运动无旋，定义速度势 $\boldsymbol{v}=\nabla\varphi$。显然有

$$\frac{\partial\varphi}{\partial t}=\int_h^0\frac{\mathrm{d}v_1}{\mathrm{d}t}\mathrm{d}y=-h\frac{\mathrm{d}v_1}{\mathrm{d}t}$$

根据连续性方程，有

$$A_1v_1=2A_2v_2$$

对图中 1, 2 处应用 Lagrange 积分，有

$$\frac{v_1^2}{2}+gh=\frac{v_2^2}{2}+\frac{\partial\varphi}{\partial t}$$

将连续性方程和速度式代入 Lagrange 积分，整理，得

$$\frac{1}{8}v_1^2\left[\left(\frac{A_1}{A_2}\right)^2-4\right]-gh-h\frac{\mathrm{d}v_1}{\mathrm{d}t}=0$$

由受力分析可知，液面 1 处加速度为

$$\frac{\mathrm{d}v_1}{\mathrm{d}t}=-g$$

初始条件 $t=0$ 时 $v_1=0$，于是，解得

$$v_1=-gt$$

根据 $v_1=\frac{\mathrm{d}h}{\mathrm{d}t}$，解得

$$h=-\frac{1}{2}gt^2+c_0$$

其中，$c_0=h|_{t=0}=h_0$，故液面随时间变化的规律为

$$h=-\frac{1}{2}gt^2+h_0$$

流空时，上式中 $h=0$，有

$$t=\sqrt{\frac{2h_0}{g}}$$

【例 4-6】 如图 4-7 所示，均匀弯管盛有长 L 的液柱。若在初始时刻管内液柱偏离平衡位置的长度为 L^*，而此时液面为静止的，求管内液柱运动的规律。

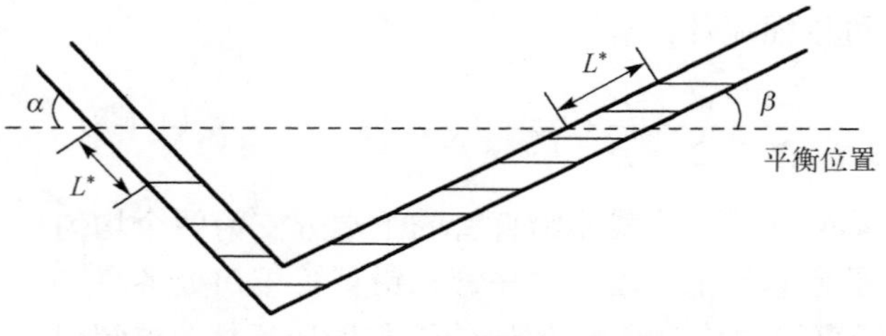

图 4-7 初始时管内液柱位置示意图

解：液柱的运动可以近似看作一维的和无旋的，令 $\boldsymbol{v}=\nabla\varphi$，于是有

$$\varphi_2=\varphi_1+\int_1^2 v\mathrm{d}s$$

代入 Lagrange 积分式(4-1-8)，有

$$\frac{\partial}{\partial t}\int_1^2 v\mathrm{d}s=\frac{\partial(\varphi_2-\varphi_1)}{\partial t}=\frac{v_1^2-v_2^2}{2}+\frac{p_1-p_2}{\rho}+g(z_1-z_2) \tag{4-1-9}$$

由连续性方程，任一时刻 $v_1=v_2=v(s)$，另外，有 $p_1=p_2=p$，$z_1-z_2=L^*(\sin\alpha+\sin\beta)$，式(4-1-9)积分后，可得

$$L\frac{\partial \boldsymbol{v}}{\partial t}=L^*g(\sin\alpha+\sin\beta)$$

因为 $\boldsymbol{v}=\dfrac{\mathrm{d}}{\mathrm{d}t}L^*$，所以有

$$L\frac{\mathrm{d}^2}{\mathrm{d}t^2}L^*=L^*g(\sin\alpha+\sin\beta)$$

由边界条件 $L^*(0)=L^*_0$，$\dfrac{\mathrm{d}}{\mathrm{d}t}L^*(0)=0$，解得

$$L^*(t)=L^*_0\cos\left[\sqrt{\frac{g}{L}(\sin\alpha+\sin\beta)}t\right]$$

【例 4-7】 若水雷在水下爆炸后的运动图案是中心对称的，各点的流动速度都只有径向分量，试求爆炸后的压力分布。

解：因为流动只有径向分量 v_r，所以运动无旋，定义 $\boldsymbol{v}=v_r\boldsymbol{e}_r=\nabla\varphi$。

由于运动图案是中心对称的，由连续性方程，有 $4\pi r^2 v_r=c(t)$。

通过 $v_r=\dfrac{c(t)}{4\pi r^2}=\dfrac{\partial\varphi}{\partial r}$，两边对 r 积分得

$$\varphi=-\frac{c(t)}{4\pi r}$$

对空间一点到无穷远处用 Lagrange 积分，有

$$\frac{\partial(\varphi-\varphi_\infty)}{\partial t}+\frac{v^2-v_\infty^2}{2}+\frac{p-p_\infty}{\rho}=0$$

将 $\varphi=-\dfrac{c(t)}{4\pi r}$、$v_r=\dfrac{c(t)}{4\pi r^2}$ 代入上式，有

$$-\frac{c'(t)}{4\pi r}+\frac{1}{2}\left[\frac{c(t)}{4\pi r^2}\right]^2=\frac{p_\infty-p}{\rho}$$

于是

$$p=p_\infty+\rho\left\{\frac{c'(t)}{4\pi r}-\frac{1}{2}\left[\frac{c(t)}{4\pi r^2}\right]^2\right\}$$

4.2　积分方程及其应用

4.2.1　积分形式的连续性方程

积分形式的连续性方程(3-2-1)为

$$\iiint_{\tau(t)} \frac{\partial \rho}{\partial t} \mathrm{d}\tau + \oint\!\!\!\oint_{s(t)} \rho \boldsymbol{v} \cdot \boldsymbol{n} \mathrm{d}s = 0$$

对均质不可压缩流体，$\dfrac{\partial \rho}{\partial t} = 0$，有

$$\oint\!\!\!\oint_{s(t)} \rho \boldsymbol{v} \cdot \boldsymbol{n} \mathrm{d}s = 0 \tag{4-2-1}$$

【例 4-8】讨论以夹角为 ϕ 的两平板为边界的渠道内不可压缩流体的流动，如图 4-8 所示。设夹角 ϕ 随时间缓慢变化，而且认为 $\dot{\phi}(t)$ 是恒定的。流动可设想为来自两平板的延长线交点 O，所有流线均是径向的(自 O 点出发)。渠道入口处 $r = r_0$，入口处速度分布是均匀的，设为 v_0，同时认为两平板有恒定的宽度 w_0。试求：

(1)渠道中流体流动的连续性方程；

(2)渠道中流体的运动速度。

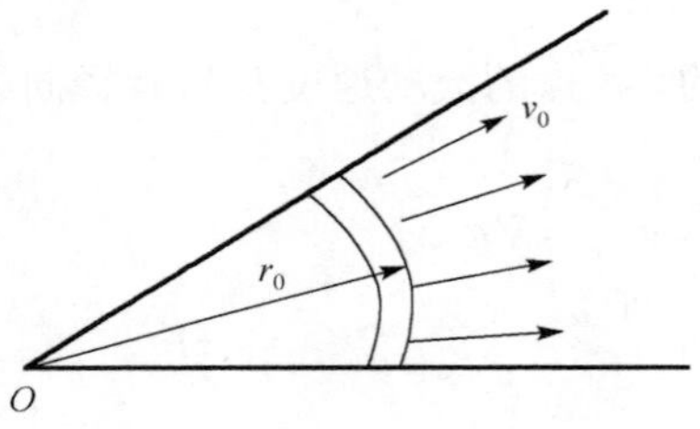

图 4-8　例 4-8 示意图

解：取图中相距 dr 的两段封闭弧所围区域为控制体，由连续性方程，有

$$\frac{\partial}{\partial t}\iiint_{\tau(t)} \rho \mathrm{d}\tau + \oint\!\!\!\oint_{s(t)} \rho \boldsymbol{v} \cdot \boldsymbol{n} \mathrm{d}s = 0$$

其中

$$\frac{\partial}{\partial t}\iiint_{\tau(t)} \rho \mathrm{d}\tau = \frac{\partial}{\partial t}(\rho \phi r \mathrm{d}r) = \rho \dot{\phi}(t) r \mathrm{d}r$$

$$\oint\!\!\!\oint_{s(t)} \rho \boldsymbol{v} \cdot \boldsymbol{n} \mathrm{d}s = \rho \phi \frac{\partial}{\partial r}(rv)\mathrm{d}r$$

整理，有

$$\rho \dot{\phi}(t) r \mathrm{d}r + \rho \phi \frac{\partial}{\partial r}(rv)\mathrm{d}r = 0$$

化简，得

$$r\dot{\phi}(t) + \phi \frac{\partial}{\partial r}(rv) = 0$$

对上式关于 r 进行一次积分：

$$\int_{r_0}^{r} r\dot{\phi}(t)\mathrm{d}r = -\int_{r_0}^{r} \phi \frac{\partial}{\partial r}(rv)\mathrm{d}r$$

得

$$\dot{\phi}(t)\left(\frac{r^2-r_0^2}{2}\right)=-\phi(rv-r_0v_0)$$

整理，有

$$v=\frac{r_0v_0}{r}-\frac{\dot{\phi}(t)}{2\phi r}(r^2-r_0^2)$$

4.2.2　动量定理积分方程

积分形式的动量方程(3-2-5)可以表示为

$$\iiint_{\tau(t)}\frac{\partial(\rho\boldsymbol{v})}{\partial t}\mathrm{d}\tau+\oiint_{s(t)}\rho\boldsymbol{v}\boldsymbol{v}\cdot\boldsymbol{n}\mathrm{d}s=\sum\boldsymbol{F} \tag{4-2-2}$$

对于定常运动，有

$$\oiint_{s(t)}\rho\boldsymbol{v}\boldsymbol{v}\cdot\boldsymbol{n}\mathrm{d}s=\sum\boldsymbol{F} \tag{4-2-3}$$

【例 4-9】 如图 4-9 所示，有一个高度为 h_0，水平截面积为 A_0，且无水时净重为 w_0 的金属容器，现将它放在秤盘上，水从顶面入口流入容器，又从侧面两出口流出。在定常流动条件下，容器内水的高度为 h，假设入口截面积为 A_1，入流速度为 V_1，出口截面积为 $A_2=A_3$，所有开口处的压力均为大气压，试确定容器在秤盘上的读数。

解：取容器为控制体(CV)，设秤盘对它的作用力为 R，在铅直方向用动量定理，有

$$\oiint_{s(t)}\rho v_y\boldsymbol{v}\cdot\boldsymbol{n}\mathrm{d}s=\sum\boldsymbol{F}=-G+R$$

其中

$$\oiint_{s(t)}\rho v_y\boldsymbol{v}\cdot\boldsymbol{n}\mathrm{d}s=\rho V_1^2A_1,\ G=\rho gV=\rho gA_0h+w_0$$

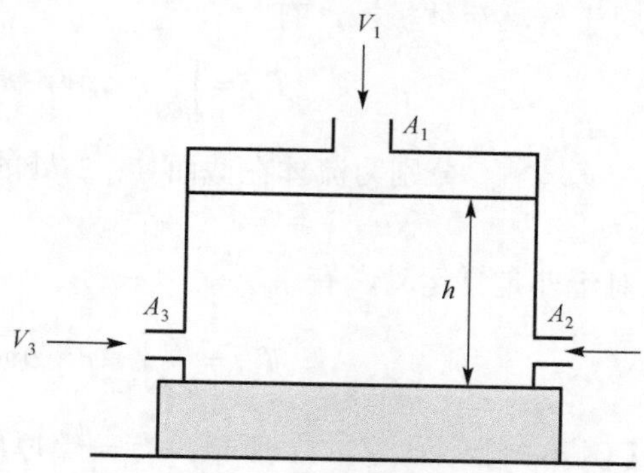

图 4-9　例 4-9 示意图

于是

$$R=\rho gA_0h+w_0+\rho V_1^2A_1$$

【例 4-10】 如图 4-10 所示，有一个水力发射器喷射出射流，其速度为 V_z，截面积为 A，水的密度为 ρ，若以这股射流去推动质量为 M、速度为 V 的飞机下面的半圆翼片，试求飞机的加速度。

解：取随翼片一起运动的射流控制体，在水平(x)方向应用动量定理，得

$$\oiint_{s(t)}\rho v_x\boldsymbol{v}\cdot\boldsymbol{n}\mathrm{d}s=-\rho(V_z-V)^2A$$

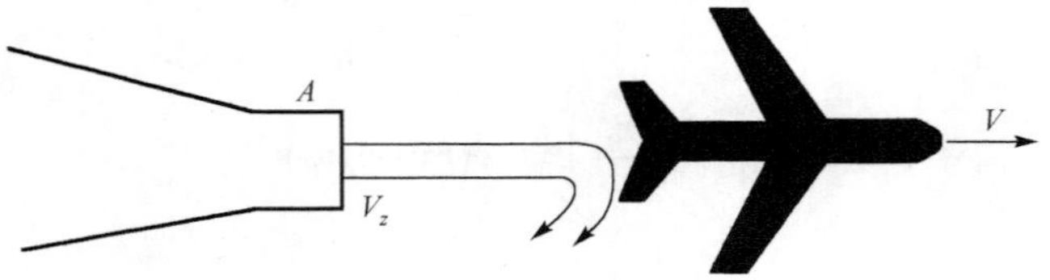

图 4-10　例 4-10 示意图

由射流对飞机的作用力 (R) 为飞机对射流的反作用力，有 $-R = -\rho(V_z - V)^2 A$，即

$$R = \rho(V_z - V)^2 A$$

由于机翼是双侧的，于是飞机的加速度为

$$a = \frac{2R}{M} = \frac{2\rho(V_z - V)^2 A}{M}$$

4.2.3　动量矩积分方程

对积分形式的动量方程(4-2-2)两端取矩，有

$$\boldsymbol{T} = \sum \boldsymbol{r} \times \boldsymbol{F} = \frac{\partial}{\partial t}\int_{CV} \boldsymbol{r} \times \rho \boldsymbol{v} \mathrm{d}\tau + \int_{CS} \boldsymbol{r} \times \rho \boldsymbol{v}\boldsymbol{v} \cdot \boldsymbol{n} \mathrm{d}s \tag{4-2-4}$$

如果忽略由表面积力和对称性体积力所产生的转矩，对于定常运动，有

$$\boldsymbol{T}_{轴} = \int_{CS} \boldsymbol{r} \times \rho \boldsymbol{v}\boldsymbol{v} \cdot \boldsymbol{n} \mathrm{d}s \tag{4-2-5}$$

对于转动流体机械，有

$$\boldsymbol{T}_{轴} = \int_{CS} \boldsymbol{r} \times \rho \boldsymbol{v}\boldsymbol{v} \cdot \boldsymbol{n} \mathrm{d}s = (r_2 v_{\theta 2} - r_1 v_{\theta 1}) Q_m \tag{4-2-6}$$

其中，$v_{\theta 1}$、$v_{\theta 2}$ 分别为流体在截面 1、2 处的绝对速度切向分量；r_1、r_2 为 $v_{\theta 1}$ 与 $v_{\theta 2}$ 至转轴的距离。

对于非定常运动，有

$$\boldsymbol{T}_{轴} = \frac{\partial}{\partial t}\int_{CV} \boldsymbol{r} \times \rho \boldsymbol{v} \mathrm{d}\tau + (r_2 v_{\theta 2} - r_1 v_{\theta 1}) Q_m \tag{4-2-7}$$

【例 4-11】 如图 4-11 所示，有一等厚度方形平板，它的上边可沿水平轴转动，它的边长 $L = 0.4\text{m}$，重量 $W = 100\text{N}$，一直径 $d = 0.02\text{m}$ 的水射流水平地冲击在此平板上，冲击点位于上缘下方 0.2m 处，这样，当平板垂直时正好冲击在平板的中心点，射流速度 $v_1 = 15\text{m/s}$，试求：

(1) 为了保持平板垂直，下缘处应加的力 R_x 为何？

(2) 如果允许平板自由摆动，在射流作用下平板会偏离垂直线的角 θ 为何？

在两种情况下均假定射流冲击平板后仍沿平板流动。

解：(1) 由动量矩定理，有

$$\int_s \boldsymbol{r}_1 \times \boldsymbol{v}_j \cdot \rho \boldsymbol{v}_j \mathrm{d}A = R_x \cdot r_2$$

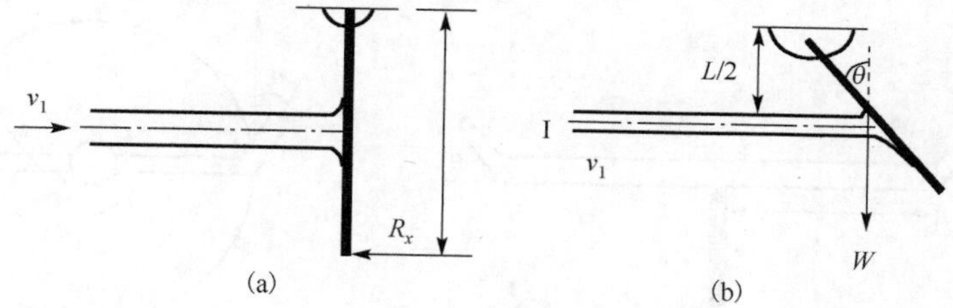

图 4-11　例 4-11 示意图

等式左边项为射流积分，计算后有

$$\rho v_j^2 \cdot \frac{\pi d^2}{4} r_1 = R_x \cdot r_2$$

解得

$$R_x = \frac{10^3 \times 15^2 \times 0.02^2 \times \pi}{8} = 35.3(\text{N})$$

方向与射流方向相反，向左。

(2) 由动量矩定理，得

$$\int_s \boldsymbol{r}_1 \times \boldsymbol{v}_j \cdot \rho \boldsymbol{v}_j \mathrm{d}A = \frac{L}{2}\sin\theta W$$

将来流速度分解，垂直板的速度分量为 $v_j\cos\theta$，对转动轴的力臂长为 $\frac{L}{2}\frac{1}{\cos\theta}$，对射流积分后，有

$$\rho Q(v_j\cos\theta)\frac{L}{2\cos\theta} = \rho Q v_j \frac{L}{2} = \frac{L}{2}\sin\theta W$$

或者来流速度不分解，方向水平，此时的力臂为 $\frac{L}{2}$，对射流积分后，仍是

$$\rho Q v_j \frac{L}{2} = \frac{L}{2}\sin\theta W$$

解得

$$\sin\theta = 0.707$$

即

$$\theta \approx 45°$$

【例 4-12】 如图 4-12 所示，一草坪洒水器在进口表压的作用下运转，每一射流以相对于转臂为 v_{rel} 的速度排水，洒水器射流喷嘴与水平面成 θ 夹角，截面积为 A_0，洒水器绕垂直轴旋转，在轴承内有 I_s 的转矩阻碍它旋转，体积流量为 Q_V，轴承与密封引起的阻抗转矩为常数 T_0，试求旋转角速度随时间的变化关系。

解： 取柱形控制体使其包围整个转臂部分，应用动量矩定理，有

$$-T_0 = \frac{\partial}{\partial t}\int_{CV} \boldsymbol{r} \times \rho \boldsymbol{v} \mathrm{d}\tau + (r_2 v_{\theta 2} - r_1 v_{\theta 1}) Q_m$$

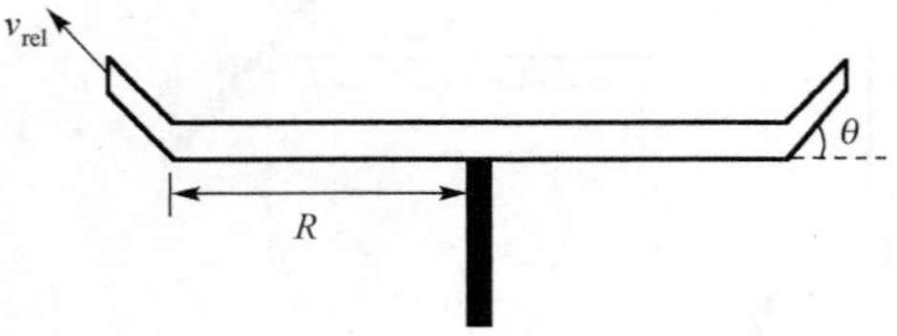

(a) 正视图

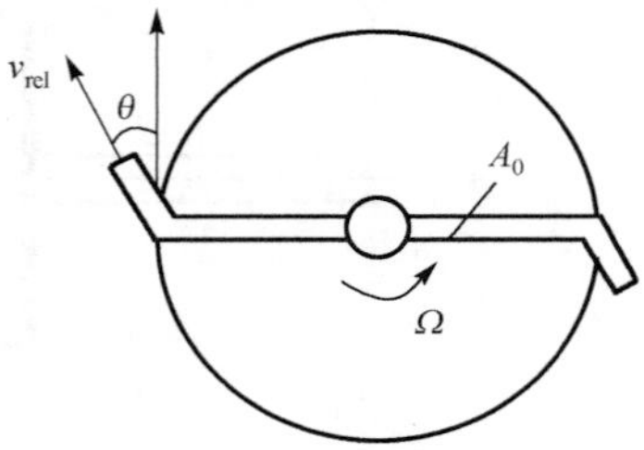

(b) 俯视图

图 4-12　例 4-12 示意图

其中，$\dfrac{\partial}{\partial t}\int_{CV} \boldsymbol{r}\times\boldsymbol{v}\rho\mathrm{d}\tau$ 包括转臂的动量矩时间变化率 $I_s\dfrac{\mathrm{d}\Omega}{\mathrm{d}t}$，$I_s$ 为空转臂的旋转惯性动量矩；转臂内流体的动量矩时间变化率为 $2\dfrac{\mathrm{d}}{\mathrm{d}t}\int_0^R A_0 r\mathrm{d}r\rho(\Omega r)=2\rho A_0\dfrac{R^3}{3}\dfrac{\mathrm{d}\Omega}{\mathrm{d}t}$。由于转臂以角速度 Ω 旋转，于是 $v_{\theta 1}=v_{\theta 2}=v_{rel}\cos\theta-\Omega R$，并且由流量守恒有 $v_{rel}=\dfrac{Q_V}{2A_0}$。

于是，有

$$-T_0=I_s\frac{\mathrm{d}\Omega}{\mathrm{d}t}+2\rho A_0\frac{R^3}{3}\frac{\mathrm{d}\Omega}{\mathrm{d}t}-\rho Q_V R(v_{rel}\cos\theta-\Omega R)$$

整理，得

$$A\frac{\mathrm{d}\Omega}{\mathrm{d}t}+B\Omega-C=0$$

其中，$A=I_s+\dfrac{2}{3}\rho A_0R^3$；$B=\rho Q_V R^2$；$C=\rho Q_V R v_{rel}\cos\theta-T_0$。

初始条件为 $\Omega(t=0)=0$，上式的解为

$$\Omega=\frac{C}{B}(\mathrm{e}^{-\frac{B}{A}t}+1)$$

由于

$$\frac{\mathrm{d}\Omega}{\mathrm{d}t}=-\frac{C}{A}\mathrm{e}^{-\frac{B}{A}t}$$

显然，即从理论上说 $t\to\infty$ 时 $\dfrac{\mathrm{d}\Omega}{\mathrm{d}t}=0$，即 Ω 成为常数。

4.2.4　能量定理积分方程

能量变化率 $\dfrac{\mathrm{d}E}{\mathrm{d}t}=\dfrac{\mathrm{d}}{\mathrm{d}t}W+Q$，其中 $\dfrac{\mathrm{d}}{\mathrm{d}t}W$ 表示外力做功的功率，包括三部分，即

$$\frac{\mathrm{d}}{\mathrm{d}t}W=\frac{\mathrm{d}W_m}{\mathrm{d}t}+\frac{\mathrm{d}W_b}{\mathrm{d}t}+\frac{\mathrm{d}W_s}{\mathrm{d}t}$$

其中，$\dfrac{\mathrm{d}W_m}{\mathrm{d}t}$ 为每单位时间外界对控制体所做的机械功；$\dfrac{\mathrm{d}W_b}{\mathrm{d}t}=\int_\tau \rho \boldsymbol{F}_{b1}\cdot\boldsymbol{v}\mathrm{d}\tau$ 为每单位时间质量力 $\rho\boldsymbol{F}_{b1}$ 所做的功；$\dfrac{\mathrm{d}W_s}{\mathrm{d}t}=\int_s \boldsymbol{p}_n\cdot\boldsymbol{v}\mathrm{d}s$ 为每单位时间面积力所做的功。当质量力 $\rho\boldsymbol{F}_{b1}$ 为重力时，有

$$\frac{\mathrm{d}W_b}{\mathrm{d}t}=\int_\tau \rho\boldsymbol{F}_{b1}\cdot\boldsymbol{v}\mathrm{d}\tau=\int_\tau \rho\boldsymbol{g}\cdot\frac{\mathrm{d}\boldsymbol{y}}{\mathrm{d}t}\mathrm{d}\tau=\int_\tau\frac{\mathrm{d}}{\mathrm{d}t}(-\rho g y)\mathrm{d}\tau=-\frac{\mathrm{d}}{\mathrm{d}t}\int_\tau(\rho g y)\mathrm{d}\tau$$

忽略切向表面积力所做的功，面积力所做的功为

$$\frac{\mathrm{d}W_s}{\mathrm{d}t}=-\int p\boldsymbol{n}\cdot\boldsymbol{v}\mathrm{d}s=-\int_s\frac{p}{\rho}\rho\boldsymbol{n}\cdot\boldsymbol{v}\mathrm{d}s$$

于是

$$\begin{aligned}\frac{\mathrm{d}E(t)}{\mathrm{d}t}&=\frac{\mathrm{d}}{\mathrm{d}t}\int_{\tau(t)}\rho\left(\frac{\boldsymbol{v}\cdot\boldsymbol{v}}{2}+\varepsilon\right)\mathrm{d}\tau=Q+\frac{\mathrm{d}W_m}{\mathrm{d}t}+\frac{\mathrm{d}W_b}{\mathrm{d}t}+\frac{\mathrm{d}W_s}{\mathrm{d}t}\\&=Q+\frac{\mathrm{d}W_m}{\mathrm{d}t}-\frac{\mathrm{d}}{\mathrm{d}t}\int_\tau(\rho g y)\mathrm{d}\tau-\int_s\frac{p}{\rho}\rho\boldsymbol{n}\cdot\boldsymbol{v}\mathrm{d}s\end{aligned}$$

整理，得

$$\frac{\mathrm{d}}{\mathrm{d}t}\int_{\tau(t)}\rho\left(\frac{\boldsymbol{v}\cdot\boldsymbol{v}}{2}+\varepsilon+g y\right)\mathrm{d}\tau=Q+\frac{\mathrm{d}W_m}{\mathrm{d}t}-\int_s\frac{p}{\rho}\rho\boldsymbol{n}\cdot\boldsymbol{v}\mathrm{d}s \tag{4-2-8}$$

定义 $\varepsilon_s=\dfrac{1}{2}v^2+g y+\varepsilon$，等式右端的三项分别表示动能、势能和内能，有

$$Q+\frac{\mathrm{d}}{\mathrm{d}t}W_m=\int_{\tau(t)}\frac{\partial}{\partial t}\rho\varepsilon_s\mathrm{d}\tau+\int_{s(t)}\rho\left(\varepsilon_s+\frac{p}{\rho}\right)\boldsymbol{v}\cdot\boldsymbol{n}\mathrm{d}s \tag{4-2-9}$$

假设运动为定常的，有

$$Q+\frac{\mathrm{d}}{\mathrm{d}t}W_m=\int_{s(t)}\rho\left(\varepsilon_s+\frac{p}{\rho}\right)\boldsymbol{v}\cdot\boldsymbol{n}\mathrm{d}s \tag{4-2-10}$$

【例 4-13】 射流泵是一种利用射流提高流体压强和速度的装置，它的结构如图 4-13 所示，圆管中的流体以匀速 v_1 运动，圆管的横截面积为 A_2，一高速射流沿圆管中心线射出，它的出口速度与横截面积分别为 v_j 与 A_j，如果圆管中的射流与流体为同一种流体，忽略壁摩擦并假定运动为一维的，求混合后的平均速度、混合前后的压强变化和机械能损耗率。

解： 取控制体使其包围整个混合区。

(1) 进出口截面分别为 1 与 2，通过截面 2 的流体包括圆管与射流流动的流体，同时根据连续性方程：

$$v_1A_1+v_jA_j=v_2A_2$$

得

$$v_2=\frac{v_1A_1+v_jA_j}{A_2}$$

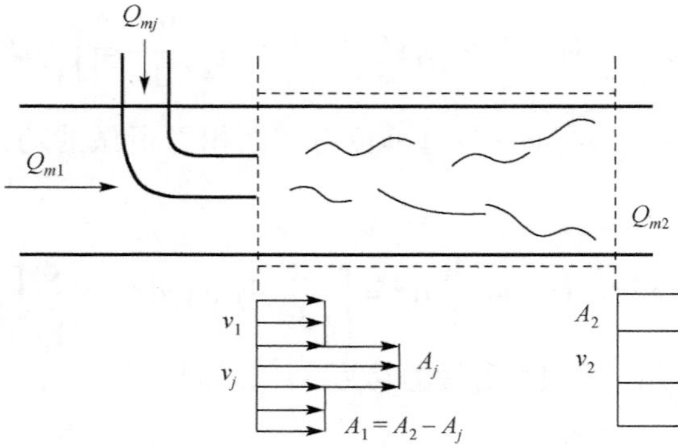

图 4-13　例 4-13 示意图

(2) 假定在截面 1 处射流与圆管流体的压强相等，应用动量定理，有

$$(p_1-p_2)A_2=\rho v_2^2A_2-\rho v_1^2A_1-\rho v_j^2A_j$$

将 $v_2=\dfrac{v_1A_1+v_jA_j}{A_2}$ 代入上式，求得

$$p_1-p_2=\rho\left[\left(\frac{v_1A_1+v_jA_j}{A_2}\right)^2-v_1^2\frac{A_1}{A_2}-v_j^2\frac{A_j}{A_2}\right]$$

(3) 当外界不对流体做功以及没有热交换时，流体机械能损耗表现为内能变化，有

$$Q+\frac{\mathrm{d}}{\mathrm{d}t}W_m=\int_{\tau(t)}\frac{\partial}{\partial t}\rho\varepsilon_s\mathrm{d}\tau+\int_{s(t)}\rho\left(\varepsilon_s+\frac{p}{\rho}\right)\boldsymbol{v}\cdot\boldsymbol{n}\mathrm{d}s$$

对圆管来流在截面 1 与 2 处应用能量定理，由于

$$Q_{m2}\left(e_2+\frac{p_2}{\rho}+\frac{v_2^2}{2}\right)-Q_{m1}\left(e_1+\frac{p_1}{\rho}+\frac{v_1^2}{2}\right)-Q_{mj}\left(e_j+\frac{p_j}{\rho}+\frac{v_j^2}{2}\right)=0$$

其中，$p_1=p_j$；$Q_{m2}=\rho v_2A_2=\rho v_1A_1+\rho v_jA_j=Q_{m1}+Q_{mj}$，于是

$$Q_{m1}\left(e_2-e_1+\frac{p_2-p_1}{\rho}+\frac{v_2^2-v_1^2}{2}\right)+Q_{mj}\left(e_2-e_j+\frac{p_2-p_1}{\rho}+\frac{v_2^2-v_j^2}{2}\right)=0$$

每单位时间内总的能量损耗为

$$\frac{\mathrm{d}E}{\mathrm{d}t}=Q_{m1}(e_2-e_1)+Q_{mj}(e_2-e_j)=-Q_{m1}\left(\frac{p_2-p_1}{\rho}+\frac{v_2^2-v_1^2}{2}\right)-Q_{mj}\left(\frac{p_2-p_1}{\rho}+\frac{v_2^2-v_j^2}{2}\right)$$

【例 4-14】 如图 4-14 所示，一定常明渠流动在某处出现水跃现象，跃前与跃后的速度与水深分别为 v_1、y_1 与 v_2、y_2，实验表明水跃区的范围相当短，约为 y_2 的 6 倍，在这样短的范围内，与水的压强相比底面的摩擦力可以忽略不计，同时假定流动为一维均匀流，即各截面上的流动参数是均匀分布的，忽略流体的体积力，压强按静压规律分布，如果 v_1、y_1 已知，求 y_2 与能量损失。

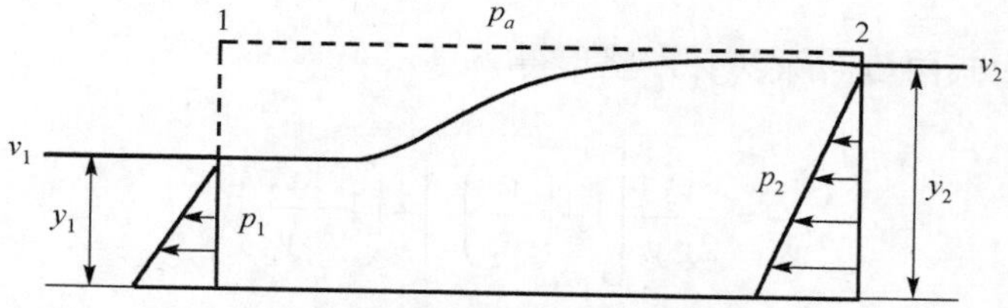

图 4-14　例 4-14 水跃示意图

解：取垂直于板面的渠道截面宽为 1，取控制体如图 4-14 所示。

于截面 1 与 2 应用动量定理有

$$p_1A_1 - p_2A_2 = Q_m(v_2 - v_1) \tag{4-2-11}$$

其中

$$pA = \int \rho g y \mathrm{d}y = \frac{\rho g y^2}{2} \text{ (静压规律)}$$

$$Q_m = \rho v_1 y_1 = \rho v_2 y_2 \text{ (连续性条件)}$$

利用静压规律和连续性条件，式(4-2-11)可以改写为

$$\frac{1}{2}\rho g(y_1^2 - y_2^2) = v_1^2\rho\left(\frac{y_1^2}{y_2} - y_1\right)$$

整理有

$$\frac{y_1^2 - y_2^2}{y_1} = 2\frac{v_1^2}{gy_1}\frac{y_1^2 - y_1y_2}{y_2} \tag{4-2-12}$$

记 $F_{r1}^2 = \dfrac{v_1^2}{gy_1}$，式(4-2-12)两边同除以 y_1^2，有

$$\frac{y_2}{y_1}\left[1-\left(\frac{y_2}{y_1}\right)^2\right] = 2F_{r1}^2\left(1-\frac{y_2}{y_1}\right)$$

即

$$\frac{y_2}{y_1}\left(1+\frac{y_2}{y_1}\right) - 2F_{r1}^2 = \left(\frac{y_2}{y_1}\right)^2 + \frac{y_2}{y_1} - 2F_{r1}^2 = 0 \tag{4-2-13}$$

求解，可得

$$\frac{y_2}{y_1} = \frac{-1+\sqrt{1+8F_{r1}^2}}{2} \tag{4-2-14}$$

应用能量定理来估计水跃的能量损失 h_f，由于液面上方均为大气压 p_a，故在液面上有

$$\frac{v_1^2}{2g} + y_1 = \frac{v_2^2}{2g} + y_2 + h_f$$

其中，$v_2=\dfrac{v_1y_1}{y_2}$，上式两边同除以 y_1，整理得

$$\frac{h_f}{y_1}=\frac{v_1^2}{2gy_1}\left[1-\left(\frac{y_1}{y_2}\right)^2\right]+\left(1-\frac{y_2}{y_1}\right) \tag{4-2-15}$$

注意到 $F_{r1}^2=\dfrac{v_1^2}{gy_1}$，并且由式(4-2-13)，有 $2F_{r1}{}^2=\left(\dfrac{y_2}{y_1}\right)^2+\dfrac{y_2}{y_1}$。令 $a=\dfrac{y_2}{y_1}$，于是 $2F_{r1}^2=a^2+a$，代入式(4-2-15)，得

$$\frac{h_f}{y_1}=\frac{1}{4}(a^2+a)\left(1-\frac{1}{a^2}\right)+(1-a)=\frac{(a-1)^3}{4a}=\frac{\left(\dfrac{y_2}{y_1}-1\right)^3}{4\dfrac{y_2}{y_1}} \tag{4-2-16}$$

另外，截面 1 处的比能量(每单位重量流体的能量)为

$$E_1=\frac{v_1{}^2}{2g}+y_1=\frac{y_1}{2}(F_{r1}^2+2) \tag{4-2-17}$$

将式(4-2-16)和式(4-2-17)相除后，有

$$\frac{h_f}{E_1}=\frac{1}{2}\frac{\left(\dfrac{y_2}{y_1}-1\right)^3}{\dfrac{y_2}{y_1}(F_{r1}^2+2)}$$

由式(4-2-14)，有

$$\frac{h_f}{E_1}=\frac{(\sqrt{1+8F_{r1}^2}-3)^3}{8(\sqrt{1+8F_{r1}^2}-1)(F_{r1}^2+2)} \tag{4-2-18}$$

F_{r1} 必须大于 1 才会发生水跃（$F_{r1}<1$ 时，h_f 为虚数）。

课 后 习 题

4.1 如题 4.1 图所示，密度为 ρ 的不可压缩均质流体以均匀速度 V 进入半径为 R 的水平直圆管，出口处的速度分布为 $u=C\left(1-\dfrac{r^2}{R^2}\right)$，式中 C 为待定常数，r 是点到管轴的距离，如果进出口处压力分别为 p_1 和 p_2，求管壁对流体的作用力。

4.2 密度为 ρ 的两股不同速度的不可压缩流体合流，通过一段平直圆管，混合后的速度与压力都均匀，如题 4.2 图所示。若两股来流面积均为 $\dfrac{A}{2}$，压力相同，一股流速为 V，另一股流速为 $2V$，假定管壁摩擦力不计，流动定常绝热。证明：单位时间内的机械能损失为 $\dfrac{3}{16}\rho AV^3$。

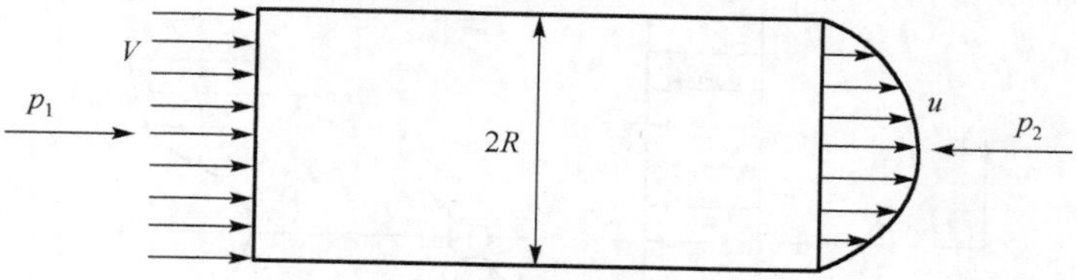

题 4.1 图

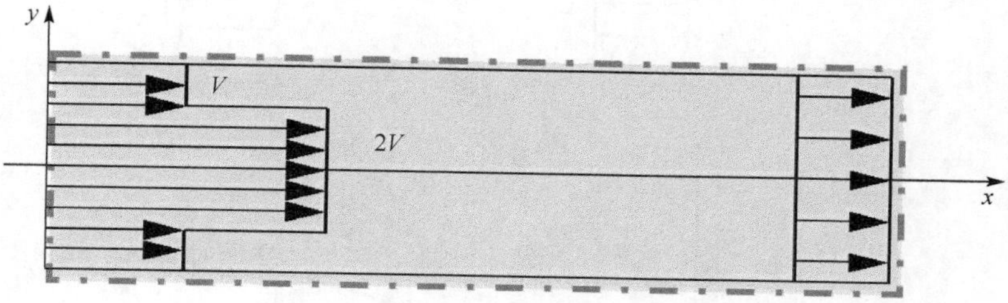

题 4.2 图

4.3　如题 4.3 图所示，在河道上修筑一大坝。已知坝址河段断面近似为矩形，单宽流量 $q_V = 14\text{m}^3/\text{s}$，上游水深 $h_1 = 5\text{m}$。求下游水深 h_2 及水流作用在单宽坝上的水平力 F。假定摩擦阻力与水头损失可忽略不计。

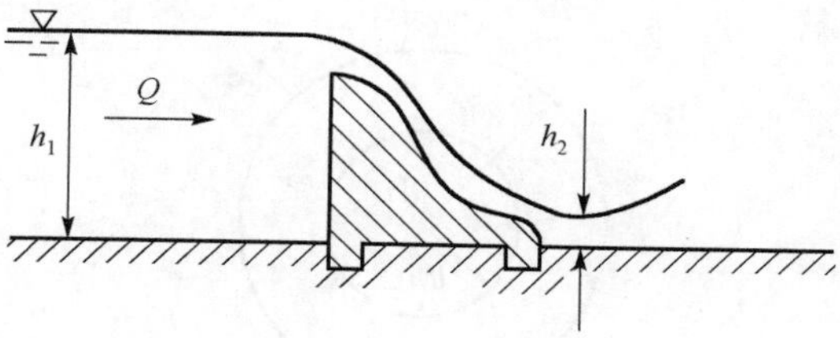

题 4.3 图

4.4　在一低速水槽中进行实验以确定圆柱的阻力，在圆柱前后各一截面上测量速度分布，它们的压强均相等且均匀，如题 4.4 图所示，实验的条件与结果如下：

$$v = 50\text{m/s},\ \rho = 1.2\text{kg/m}^3,\ D = 30\text{mm},\ a = 2.2D$$

$$\begin{cases} u = v\sin\left(\dfrac{\pi y}{2a}\right), & 0 \leqslant y \leqslant a \\ u = v, & y > a \end{cases}$$

(1) 试求每单位宽度圆柱的阻力 F。

(2) 定义阻力系数 $C_d = f(\rho, v, F, D)$，试用量纲分析法求其表达式并计算其值。

4.5　一闸门位于一水平底面的河渠上，在闸门的下游立即出现水跃，如果已知 $y_1 = 0.0563\text{m}$，$v_1 = 5.33\text{m/s}$，试求：(1) 水跃下游深度；(2) 跨水跃的水头损失。

4.6　一球形气泡在静止无界的液体中膨胀，气泡做球对称的运动，如果气泡半径随时间的变化规律为 $R(t)$，忽略气泡的内部流动和重力的影响，并假定气泡内部的压强 p_i 是均匀的，试求气泡表面压强 p_s 随时间的变化规律。

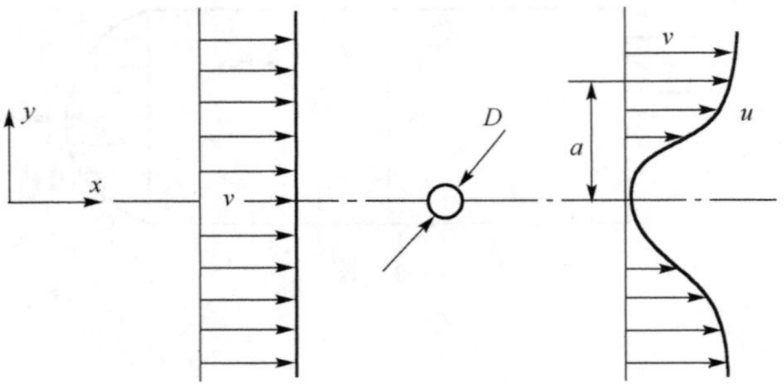

题 4.4 图

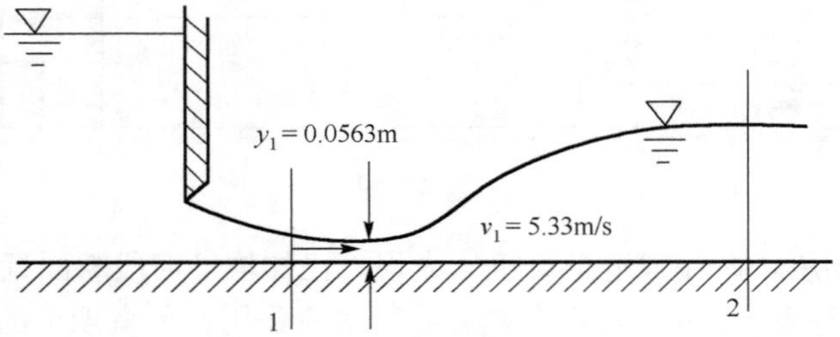

题 4.5 图

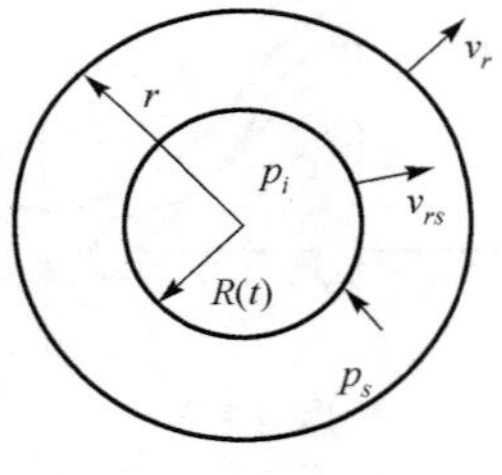

题 4.6 图

4.7　有一水箱侧壁上开有上下两个小孔。已知上孔水头 $H_1 = 1\text{m}$，水箱距离地面的高度为 $H = 2.5\text{m}$，水从上下两孔流出并落在地面同一点上，求下孔水头 H_2。

4.8　(选做)密度为 ρ 的不可压缩黏性流体在常压强梯度作用下在无限长等截面直管中定常运动。不计体积力，求速度分布流量：(1)长短半轴分别为 a、b 的椭圆形截面管；(2)内外半径分别为 R_1、R_2 的共轴圆环截面管。

第 5 章　流体的涡旋运动

漩涡是自然界流体中出现的普遍现象。涡旋运动理论是研究漩涡的产生、发展和消失规律的学科分支。它的研究对航空、气象、水利等工程和学科发展都具有重要意义。涡旋运动与湍流、大气现象、海洋物理、增升减阻、流动控制、气动噪声等有着密切的关系，对航空航天、动力机械、化学工程、海洋工程、仿生学等广泛的工程领域都十分重要。涡旋运动因其固有的非定常性和非线性，以及在自然界的探索和工程应用中的巨大意义，一直是流体力学中具有挑战性的长盛不衰的研究前沿。

5.1　涡旋运动的基本概念和涡量输运方程

5.1.1　涡旋运动的基本概念

自然界中存在各种涡旋运动，如大气中的龙卷风、桥墩后的漩涡区、海啸引发的大涡旋、白云显示的流体涡旋、划船时船桨产生的漩涡等；有许多小漩涡不易观察到，如物体在流体中运动时，物体边界层中的小涡；星系运动也可视为涡旋，如哈勃望远镜拍摄到的涡旋星系。一方面，涡旋的产生伴随着机械能的耗损，从而相对物体(飞机、船舶、水轮机、汽轮机)产生流体阻力或降低其机械效率。但是，另一方面，正是依靠涡旋，才使机翼获得举力。在水利工程如泄水口中，为了保护坝基不被急泻而下的水流冲坏，采用消能设备，人为地制造涡旋以消耗水流的动能。这些都是研究涡旋的实际背景。

定义涡量为流体速度的旋度：

$$\boldsymbol{\omega}=\nabla\times\boldsymbol{v} \tag{5-1-1}$$

其中，$\boldsymbol{\omega}$ 为涡量场。当 $\boldsymbol{\omega}\neq 0$ 时，流体是有旋的，称为涡旋运动；当 $\boldsymbol{\omega}=0$ 时，流体是无旋的，称为无旋运动。

【例 5-1】 求流场 $\begin{cases}u=cy\\ v=0\\ w=0\end{cases}$ 的应变速率张量及旋转率张量。

解：

$$\boldsymbol{S}=\frac{1}{2}\begin{bmatrix}0&c&0\\c&0&0\\0&0&0\end{bmatrix},\qquad \boldsymbol{A}=\frac{1}{2}\begin{bmatrix}0&c&0\\-c&0&0\\0&0&0\end{bmatrix}$$

流动如图 5-1 所示，可见，虽然流体质点做直线运动，但流体微元存在剪切和旋转。

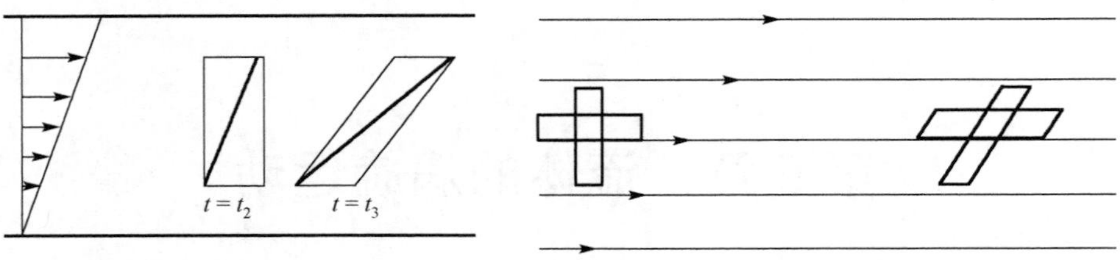

(a) 微元对角线的旋转　　(b) 微元的剪切变形

图 5-1　例 5-1 的微元运动

【例 5-2】 设$\begin{cases}u=-cy\\ v=cx\end{cases}$，求 $\boldsymbol{S}$ 和 $\boldsymbol{A}$。

解：

$$\boldsymbol{S}=\begin{bmatrix}0&0&0\\0&0&0\\0&0&0\end{bmatrix},\quad \boldsymbol{A}=\begin{bmatrix}0&-c&0\\c&0&0\\0&0&0\end{bmatrix}$$

进一步计算柱坐标系下的速度分量：

$$\begin{cases}v_r=0\\ v_\theta=cr\end{cases}$$

流动如图 5-2 所示，可见，流体没有变形，只存在旋转。

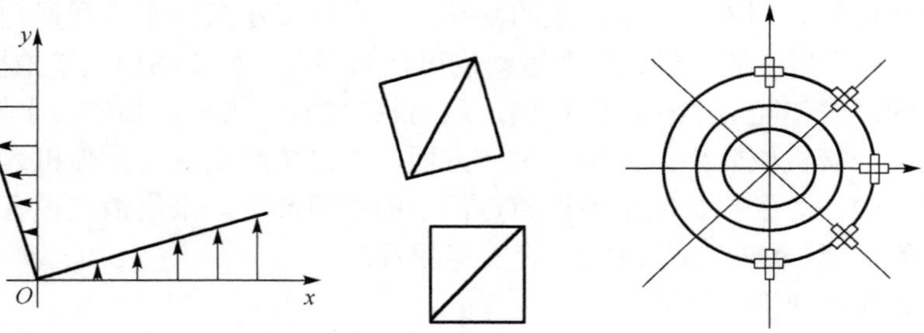

(a) 速度矢量　　(b) 微元变形　　(c) 微元运动轨迹

图 5-2　例 5-2 的微元运动

【例 5-3】 设$u=-\dfrac{cy}{x^2+y^2}$，$v=\dfrac{cx}{x^2+y^2}$，$w=0$，求 $\boldsymbol{S}$ 和 $\boldsymbol{A}$。(注：例 2-10。)

解：

$$\boldsymbol{S}=\begin{bmatrix}\dfrac{2cxy}{(x^2+y^2)^2}&\dfrac{c(y^2-x^2)}{(x^2+y^2)^2}&0\\ \dfrac{c(y^2-x^2)}{(x^2+y^2)^2}&-\dfrac{2cxy}{(x^2+y^2)^2}&0\\ 0&0&0\end{bmatrix},\quad \boldsymbol{A}=\begin{bmatrix}0&0&0\\0&0&0\\0&0&0\end{bmatrix}$$

进一步计算柱坐标系下的速度分量：

$$\begin{cases} v_r = 0 \\ v_\theta = \dfrac{c}{r} \end{cases}$$

流动如图 5-3 所示。虽然流体质点做圆周运动，但流体微元不存在旋转，此外，流体还有变形。

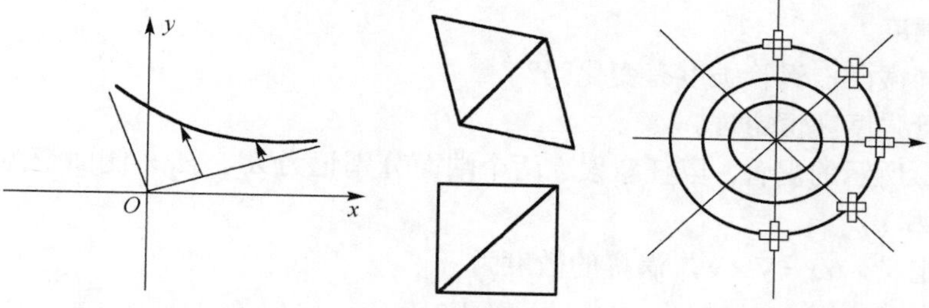

(a) 速度矢量　(b) 微元变形　(c) 微元运动轨迹

图 5-3　例 5-3 的微元运动

1．**涡线、涡面和涡管**

依照场论的观点，仿照流场的分析我们可以定义涡线，涡线是涡量场中任一时刻的一条几何曲线，其上各点的涡量矢量均与此曲线相切(图 5-4(a))。

涡线满足

$$\mathrm{d}\boldsymbol{r} \times \boldsymbol{\omega} = 0 \tag{5-1-2}$$

或者

$$\frac{\mathrm{d}x}{\omega_x(x,y,z)} = \frac{\mathrm{d}y}{\omega_y(x,y,z)} = \frac{\mathrm{d}z}{\omega_z(x,y,z)} \tag{5-1-3}$$

类似于流面，定义涡面：某一时刻，在涡量场中任取一非涡线的曲线，经过该曲线上每点作涡线，这些涡线在空间就形成一个面，即为涡面(图 5-4(b))。

类似于流管，定义涡管：经涡量场中任一非涡线的封闭曲线作涡线，构成涡管(图 5-4(c))。

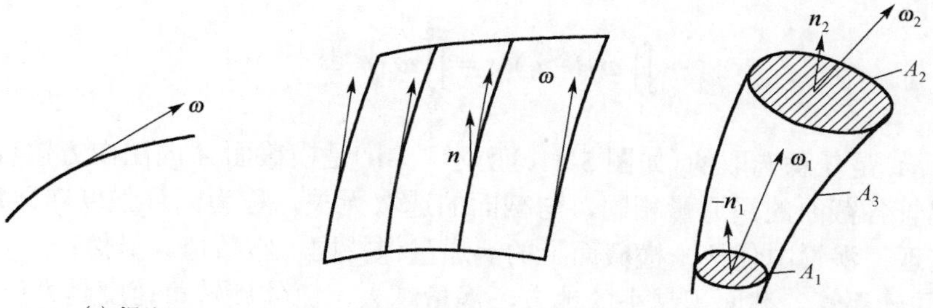

(a) 涡线　(b) 涡面　(c) 涡管

图 5-4　涡线、涡面和涡管

显然，涡面、涡管上任一点的法线方向 $\boldsymbol{n}$ 和该点的涡量 $\boldsymbol{\omega}$ 是垂直的。

2. 涡通量、涡管强度和速度环量

定义涡通量：在流场中取任一曲面 A，涡量对曲面的面积分：

$$J = \iint_A \boldsymbol{\omega} \cdot \mathrm{d}\boldsymbol{s} \tag{5-1-4}$$

称为过该曲面的涡通量。

涡管强度：对于流场中某时刻的涡管，取涡管的一个横截面 A，称过曲面 A 的涡通量为该瞬时的涡管强度。

那么取不同截面，涡管强度有变化吗?

证明：涡管强度守恒定理。

如图 5-4(c)所示的涡管，取任意段，两个端面分别记为 A_1、A_2，侧面记为 A_3，相应的外法向为 $\boldsymbol{n}_1$、$\boldsymbol{n}_2$ 和 $\boldsymbol{n}_3$。

根据涡量定义，$\boldsymbol{\omega} = \nabla \times \boldsymbol{v}$，涡量的散度为

$$\nabla \cdot \boldsymbol{\omega} = \nabla \cdot (\nabla \times \boldsymbol{v}) = \begin{vmatrix} \dfrac{\partial}{\partial x} & \dfrac{\partial}{\partial y} & \dfrac{\partial}{\partial z} \\ \dfrac{\partial}{\partial x} & \dfrac{\partial}{\partial y} & \dfrac{\partial}{\partial z} \\ v_x & v_y & v_z \end{vmatrix} = 0$$

于是

$$\oiint_s \boldsymbol{\omega} \cdot \boldsymbol{n} \mathrm{d}s = \iint_{A_1 + A_2 + A_3} \boldsymbol{\omega} \cdot \boldsymbol{n} \mathrm{d}s = \iiint_\tau \nabla \cdot \boldsymbol{\omega} \mathrm{d}\tau = 0$$

因为侧面上 $\boldsymbol{\omega} \perp \boldsymbol{n}$，所以

$$\iint_{A_3} \boldsymbol{\omega} \cdot \boldsymbol{n} \mathrm{d}s = 0$$

则

$$J = \iint_{A_1} \boldsymbol{\omega} \cdot \boldsymbol{n}_1 \mathrm{d}s + \iint_{A_2} \boldsymbol{\omega} \cdot \boldsymbol{n}_2 \mathrm{d}s = -\iint_{A_1} \boldsymbol{\omega} \cdot (-\boldsymbol{n}_1) \mathrm{d}s + \iint_{A_2} \boldsymbol{\omega} \cdot \boldsymbol{n}_2 \mathrm{d}s = 0$$

于是，有

$$\iint_{A_1} \boldsymbol{\omega} \cdot (-\boldsymbol{n}_1) \mathrm{d}s = \iint_{A_2} \boldsymbol{\omega} \cdot \boldsymbol{n}_2 \mathrm{d}s$$

由于 A_1、A_2 是任意选取的(如图 5-4(c)所示，$-\boldsymbol{n}_1$ 是横截面 A_1 的法向方向)，所以在同一时刻，同一涡管各截面的涡通量相同，与截面的选取无关，称为涡管强度守恒定理。根据涡管强度守恒定理，涡管中任何一横截面上的涡通量保持同一常数值。显然：

(1) 对于同一涡管，截面积越小的地方，涡量越大，流体旋转角速度越大；

(2) 涡管截面不可能收缩到零。因为若收缩到零，涡量将增至无穷大，这是不可能的。

因此，涡管不能在流体之中产生或终止，只能在流体中形成环形涡环，或始于、终于边界，或伸展至无穷远(图 5-5)。

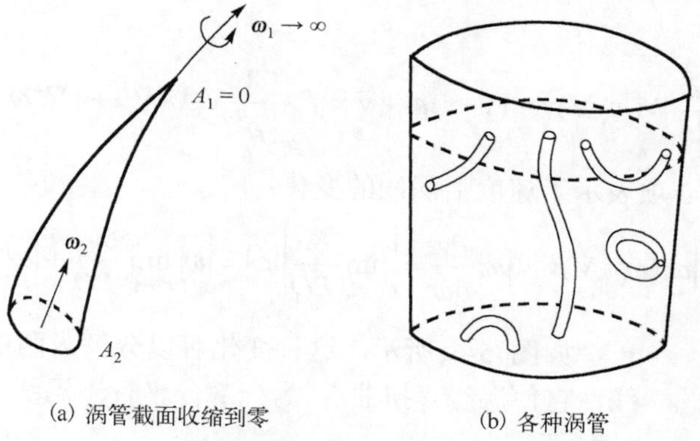

（a）涡管截面收缩到零　　　　　　　（b）各种涡管

图 5-5　涡管示意图

速度环量：对流场中某时刻的封闭曲线 L，作线积分：

$$\Gamma = \oint_L \boldsymbol{v} \cdot \mathrm{d}\boldsymbol{l} \tag{5-1-5}$$

Γ 称为沿该封闭曲线的速度环量，Γ 与积分的绕行方向有关，一般取按逆时针绕行的方向为正方向。

根据 Stokes 公式，有

$$J = \int \boldsymbol{\omega} \cdot \boldsymbol{n} \mathrm{d}s = \int (\nabla \times \boldsymbol{v}) \cdot \boldsymbol{n} \mathrm{d}s = \oint \boldsymbol{v} \cdot \mathrm{d}\boldsymbol{l} = \Gamma \tag{5-1-6}$$

于是

$$\omega_n = \frac{\mathrm{d}\Gamma}{\mathrm{d}s} \tag{5-1-7}$$

5.1.2　涡量输运方程

流体的涡量和运动相关。兰姆-葛罗米柯方程(3-5-14)为

$$\rho\left(\frac{\partial \boldsymbol{v}}{\partial t} + \boldsymbol{v} \cdot \nabla \boldsymbol{v}\right) = \rho\left[\frac{\partial \boldsymbol{v}}{\partial t} + \nabla\left(\frac{\boldsymbol{v} \cdot \boldsymbol{v}}{2}\right) + \boldsymbol{\omega} \times \boldsymbol{v}\right] = \rho \boldsymbol{f} - \nabla p + \mu\left[\frac{1}{3}\nabla(\nabla \cdot \boldsymbol{v}) + \nabla^2 \boldsymbol{v}\right]$$

对上式的两边取旋度，由于 $\nabla \times (\boldsymbol{a} \times \boldsymbol{b}) = (\boldsymbol{b} \cdot \nabla)\boldsymbol{a} - (\boldsymbol{a} \cdot \nabla)\boldsymbol{b} + (\nabla \cdot \boldsymbol{b})\boldsymbol{a} - (\nabla \cdot \boldsymbol{a})\boldsymbol{b}$，所以 $\nabla \times (\boldsymbol{v} \times \boldsymbol{\omega}) = (\boldsymbol{\omega} \cdot \nabla)\boldsymbol{v} - (\boldsymbol{v} \cdot \nabla)\boldsymbol{\omega} + (\nabla \cdot \boldsymbol{\omega})\boldsymbol{v} - (\nabla \cdot \boldsymbol{v})\boldsymbol{\omega}$，其中，$\nabla \cdot \boldsymbol{\omega} = \nabla \cdot \nabla \times \boldsymbol{v} = 0$。另有 $\nabla \times \nabla\left(\frac{\boldsymbol{v} \cdot \boldsymbol{v}}{2}\right) = 0$，$\nabla \times \left(\frac{1}{\rho}\nabla p\right) = \frac{1}{\rho}\nabla \times \nabla p + \nabla\frac{1}{\rho} \times \nabla p = -\frac{1}{\rho^2}\nabla \rho \times \nabla p$。所以

$$\frac{\partial \boldsymbol{\omega}}{\partial t} = (\boldsymbol{\omega} \cdot \nabla)\boldsymbol{v} - (\boldsymbol{v} \cdot \nabla)\boldsymbol{\omega} - (\nabla \cdot \boldsymbol{v})\boldsymbol{\omega} + \nabla \times \boldsymbol{f} + \frac{1}{\rho^2}\nabla \rho \times \nabla p + \nabla \times \nu \nabla^2 \boldsymbol{v} + \nabla \times \left[\frac{\nu}{3}\nabla(\nabla \cdot \boldsymbol{v})\right]$$

当 $\nu =$ 常数时，有

$$\frac{\partial \boldsymbol{\omega}}{\partial t} = (\boldsymbol{\omega} \cdot \nabla)\boldsymbol{v} - (\boldsymbol{v} \cdot \nabla)\boldsymbol{\omega} - (\nabla \cdot \boldsymbol{v})\boldsymbol{\omega} + \nabla \times \boldsymbol{f} + \frac{1}{\rho^2}\nabla \rho \times \nabla p + \nu \nabla^2 \boldsymbol{\omega}$$

或者

$$\frac{\mathrm{d}\boldsymbol{\omega}}{\mathrm{d}t}=(\boldsymbol{\omega}\cdot\nabla)\boldsymbol{v}-(\nabla\cdot\boldsymbol{v})\boldsymbol{\omega}+\nabla\times\boldsymbol{f}+\frac{1}{\rho^2}\nabla\rho\times\nabla p+\nu\nabla^2\boldsymbol{\omega} \tag{5-1-8}$$

式(5-1-8)右侧第一项表示了速度沿涡线的变化：

$$(\boldsymbol{\omega}\cdot\nabla)\boldsymbol{v}=|\omega|(\boldsymbol{\omega}_0\cdot\nabla)\boldsymbol{v}=|\omega|\frac{\partial\boldsymbol{v}}{\partial\omega}=\left|\lim_{P\to Q}\frac{\delta\boldsymbol{v}}{PQ}\right||\omega|=|\omega|\lim_{P\to Q}\frac{\delta v_{\perp}}{PQ}+|\omega|\lim_{P\to Q}\frac{\delta v_{/\!/}}{PQ}$$

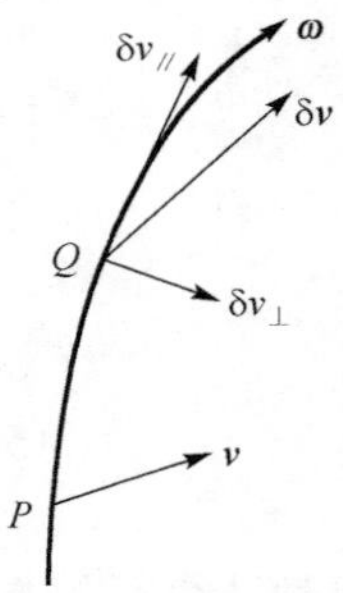

图 5-6　涡线变化的分解

如图 5-6 所示，这种变化可以分解成两部分：一部分垂直于涡线，它使涡线“扭曲”；另一部分平行于涡线，它使涡线“伸长”或“缩短”。

式(5-1-8)右侧第二项$(\nabla\cdot\boldsymbol{v})\boldsymbol{\omega}$与流体的散度有关，对于不受外力矩作用的物体，其动量矩守恒，当转动惯量减小时，必然有角速度增加。因此，在流体运动过程中，流体质点的体积若收缩($\nabla\cdot\boldsymbol{v}<0$)，则涡量增加；反之，则涡量减少。

式(5-1-8)右侧第三项$\nabla\times\boldsymbol{f}$表示了体积力的影响。当体积力有势时，$\boldsymbol{f}=\nabla\Psi$，有

$$\nabla\times\boldsymbol{f}=\nabla\times\nabla\Psi=0$$

式(5-1-8)右侧第四项$\frac{1}{\rho^2}\nabla\rho\times\nabla p$表示了流体非正压的影响。当流体正压时，有

$$\frac{1}{\rho^2}\nabla\rho\times\nabla p=\frac{1}{\rho^2}\nabla\rho\times\frac{\mathrm{d}p}{\mathrm{d}\rho}\nabla\rho=0$$

式(5-1-8)右侧第五项$\nu\nabla^2\boldsymbol{\omega}$表示了黏性的影响。当流体无黏时，$\nu\nabla^2\boldsymbol{\omega}=0$。

综上，当流体无黏、正压、体积力有势时，式(5-1-8)简化为

$$\frac{\mathrm{d}\boldsymbol{\omega}}{\mathrm{d}t}=(\boldsymbol{\omega}\cdot\nabla)\boldsymbol{v}-(\nabla\cdot\boldsymbol{v})\boldsymbol{\omega} \tag{5-1-9}$$

此为亥姆霍兹(Helmholtz)方程。

5.2　无黏流体的涡量输运方程

5.2.1　流体运动中速度环量的变化

流体的运动方程为

$$\frac{\mathrm{d}\boldsymbol{v}}{\mathrm{d}t}=-\frac{1}{\rho}\nabla p+\boldsymbol{f}+\nu\nabla^2\boldsymbol{v}+\frac{\nu}{3}\nabla(\nabla\cdot\boldsymbol{v})$$

将上式对某封闭曲线L作线积分，有

$$\oint\frac{\mathrm{d}\boldsymbol{v}}{\mathrm{d}t}\cdot\mathrm{d}\boldsymbol{l}=\oint\left[-\frac{1}{\rho}\nabla p+\boldsymbol{f}+\nu\nabla^2\boldsymbol{v}+\frac{\nu}{3}\nabla(\nabla\cdot\boldsymbol{v})\right]\cdot\mathrm{d}\boldsymbol{l}$$

考虑到$\dfrac{d}{dt}(\boldsymbol{v}\cdot d\boldsymbol{l})=\dfrac{d\boldsymbol{v}}{dt}\cdot d\boldsymbol{l}+\boldsymbol{v}\cdot\dfrac{d}{dt}d\boldsymbol{l}=\dfrac{d\boldsymbol{v}}{dt}\cdot d\boldsymbol{l}+d\left(\dfrac{\boldsymbol{v}^2}{2}\right)$，于是有

$$\frac{d\Gamma}{dt}=\frac{d}{dt}\oint\boldsymbol{v}\cdot d\boldsymbol{l}=\oint\frac{d}{dt}(\boldsymbol{v}\cdot d\boldsymbol{l})=\oint\frac{d\boldsymbol{v}}{dt}\cdot d\boldsymbol{l}=\oint\left[-\frac{1}{\rho}\nabla p+\boldsymbol{f}+\nu\nabla^2\boldsymbol{v}+\frac{\nu}{3}\nabla(\nabla\cdot\boldsymbol{v})\right]\cdot d\boldsymbol{l} \tag{5-2-1}$$

当体积力有势时，$\boldsymbol{f}=\nabla\Psi$，$\oint\boldsymbol{f}\cdot d\boldsymbol{l}=\int(\nabla\times\boldsymbol{f})\cdot\boldsymbol{n}ds=\int(\nabla\times\nabla\Psi)\cdot\boldsymbol{n}ds=0$

当流体正压时，$\rho=\rho(p)$，于是$\nabla\rho\times\nabla p=\nabla\rho\times\dfrac{dp}{d\rho}\nabla\rho=0$，根据 Stokes 公式，有

$$\oint\left(-\frac{1}{\rho}\nabla p\right)\cdot d\boldsymbol{l}=\int\nabla\times\left(-\frac{1}{\rho}\nabla p\right)\cdot\boldsymbol{n}ds=\int\left(\frac{1}{\rho^2}\nabla\rho\times\nabla p\right)\cdot\boldsymbol{n}ds=0$$

不可压缩或无黏时，$\oint\dfrac{\nu}{3}\nabla(\nabla\cdot\boldsymbol{v})\cdot d\boldsymbol{l}=0$，无黏时，$\oint\nu\nabla^2\boldsymbol{v}\cdot d\boldsymbol{l}=0$。

综上，当流体无黏、正压、体积力有势时，式(5-2-1)化简为

$$\frac{d\Gamma}{dt}=\frac{d}{dt}\oint\boldsymbol{v}\cdot d\boldsymbol{l}=0 \tag{5-2-2}$$

由于$\Gamma=\oint_L\boldsymbol{v}\cdot d\boldsymbol{l}=\int(\nabla\times\boldsymbol{v})\cdot\boldsymbol{n}ds=\int\boldsymbol{\omega}\cdot\boldsymbol{n}ds$，于是，理想流体正压、体积力有势时，沿任一封闭物质线的速度环量和通过任一物质面的涡通量在运动过程中恒不变，称此为开尔文(Kelvin)定理。

5.2.2 涡保持定理

Kelvin 定理的推论(Lagrange 涡保持定理)：理想流体正压、体积力有势时，如果初始时刻某部分流体是无旋的，则在以前或以后任一时刻中这部分流体始终无旋；反之，若初始时刻该部分流体是有旋的，则在以前或以后任一时刻中这部分流体始终有旋。我们称其为旋涡不生不灭定理。

涡面保持定理：理想流体正压、体积力有势时，在某时刻组成涡面的流体质点在前一或后一时刻也永远组成涡面。

证明：设初始时刻$t=t_0$，流体中有一涡面A_0^*，在涡面上任取一面积 S，则通过 S 的涡通量$\int_S\boldsymbol{\omega}\cdot\boldsymbol{n}ds=0$，在以前及以后任一时刻，组成涡面 S 的流体质点构成面 S^*，根据 Kelvin 定理，有$\int_{S^*}\boldsymbol{\omega}\cdot\boldsymbol{n}ds=0$。由于 S 的任意性，有$\boldsymbol{\omega}\cdot\boldsymbol{n}=0$，即在面 S^*上，$\boldsymbol{\omega}\perp\boldsymbol{n}$，即 S^*为涡面。

同理可证，涡管保持定理：理想流体正压、体积力有势时，在某时刻组成涡管的流体质点在前一或后一时刻也永远组成涡管。

涡线保持定理：理想流体正压、体积力有势的，在某时刻组成涡线的流体质点在前一或后一时刻也永远组成涡线。

证明：由于涡线可视为两个涡面的交线，由涡面保持定理可推出涡线保持定理。

可见，理想流体正压、体积力有势时，涡面、涡管、涡线都具有保持性，它们通常称为亥姆霍兹第一定理。

亥姆霍兹涡管强度保持定理(亥姆霍兹第二定理)：理想流体正压、体积力有势时，任何涡管的强度在运动的全部时间内保持不变。

证明：由开尔文定理可知 $\dfrac{\mathrm{d}\Gamma}{\mathrm{d}t}=0$。涡管强度为

$$J=\int \boldsymbol{\omega}\cdot\boldsymbol{n}\mathrm{d}s=\int(\nabla\times\boldsymbol{v})\cdot\boldsymbol{n}\mathrm{d}s=\oint\boldsymbol{v}\cdot\mathrm{d}\boldsymbol{l}=\Gamma$$

即可证涡管的强度在运动过程中保持不变。实际上在前面的涡管强度守恒定理中(5.1 节)，根据 $\nabla\cdot\boldsymbol{\omega}=0$，已经证明了无论是否有“理想流体正压、体积力有势”的限定条件，涡管的强度在运动过程中都会保持不变。

【例 5-4】 无黏密度为常值的流体，在体积力有势条件下做定常运动，试证明：(1)若做平面运动，则沿流线，涡量 $\boldsymbol{\omega}$ 保持不变；(2)若做 $v_\theta=0$ 的轴对称运动，则沿流线，$\dfrac{\boldsymbol{\omega}}{r}$ 保持不变。

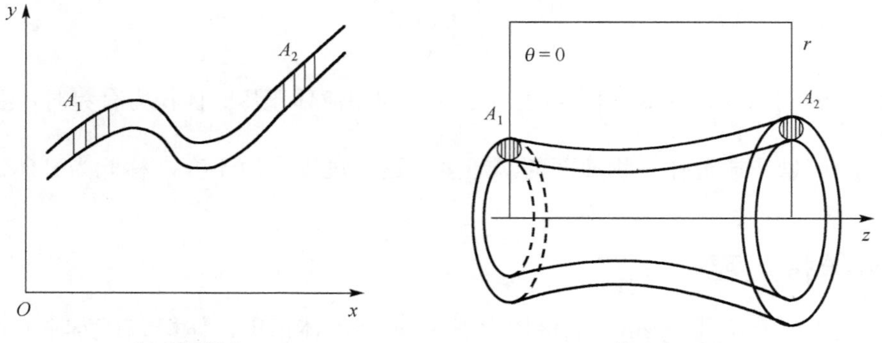

(a) 平面运动　　(b) 轴对称运动

图 5-7　例 5-4 示意图

解：(1)在平面运动中，满足 $\dfrac{\partial v_x}{\partial z}=\dfrac{\partial v_y}{\partial z}=0$，$w=0$，有

$$\boldsymbol{\omega}=\left(\frac{\partial v_x}{\partial y}-\frac{\partial v_y}{\partial x}\right)\boldsymbol{k}=\omega\boldsymbol{k}$$

在流动平面(*xy* 平面)上任取一小流管，如图 5-7(a)所示，并在此流管中作截面积为 A_1 的微元涡管(注意现在的涡管是和 *xy* 平面垂直的)。由于做定常运动，迹线和流线是一致的，在某一时刻 *t*，组成流管的微元沿流线运动到 2 处，面积为 A_2，根据亥姆霍兹涡管强度保持定理，有

$$\omega_1 A_1=\omega_2 A_2$$

其中，ω_1、ω_2 分别为截面 A_1、A_2 上的涡量，根据连续性方程，有

$$\rho A_1=\rho A_2$$

即

$$A_1 = A_2$$

因此有

$$\omega_1 = \omega_2$$

由于微元 A_1 和时间 t 的任意性，可以推导出沿流线，$\boldsymbol{\omega}$ 保持不变。

(2) 若做 $v_\theta = 0$ 的轴对称运动，则 $\dfrac{\partial v_r}{\partial \theta} = \dfrac{\partial v_z}{\partial \theta} = 0$，于是涡量为

$$\boldsymbol{\omega} = \left(\frac{\partial v_r}{\partial z} - \frac{\partial v_z}{\partial r}\right)\boldsymbol{e}_\theta = \omega \boldsymbol{e}_\theta$$

这说明涡的方向是 $\boldsymbol{e}_\theta$ 方向，即与子午面(rz 平面)是垂直的，在子午面上任取一小流管，如图 5-7(b)所示，在流管中作截面积为 A_1 的微元涡管(是半径为 r_1 的环状管)，由于做定常运动，此微元涡管随流体质点沿流管运动，在某一时刻 t，组成流管的微元沿流线运动到 2 处，构成截面积为 A_2 的涡管，根据亥姆霍兹涡管强度保持定理，有

$$\omega_1 A_1 = \omega_2 A_2$$

其中，ω_1、ω_2 分别为截面 A_1、A_2 上的涡量，根据连续性方程，有

$$2\pi r_1 A_1 \rho = 2\pi r_2 A_2 \rho$$

即

$$r_1 A_1 = r_2 A_2$$

因此有

$$\frac{\omega_1}{r_1} = \frac{\omega_2}{r_2}$$

由于微元 A_1 和时间 t 的任意性，可以推导出沿流线，$\dfrac{\boldsymbol{\omega}}{r}$ 保持不变。

5.3　感生速度场

5.3.1　涡旋感生速度场

设在有限体积 τ 内给定涡旋场和散度场，而 τ 以外的区域内既无旋度也无散度，即

$$\begin{cases} \tau\text{内}: \nabla \cdot \boldsymbol{v} = \Theta,\ \nabla \times \boldsymbol{v} = \boldsymbol{\omega} \\ \tau\text{外}: \nabla \cdot \boldsymbol{v} = 0,\ \nabla \times \boldsymbol{v} = 0 \end{cases} \tag{5-3-1}$$

其中，Θ 和 $\boldsymbol{\omega}$ 分别是已知的速度散度及涡旋函数，欲求上述涡旋场和散度场所感生的速度场 $\boldsymbol{v}$，此问题是线性的，可以拆成下面两个问题：

$$\boldsymbol{v} = \boldsymbol{v}_1 + \boldsymbol{v}_2$$

其中，$\boldsymbol{v}_1$ 满足

$$\begin{cases}\tau\text{内：}\ \nabla\cdot\boldsymbol{v}_1=\Theta,\ \ \nabla\times\boldsymbol{v}_1=0\\ \tau\text{外：}\ \nabla\cdot\boldsymbol{v}_1=0,\ \ \nabla\times\boldsymbol{v}_1=0\end{cases}\tag{5-3-2}$$

$\boldsymbol{v}_2$ 满足

$$\begin{cases}\tau\text{内：}\ \nabla\cdot\boldsymbol{v}_2=0,\ \ \nabla\times\boldsymbol{v}_2=\boldsymbol{\omega}\\ \tau\text{外：}\ \nabla\cdot\boldsymbol{v}_2=0,\ \ \nabla\times\boldsymbol{v}_2=0\end{cases}\tag{5-3-3}$$

$\boldsymbol{v}_1$ 代表无旋散度场所感生的速度，$\boldsymbol{v}_2$ 代表有旋无散度场感生的速度，容易验证，$\boldsymbol{v}_1$ 和 $\boldsymbol{v}_2$ 的矢量和就是有旋散度场所感生的速度 $\boldsymbol{v}$。

(1) 求散度感生的速度场 $\boldsymbol{v}_1$。

由于 $\nabla\times\boldsymbol{v}_1=0$，令 $\boldsymbol{v}_1=\nabla\phi$，代入式(5-3-2)，得

$$\nabla\cdot\boldsymbol{v}_1=\nabla^2\phi=\Theta$$

这是数理方程中的泊松(Poisson)方程，解为

$$\phi=-\frac{1}{4\pi}\int_\tau\frac{\Theta(\xi,\eta,\zeta)}{r}\mathrm{d}\tau\tag{5-3-4}$$

于是

$$\boldsymbol{v}_1=\nabla\phi=-\frac{1}{4\pi}\nabla\int_\tau\frac{\Theta(\xi,\eta,\zeta)}{r}\mathrm{d}\tau\tag{5-3-5}$$

(2) 求旋度感生的速度场 $\boldsymbol{v}_2$。

对于方程(5-3-3)，由于 $\nabla\cdot\boldsymbol{v}_2=0$，定义矢量 $\boldsymbol{B}$，使其满足 $\boldsymbol{v}_2=\nabla\times\boldsymbol{B}$。

于是 $\nabla\cdot\boldsymbol{v}_2=\nabla\cdot(\nabla\times\boldsymbol{B})=\begin{vmatrix}\dfrac{\partial}{\partial x} & \dfrac{\partial}{\partial y} & \dfrac{\partial}{\partial z}\\ \dfrac{\partial}{\partial x} & \dfrac{\partial}{\partial y} & \dfrac{\partial}{\partial z}\\ B_x & B_y & B_z\end{vmatrix}=0$，即 $\nabla\cdot\boldsymbol{v}_2=0$ 自动满足。

因此在 τ 内，有

$$\begin{aligned}\nabla\times\boldsymbol{v}_2=\nabla\times(\nabla\times\boldsymbol{B})&=\varepsilon_{ijk}\frac{\partial}{\partial x_j}\left(\varepsilon_{klm}\frac{\partial B_m}{\partial x_l}\right)=(\delta_{il}\delta_{jm}-\delta_{im}\delta_{jl})\frac{\partial^2 B_m}{\partial x_j\partial x_l}\\&=\frac{\partial^2 B_j}{\partial x_j\partial x_i}-\frac{\partial^2 B_i}{\partial x_j\partial x_j}=\nabla(\nabla\cdot\boldsymbol{B})-\nabla^2\boldsymbol{B}=\boldsymbol{\omega}\end{aligned}$$

假定 $\nabla\cdot\boldsymbol{B}=0$，则

$$\nabla^2\boldsymbol{B}=-\boldsymbol{\omega}\tag{5-3-6}$$

式(5-3-6)是矢量形式的泊松方程，解为

$$\boldsymbol{B}=\frac{1}{4\pi}\iiint_\tau\frac{\boldsymbol{\omega}(\xi,\eta,\zeta)}{r}\mathrm{d}\tau\tag{5-3-7}$$

其中，r 是积分元所在位置 (ξ,η,ζ) 到所求感应点 (x,y,z) 的距离：

$$r=\sqrt{(x-\xi)^2+(y-\eta)^2+(z-\zeta)^2}$$

验证假定$\nabla\cdot\boldsymbol{B}=0$是否满足。将式(5-3-7)代入，有

$$\nabla\cdot\boldsymbol{B}=\frac{1}{4\pi}\iiint_\tau\nabla\cdot\frac{\boldsymbol{\omega}(\xi,\eta,\zeta)}{r}\mathrm{d}\tau=\frac{1}{4\pi}\iiint_\tau\left[\frac{1}{r}\nabla\cdot\boldsymbol{\omega}+\nabla\left(\frac{1}{r}\right)\cdot\boldsymbol{\omega}\right]\mathrm{d}\tau=\frac{1}{4\pi}\iiint_\tau\nabla\left(\frac{1}{r}\right)\cdot\boldsymbol{\omega}\mathrm{d}\tau$$
$$=\frac{1}{4\pi}\iiint_\tau\left(-\frac{1}{r^2}\nabla r\right)\cdot\boldsymbol{\omega}\mathrm{d}\tau=\frac{1}{4\pi}\iiint_\tau\left(\frac{1}{r^2}\nabla' r\right)\cdot\boldsymbol{\omega}\mathrm{d}\tau=-\frac{1}{4\pi}\iiint_\tau\nabla'\left(\frac{1}{r}\right)\cdot\boldsymbol{\omega}\mathrm{d}\tau$$

记∇'是对(ξ,η,ζ)的微分算子，则有$\nabla' r=-\nabla r$。于是

$$\nabla\cdot\boldsymbol{B}=-\frac{1}{4\pi}\iiint_\tau\nabla'\left(\frac{1}{r}\right)\cdot\boldsymbol{\omega}\mathrm{d}\tau=-\frac{1}{4\pi}\iiint_\tau\left[\nabla'\cdot\left(\frac{\boldsymbol{\omega}}{r}\right)-\frac{1}{r}\nabla'\cdot\boldsymbol{\omega}\right]\mathrm{d}\tau$$
$$=-\frac{1}{4\pi}\iiint_\tau\nabla'\cdot\left(\frac{\boldsymbol{\omega}}{r}\right)\mathrm{d}\tau=-\frac{1}{4\pi}\oiint_A\frac{\boldsymbol{\omega}\cdot\boldsymbol{n}}{r}\mathrm{d}A$$

令S是τ的界面，由于在τ外，$\boldsymbol{\omega}=0$，所以τ的边界一定是涡面(边界上任一曲面和外区域面构成封闭体，对于封闭体有$\oiint_A\boldsymbol{\omega}\cdot\boldsymbol{n}\mathrm{d}A=\iiint_\tau\nabla\cdot\boldsymbol{\omega}\mathrm{d}\tau=\iiint_\tau 0\mathrm{d}\tau=0$，因为在区域外，$\boldsymbol{\omega}$处处为零，所以边界面的曲面上也必须满足$\boldsymbol{\omega}\cdot\boldsymbol{n}=0$)。在 S 上，$\boldsymbol{\omega}\cdot\boldsymbol{n}=0$，否则和$\nabla\cdot\boldsymbol{\omega}=0$矛盾，于是$\nabla\cdot\boldsymbol{B}=0$。

只考虑涡旋场，这样$\boldsymbol{B}$对应的速度场是

$$\boldsymbol{v}_2=\nabla\times\boldsymbol{B}=\frac{1}{4\pi}\nabla\times\iiint_\tau\frac{\boldsymbol{\omega}(\xi,\eta,\zeta)}{r}\mathrm{d}\tau=\frac{1}{4\pi}\iiint_\tau\nabla\times\left(\frac{\boldsymbol{\omega}}{r}\right)\mathrm{d}\tau$$
$$=\frac{1}{4\pi}\iiint_\tau\left[\frac{1}{r}\nabla\times\boldsymbol{\omega}+\nabla\left(\frac{1}{r}\right)\times\boldsymbol{\omega}\right]\mathrm{d}\tau=-\frac{1}{4\pi}\iiint_\tau\frac{\nabla r\times\boldsymbol{\omega}}{r^2}\mathrm{d}\tau\tag{5-3-8}$$
$$=-\frac{1}{4\pi}\iiint_\tau\frac{\boldsymbol{r}\times\boldsymbol{\omega}}{r^3}\mathrm{d}\tau=\frac{1}{4\pi}\iiint_\tau\frac{\boldsymbol{\omega}\times\boldsymbol{r}}{r^3}\mathrm{d}\tau$$

综合式(5-3-5)和式(5-3-8)，式(5-3-1)感生的速度场为

$$\boldsymbol{v}=\boldsymbol{v}_1+\boldsymbol{v}_2=-\frac{1}{4\pi}\nabla\int_\tau\frac{\Theta(\xi,\eta,\zeta)}{r}\mathrm{d}\tau+\frac{1}{4\pi}\iiint_\tau\frac{\boldsymbol{\omega}\times\boldsymbol{r}}{r^3}\mathrm{d}\tau\tag{5-3-9}$$

5.3.2　涡线感生速度场

设想涡量集中在一根十分细的涡管上，可以近似地把它看成几何上的一条线，常称为涡线或涡丝，在此涡管上取微元管段$\mathbf{d}\boldsymbol{l}$，$\mathbf{d}\boldsymbol{l}$的方向与$\boldsymbol{\omega}$相一致，截面积是A。因而体积是$A\mathrm{d}l$，设涡管强度分布为$\boldsymbol{\omega}$，有

$$\boldsymbol{\omega}\mathrm{d}\tau=\boldsymbol{\omega}A\mathrm{d}l=\omega A\mathbf{d}\boldsymbol{l}$$

令$\lim\limits_{\substack{A\to0\\ \omega\to\infty}}A\omega=\Gamma$，$\Gamma$即速度环量，称为涡线的强度，因此有

$$\boldsymbol{\omega}\mathrm{d}\tau=\Gamma\mathbf{d}\boldsymbol{l}$$

代入式(5-3-8)，有

$$\boldsymbol{v}=\frac{1}{4\pi}\iiint_{\tau}\frac{\boldsymbol{\omega}\times\boldsymbol{r}}{r^3}\mathrm{d}\tau=\frac{1}{4\pi}\int_l\frac{\Gamma\mathrm{d}\boldsymbol{l}\times\boldsymbol{r}}{r^3}=\frac{\Gamma}{4\pi}\int_l\frac{\mathrm{d}\boldsymbol{l}\times\boldsymbol{r}}{r^3} \tag{5-3-10}$$

此为毕奥-萨伐尔公式(Biot-Savart law)。

【例 5-5】 求圆周形涡所感生的速度场。在实际问题中常遇到圆环状涡管，由于涡管截面上线尺度与圆环半径相比是小量，可简化为圆周涡线。

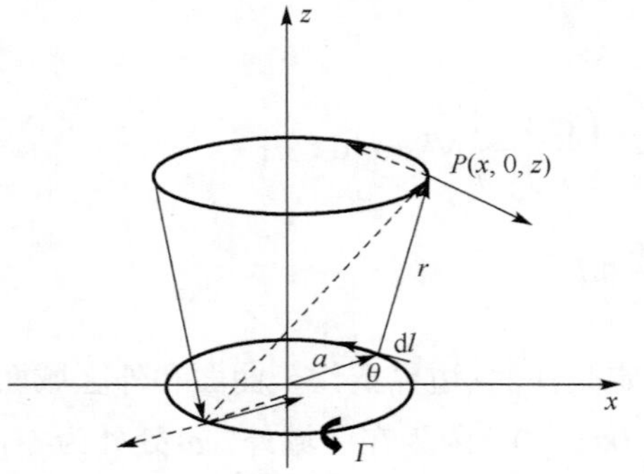

图 5-8　例 5-5 圆周涡线感生速度场

解： 设 xy 平面上有一半径为 a 的圆周涡线，z 轴过该圆周的圆心，涡线强度是 Γ，由于轴对称，所有过 z 轴的子平面上运动相同，因此只考虑 $\theta=0$ 平面上 $P(x,0,z)$ 的感生速度(图 5-8)。

取柱坐标系 (ρ,θ,z)，它与直角坐标系 $Oxyz$ 的关系是

$$x=\rho\cos\theta,\quad y=\rho\sin\theta$$

$$\boldsymbol{e}_x=\cos\theta\boldsymbol{e}_r-\sin\theta\boldsymbol{e}_\theta$$

$$\boldsymbol{e}_y=\sin\theta\boldsymbol{e}_r+\cos\theta\boldsymbol{e}_\theta$$

于是

$$\boldsymbol{r}=(x-a\cos\theta)\boldsymbol{e}_x-a\sin\theta\boldsymbol{e}_y+z\boldsymbol{e}_z=(x\cos\theta-a)\boldsymbol{e}_r-x\sin\theta\boldsymbol{e}_\theta+z\boldsymbol{e}_z$$

$$\mathrm{d}\boldsymbol{l}=a\mathrm{d}\theta\boldsymbol{e}_\theta$$

$$\mathrm{d}\boldsymbol{l}\times\boldsymbol{r}=a(a-x\cos\theta)\mathrm{d}\theta\boldsymbol{e}_z+az\mathrm{d}\theta\boldsymbol{e}_r$$

根据毕奥-萨伐尔公式，感生速度为

$$\boldsymbol{v}=\frac{\Gamma}{4\pi}\oint\frac{\mathrm{d}\boldsymbol{l}\times\boldsymbol{r}}{r^3}=\frac{\Gamma a}{4\pi}\int_0^{2\pi}\frac{(a-x\cos\theta)}{r^3}\mathrm{d}\theta\boldsymbol{e}_z+\frac{\Gamma}{4\pi}\int_0^{2\pi}\frac{az}{r^3}\mathrm{d}\theta\boldsymbol{e}_r \tag{5-3-11}$$

先分析特殊情况，位于 z 轴上任一点 $P(0,0,z)$ 的感生速度：

$$\boldsymbol{v}=\frac{\Gamma a^2}{4\pi}\int_0^{2\pi}\frac{1}{r^3}\mathrm{d}\theta\boldsymbol{e}_z+\frac{\Gamma az}{4\pi}\int_0^{2\pi}\frac{1}{r^3}\mathrm{d}\theta\boldsymbol{e}_r$$

上式右边第二项中 $\boldsymbol{e}_r$ 是不断变化且对称的，沿圆环积分为 0，于是有

$$\boldsymbol{v}=\frac{\Gamma a^2}{4\pi}\int_0^{2\pi}\frac{1}{r^3}\mathrm{d}\theta\boldsymbol{e}_z=\frac{\Gamma}{2}\frac{a^2}{(a^2+z^2)^{3/2}}\boldsymbol{e}_z \tag{5-3-12}$$

式(5-3-12)显示感生速度有如下特点：

(1)如果 $\Gamma>0$，即涡环为逆时针方向，则 z 轴上任意一点的感生速度都沿着轴线正方向，速度大小随环量增加而增加；

(2)速度值是上下对称的；

(3)随圆周涡线的圆周半径 a 的增大，速度将减小；

(4)随距圆周涡线的距离(即 $|z|$)的减小，速度增大，在 $z=0$ 的圆心处速度达到极大值 $\dfrac{\Gamma}{2a}$。

适当变换后，式(5-3-11)可积分化为第一类和第二类完全椭圆积分，有表可查。

现定性分析具有相同对称轴的前后两个涡环，如图 5-8 所示，即位于 $z>0$ 处半径为 b 的圆环 b 和位于 $z=0$ 处半径为 a 的圆环 a，a 圆环涡线上一点 $(\rho,\theta,0)$ 和它关于原点的对称点 $(\rho,\pi+\theta,0)$ 对圆环 b 上一点 $P(x,0,z)$ 感生的速度分别如图中实线向量和虚线向量所示，显然合速度 $\boldsymbol{e}_r$ 方向的分量为离心方向，$\boldsymbol{e}_z$ 方向的分量为 z 轴负向。这样涡环 a 对涡环 b 感生的速度场使涡环 b 的半径不断增大，速度不断减小，同理，位于 $z>0$ 处的涡环 b 对圆环 a 上一点感生的速度场的 $\boldsymbol{e}_r$ 方向分量为向心方向，$\boldsymbol{e}_z$ 方向的分量为 z 轴正向，这样使涡环 a 的半径不断减小，速度不断增加，会追上前面涡环并穿越超过前面涡环，于是前后易位，涡环 a 在前，b 在后，如图 5-9 所示。然后后面的涡环 b 对前面涡环 a 感生的速度场使涡环 a 半径不断增大，前面的涡环 a 对后面涡环 b 感生的速度场使涡环 b 半径不断减小，这样，两涡环穿行的现象不断重复下去，直至能量耗散完。

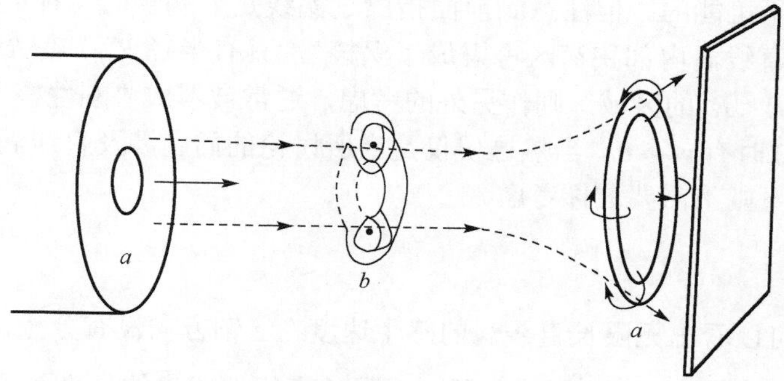

图 5-9　例 5-5 涡环追赶示意图

在研究涡量场感生速度场时，最简单然而也十分重要的是直涡线所感生的速度场，许多涡旋运动都可以认为是由直涡线组成的涡旋运动。

【例 5-6】 求直涡线感生的速度场。图 5-10 为与 z 轴平行的直涡线段，它的强度是 Γ，考虑和直涡线段垂直、距离为 h 的空间点 P 的速度(图 5-10)。图中 α_1 表示涡线起始点到 P 点的向量和涡线的夹角，α_2 表示涡线终止点到 P 点的向量和涡线的夹角，α 表示涡线上任意的一点到 P 点的向量和涡线的夹角。

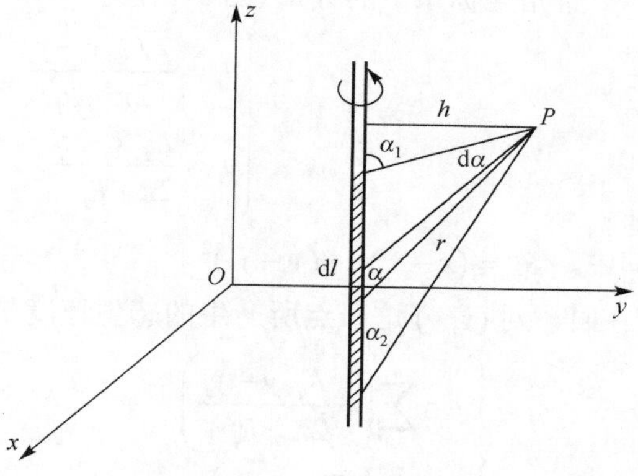

图 5-10　例 5-6 直涡线

解：由于 $\mathrm{d}\boldsymbol{l}=\mathrm{d}l\boldsymbol{e}_z, \boldsymbol{r}=r\boldsymbol{e}_r$，于是 $\mathrm{d}\boldsymbol{l}\times\boldsymbol{r}=r\mathrm{d}l\boldsymbol{e}_z\times\boldsymbol{e}_r=r\mathrm{d}l\sin\alpha\boldsymbol{e}_\theta$

其中
$$r=\frac{h}{\sin\alpha},\quad \mathrm{d}l=\frac{r\mathrm{d}\alpha}{\sin\alpha}=\frac{h\mathrm{d}\alpha}{\sin^2\alpha}$$

于是

$$\boldsymbol{v}=\frac{\Gamma}{4\pi}\int_l\frac{\mathrm{d}\boldsymbol{l}\times\boldsymbol{r}}{r^3}=\frac{\Gamma}{4\pi}\int_{\alpha_2}^{\alpha_1}\frac{\sin\alpha}{h}\mathrm{d}\alpha\boldsymbol{e}_\theta=\frac{\Gamma}{4\pi h}(\cos\alpha_2-\cos\alpha_1)\boldsymbol{e}_\theta \tag{5-3-13}$$

这就是直涡线段所感生的速度场。特别的，如果该直涡线是无限长的，$\alpha_1=\pi$，$\alpha_2=0$，则其感生的速度场为

$$\boldsymbol{v}=\frac{\Gamma}{4\pi h}(\cos\alpha_2-\cos\alpha_1)\boldsymbol{e}_\theta=\frac{\Gamma}{2\pi h}\boldsymbol{e}_\theta \tag{5-3-14}$$

速度与到直涡线的距离成反比，越靠近直涡线，涡旋旋转越快，当 $h\to 0$ 时，流速 $\boldsymbol{v}\to\infty$，这在物理上当然是不可能的。但注意到前面指出过涡线是细涡管的一种近似，为了克服所说的困难，一般可将直线涡内部狭窄区考虑成“涡核”，具有半径 R_0。在 $R\geqslant R_0$ 的区域，感生速度公式适用。在 $R<R_0$ 的区域，则作另外的考虑，通常被看成“刚性核”，即速度随 R 增大线性增加，当 $R\to 0$ 时有 $\boldsymbol{v}\to 0$，当然这仅仅是当所讨论的问题涉及直线涡本身结构时才这样考虑的，一般情况下则不需要这样考虑。

5.3.3　点涡

由式(5-3-14)可以看出无限长直线涡的感生速度在 z 轴方向没有分量，而且点到涡线的垂直距离 h 与 z 无关，即 $v_z=0$，$\dfrac{\partial}{\partial z}=0$，所以无限长直线涡感生的是平面流场，也就是说可以把无限长的直线涡看成平面上某一点强度为 Γ 的平面点涡，因此关于直线涡影响下流体的运动问题可以归结为在点涡影响下的流体的平面运动问题。

讨论 n 条平行直线涡的问题，即相当于讨论 n 个点涡所引起的平面流动问题。设第 i 个点涡的坐标为 (x_i, y_i)，涡强度是 Γ_i，对于流体中任一点 (x, y)，该点涡的感生速度是

$$\boldsymbol{v}=\frac{\Gamma}{2\pi h}\boldsymbol{e}_\theta$$

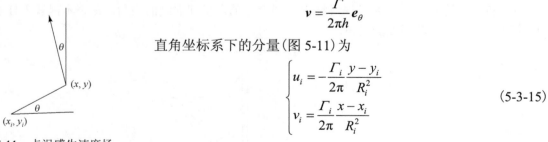

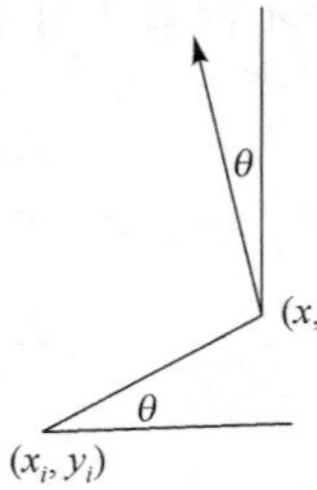

图 5-11　点涡感生速度场

直角坐标系下的分量(图 5-11)为

$$\begin{cases} u_i=-\dfrac{\Gamma_i}{2\pi}\dfrac{y-y_i}{R_i^2} \\ v_i=\dfrac{\Gamma_i}{2\pi}\dfrac{x-x_i}{R_i^2} \end{cases} \tag{5-3-15}$$

其中，$R_i^2=(x-x_i)^2+(y-y_i)^2$。

因此 n 个点涡同时存在时，对 (x, y) 这一点所产生的感生速度是

$$\begin{cases} u=\displaystyle\sum_{i=1}^{n}\left(-\frac{\Gamma_i}{2\pi}\frac{y-y_i}{R_i^2}\right) \\ v=\displaystyle\sum_{i=1}^{n}\left(\frac{\Gamma_i}{2\pi}\frac{x-x_i}{R_i^2}\right) \end{cases}$$

如果所考虑的点是 n 个点涡中第 j 个点涡所在的点，那么这第 j 个点涡不对自身产生感生速度，而其他 $n-1$ 个点涡将使第 j 个点涡产生运动，速度是

$$\begin{cases} u_j = \dfrac{\mathrm{d}x_j}{\mathrm{d}t} = \displaystyle\sum_{\substack{i=1\\ i\neq j}}^{n}\left(-\frac{\Gamma_i}{2\pi}\frac{y_j - y_i}{R_{ji}^2}\right) \\ v_j = \dfrac{\mathrm{d}y_j}{\mathrm{d}t} = \displaystyle\sum_{\substack{i=1\\ i\neq j}}^{n}\left(\frac{\Gamma_i}{2\pi}\frac{x_j - x_i}{R_{ji}^2}\right) \end{cases} \tag{5-3-16}$$

将式(5-3-16)的每个方程两边乘以 Γ_j 后对 j 求和，可以得到

$$\sum_{j=1}^{n}\Gamma_j\frac{\mathrm{d}x_j}{\mathrm{d}t} = \sum_{j=1}^{n}\sum_{\substack{i=1\\ i\neq j}}^{n}\left(-\frac{\Gamma_j\Gamma_i}{2\pi}\frac{y_j - y_i}{R_{ji}^2}\right) = \sum_{j=1}^{n}\sum_{i=1}^{n}\left(-\frac{\Gamma_j\Gamma_i}{2\pi}\frac{y_j - y_i}{R_{ji}^2}\right) - \sum_{j=1}^{n}\sum_{i=j}\left(-\frac{\Gamma_j\Gamma_i}{2\pi}\frac{y_j - y_i}{R_{ji}^2}\right) = 0$$

$$\sum_{j=1}^{n}\Gamma_j\frac{\mathrm{d}y_j}{\mathrm{d}t} = \sum_{j=1}^{n}\sum_{\substack{i=1\\ i\neq j}}^{n}\left(\frac{\Gamma_j\Gamma_i}{2\pi}\frac{x_j - x_i}{R_{ji}^2}\right) = 0$$

对 t 积分有

$$\sum_{j=1}^{n}\Gamma_j x_j = 常量, \qquad \sum_{j=1}^{n}\Gamma_j y_j = 常量$$

这 n 个点涡强度不变，则 $\sum\limits_{j=1}^{n}\Gamma_j$ 也不变，因此定义

$$\begin{cases} x_0 = \displaystyle\sum_{j=1}^{n}\Gamma_j x_j \Big/ \sum_{j=1}^{n}\Gamma_j = 常量 \\ y_0 = \displaystyle\sum_{j=1}^{n}\Gamma_j y_j \Big/ \sum_{j=1}^{n}\Gamma_j = 常量 \end{cases} \tag{5-3-17}$$

类似于质量惯性中心，(x_0, y_0) 称为这 n 个点涡的涡旋惯性中心。

涡对指在流场中存在一对点涡，即 $n=2$ 的情况。在自然界中存在涡对，如热带双台风、飞机两翼的尾涡等。下面导出有关的一些表达式，从中可以看到有关涡对的一些有趣的现象。

对于流场中任意点 (x, y)，涡对产生的感生速度是

$$\begin{cases} u = -\dfrac{\Gamma_1}{2\pi}\dfrac{y - y_1}{R_1^2} - \dfrac{\Gamma_2}{2\pi}\dfrac{y - y_2}{R_2^2} \\ v = \dfrac{\Gamma_1}{2\pi}\dfrac{x - x_1}{R_1^2} + \dfrac{\Gamma_2}{2\pi}\dfrac{x - x_2}{R_2^2} \end{cases} \tag{5-3-18}$$

涡对相互影响所产生的自身运动速度是

$$\begin{cases} u_1 = \dfrac{\mathrm{d}x_1}{\mathrm{d}t} = -\dfrac{\Gamma_2}{2\pi}\dfrac{y_1 - y_2}{R_{12}^2} \\ v_1 = \dfrac{\mathrm{d}y_1}{\mathrm{d}t} = \dfrac{\Gamma_2}{2\pi}\dfrac{x_1 - x_2}{R_{12}^2} \end{cases}, \qquad \begin{cases} u_2 = \dfrac{\mathrm{d}x_2}{\mathrm{d}t} = -\dfrac{\Gamma_1}{2\pi}\dfrac{y_2 - y_1}{R_{21}^2} \\ v_2 = \dfrac{\mathrm{d}y_2}{\mathrm{d}t} = \dfrac{\Gamma_1}{2\pi}\dfrac{x_2 - x_1}{R_{21}^2} \end{cases}$$

涡对的涡旋惯性中心是

$$x_0 = \frac{\Gamma_1 x_1 + \Gamma_2 x_2}{\Gamma_1 + \Gamma_2}, \qquad y_0 = \frac{\Gamma_1 y_1 + \Gamma_2 y_2}{\Gamma_1 + \Gamma_2} \tag{5-3-19}$$

显然，有

$$\frac{y_0 - y_1}{x_0 - x_1} = \frac{y_2 - y_1}{x_2 - x_1}$$

这说明了涡对的涡旋惯性中心在涡对两个点涡的连线上，并且有

$$\begin{cases} \dfrac{u_1}{v_1} = -\dfrac{y_2 - y_1}{x_2 - x_1} \\ \dfrac{u_2}{v_2} = -\dfrac{y_2 - y_1}{x_2 - x_1} \end{cases}$$

这说明两个点涡的运动速度垂直于其连线，同时也说明了涡对中的每个点涡跟涡旋惯性中心的距离保持不变(绕涡旋惯性中心的旋转运动)。

综合这几点，就知道涡对相互作用引起的自身运动是绕涡旋惯性中心的旋转运动，其旋转角速度 Ω 为

$$\Omega = \frac{v_1}{x_1 - x_0} = \frac{\dfrac{\Gamma_2}{2\pi}\dfrac{x_1 - x_2}{R_{12}^2}}{x_1 - \dfrac{\Gamma_1 x_1 + \Gamma_2 x_2}{\Gamma_1 + \Gamma_2}} = \frac{\Gamma_1 + \Gamma_2}{2\pi R_{12}^2} \tag{5-3-20}$$

Ω 与绝对值大的 Γ_i 同号，即涡对绕涡旋惯性中心转动的方向和强度大的那个点涡的转动方向相同。

【例 5-7】 考察特殊的涡对：强度相同均为 Γ，旋转方向相反的两个点涡所构成的涡对(图 5-12(a))。求此涡旋感生的速度场、流线方程。

解： 这两个点涡以相同的速度垂直于两点涡连线方向运动，运动速度是

$$U = \frac{\Gamma}{2\pi R_{12}}$$

此时涡旋惯性中心在无穷远处，旋转角速度为零。

它们的感生速度是

$$\begin{cases} u = \dfrac{\Gamma}{2\pi}\left(\dfrac{y - y_1}{R_1^2} - \dfrac{y - y_2}{R_2^2}\right) \\ v = \dfrac{\Gamma}{2\pi}\left(-\dfrac{x - x_1}{R_1^2} + \dfrac{x - x_2}{R_2^2}\right) \end{cases}$$

把这两个速度分量表达式代入流线方程：

$$\frac{u}{\mathrm{d}x}=\frac{v}{\mathrm{d}y}\quad\Rightarrow\quad\left(\frac{y-y_1}{R_1^2}-\frac{y-y_2}{R_2^2}\right)\mathrm{d}y=\left(-\frac{x-x_1}{R_1^2}+\frac{x-x_2}{R_2^2}\right)\mathrm{d}x$$

其中，$R_i^2=(x-x_i)^2+(y-y_i)^2$，积分得

$$\ln R_1^2-\ln R_2^2=-\ln R_1^2+\ln R_2^2+C\quad\Rightarrow\quad R_1/R_2=\text{常量}$$

即

$$(x-x_1)^2+(y-y_1)^2=C[(x-x_2)^2+(y-y_2)^2]$$

整理，得

$$(C-1)x^2-2(Cx_2-x_1)x+C{x_2}^2-{x_1}^2+(C-1)y^2-2(Cy_2-y_1)y+C{y_2}^2-{y_1}^2=0$$

$$\left(x-\frac{Cx_2-x_1}{C-1}\right)^2+\left(y-\frac{Cy_2-y_1}{C-1}\right)^2=\frac{C[(x_2-x_1)^2+(y_2-y_1)^2]}{(C-1)^2}$$

这表明感生流场的流线是对称于涡对连线中点的圆周族，C 取不同值，对应不同圆心和半径。

实验发现水流经过柱体时，会在柱体后面左右两侧分离出两列涡旋，它们两两间隔，旋转方向相反，涡旋间距不变(例 5-7 介绍的涡对)，这一现象称为“卡门涡街”，是由冯 · 卡门提出的。在新版《十万个为什么》力学板块的首页就介绍了卡门涡街(为什么风能吹垮塔科马海峡大桥？)。冯· 卡门一生有很多贡献，被誉为“空气动力学之父”，是钱学森的导师。在 1992 年匈牙利(冯· 卡门的祖国)发布纪念邮票时，背景图案就是卡门涡街。可见卡门涡街影响深远。2020 年 5 月 5 日，广州的虎门大桥桥面发生明显振动引起了国内的广泛关注，事后调查显示这一现象也和卡门涡街有关，但此次振动主要是影响舒适性的涡振，对桥梁结构不会产生大的影响。2021 年 5 月 19 日，深圳华强北赛格大厦发生晃动，后来调查称“桅杆风致涡激共振是直接原因”。为了降低大风吹动带来的振动，中国台北 101 大厦在 88～92 层挂了一个重达 660t 的金属球，上海中心大厦也装了 1000t 的“顶楼神针”阻尼器。

【例 5-8】 考察特殊的涡对：$\Gamma_1=-2\Gamma_2$ (图 5-12(b))，分析涡对相互影响所产生的自身运动规律。

解：涡对相互影响所产生的自身运动速度是

$$\begin{cases}u_1=\dfrac{\mathrm{d}x_1}{\mathrm{d}t}=-\dfrac{\Gamma_2}{2\pi}\dfrac{y_1-y_2}{R_{12}^2}\\[2ex] v_1=\dfrac{\mathrm{d}y_1}{\mathrm{d}t}=\dfrac{\Gamma_2}{2\pi}\dfrac{x_1-x_2}{R_{12}^2}\end{cases},\qquad\begin{cases}u_2=\dfrac{\mathrm{d}x_2}{\mathrm{d}t}=-\dfrac{\Gamma_1}{2\pi}\dfrac{y_2-y_1}{R_{21}^2}\\[2ex] v_2=\dfrac{\mathrm{d}y_2}{\mathrm{d}t}=\dfrac{\Gamma_1}{2\pi}\dfrac{x_2-x_1}{R_{21}^2}\end{cases}$$

取坐标 $y_1=y_2$，则 $R_{12}=x_1-x_2$，于是

$$\begin{cases}u_1=0\\ v_1=\dfrac{\Gamma_2}{2\pi R_{12}}\end{cases},\qquad\begin{cases}u_2=0\\ v_2=\dfrac{-\Gamma_1}{2\pi R_{12}}=\dfrac{2\Gamma_2}{2\pi R_{12}}\end{cases}$$

由于 $v_2 > v_1$，可见 Ω 的方向与 Γ_1 的方向相同(本题$|\Gamma_1| > |\Gamma_2|$，因此可以得出 Ω 的方向与 Γ_1 的方向相同)，运动类似于图 5-12(b)，此时旋转中心坐标为

$$x_0 = \frac{\Gamma_1 x_1 + \Gamma_2 x_2}{\Gamma_1 + \Gamma_2} = \frac{-2\Gamma_2 x_1 + \Gamma_2 x_2}{-\Gamma_2} = 2x_1 - x_2 = x_1 + (x_1 - x_2)$$

当 $x_1 < x_2$ 时，$x_1 + (x_1 - x_2) < x_1$，显然旋转中心靠近 x_1，当 $x_1 > x_2$ 时，$x_1 + (x_1 - x_2) > x_1$，旋转中心也靠近 x_1。

【例 5-9】 考察特殊的涡对：Γ_1、Γ_2 同号，分析涡对相互影响所产生的自身运动规律。

$$\Omega = \frac{\Gamma_1 + \Gamma_2}{2\pi R_{12}^2}$$

解： $x_0 = \dfrac{\Gamma_1 x_1 + \Gamma_2 x_2}{\Gamma_1 + \Gamma_2}$，位于 x_1 和 x_2 之间，运动如图 5-12(c)所示。

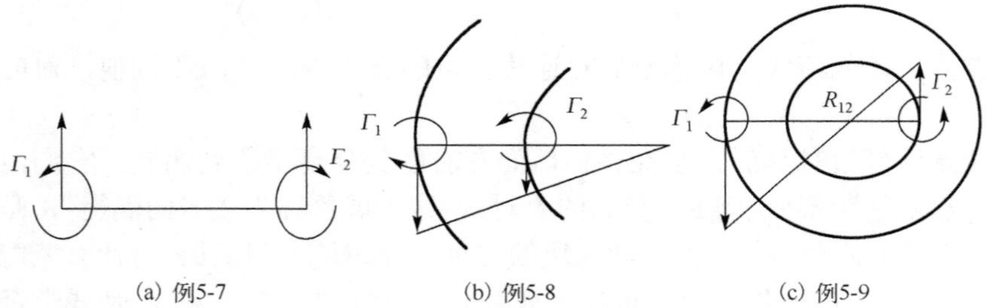

图 5-12　各种涡对

【例 5-10】 兰金组合涡(Rankine Vortex)速度分布如下，求速度、旋度和压强分布。

$$\begin{cases} \boldsymbol{v} = \omega r \boldsymbol{e}_\theta, & r \leqslant a \\ \boldsymbol{v} = \dfrac{\Gamma}{2\pi r}\boldsymbol{e}_\theta, & r \geqslant a \end{cases}$$

解： $r = a$ 处，有 $\omega a = \dfrac{\Gamma}{2\pi a}$，于是 $\Gamma = 2\pi\omega a^2$。

因此速度分布为

$$\begin{cases} \boldsymbol{v} = \omega r \boldsymbol{e}_\theta, & r \leqslant a \\ \boldsymbol{v} = \dfrac{\omega a^2}{r}\boldsymbol{e}_\theta, & r \geqslant a \end{cases}$$

旋度分布为

$$\nabla \times \boldsymbol{v} = \frac{1}{r}\begin{vmatrix} \boldsymbol{e}_r & r\boldsymbol{e}_\theta & \boldsymbol{e}_z \\ \dfrac{\partial}{\partial r} & \dfrac{\partial}{\partial \theta} & \dfrac{\partial}{\partial z} \\ 0 & r(r\omega) & 0 \end{vmatrix} = 2\omega \boldsymbol{e}_z, \quad r \leqslant a$$

$$\nabla \times \boldsymbol{v} = \frac{1}{r}\begin{vmatrix} \boldsymbol{e}_r & r\boldsymbol{e}_\theta & \boldsymbol{e}_z \\ \dfrac{\partial}{\partial r} & \dfrac{\partial}{\partial \theta} & \dfrac{\partial}{\partial z} \\ 0 & r\left(\dfrac{\omega a^2}{r}\right) & 0 \end{vmatrix} = 0, \quad r \geqslant a$$

$r \geqslant a$ 时，根据 Bernoulli 方程，有

$$p + \frac{\rho v^2}{2} = p_\infty + \frac{\rho {v_\infty}^2}{2}$$

于是

$$p = p_\infty - \frac{\rho v^2}{2} = p_\infty - \frac{\rho \omega^2 a^4}{2r^2}$$

圆柱上一点 $r = a$ 处，有

$$p = p_\infty - \frac{1}{2}\rho\omega^2 a^2 = p_\infty - \frac{\rho \Gamma^2}{8\pi^2 a^2}$$

$r \leqslant a$ 时，坐标系固定到旋转流体上，加速度 $\boldsymbol{a} = \boldsymbol{\omega} \times (\boldsymbol{\omega} \times \boldsymbol{r}) = -\omega^2 r\boldsymbol{e}_r$，运动相对静止，由静力平衡，有

$$-\nabla p - \rho \boldsymbol{a} = 0$$

即

$$\frac{\partial p}{\partial r} - \rho\omega^2 r = 0$$

关于 r 积分得

$$p - \frac{1}{2}\rho\omega^2 r^2 = \text{常数}$$

取圆柱上一点 $(r = a)$ 和圆柱内任一点，有

$$p - \frac{1}{2}\rho\omega^2 r^2 = p\big|_{r=a} - \frac{1}{2}\rho\omega^2 a^2 = p_\infty - \frac{1}{2}\rho\omega^2 a^2 - \frac{1}{2}\rho\omega^2 a^2$$

整理，得

$$p = p_\infty - \rho\omega^2 a^2 + \frac{1}{2}\rho\omega^2 r^2$$

于是压强分布如图 5-13 所示，有

$$\begin{cases} p = p_\infty - \rho\omega^2 a^2 + \dfrac{1}{2}\rho\omega^2 r^2, & r \leqslant a \\ p = p_\infty - \dfrac{\rho\omega^2 a^4}{2r^2}, & r \geqslant a \end{cases}$$

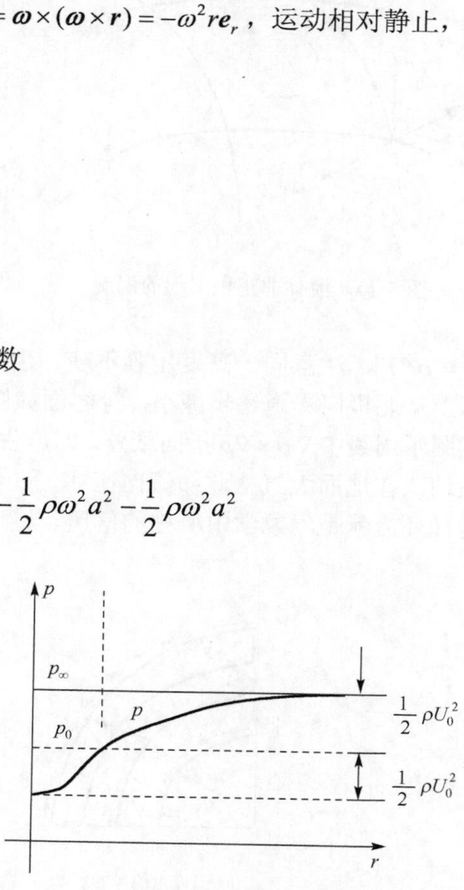

图 5-13　Rankine Vortex 的压强分布

5.4　涡旋运动的产生、扩散及衰减

由纳维-斯托克斯方程所导出的速度环量的随体导数公式(5-2-1)为

$$\frac{\mathrm{d}\Gamma}{\mathrm{d}t}=\oint\left[-\frac{1}{\rho}\nabla p+\boldsymbol{f}+\nu\nabla^2\boldsymbol{v}+\frac{\nu}{3}\nabla(\nabla\cdot\boldsymbol{v})\right]\cdot\mathrm{d}\boldsymbol{l}$$

显然，流体非正压、体积力和黏性是影响速度环量随体变化的三个因素，下面分别进行分析。

5.4.1　流体非正压的影响

设流体无黏性（$\nu=0$）且体积力有势（$\boldsymbol{f}=\nabla\Psi$），则式(5-2-1)成为

$$\frac{\mathrm{d}\Gamma}{\mathrm{d}t}=\oint\left(-\frac{1}{\rho}\nabla p\right)\cdot\mathrm{d}\boldsymbol{l}=\iint\frac{1}{\rho^2}\nabla\rho\times\nabla p\cdot\boldsymbol{n}\mathrm{d}S \tag{5-4-1}$$

当流体非正压时，$\nabla\rho\times\nabla p\neq 0$，产生如图 5-14 所示的涡。

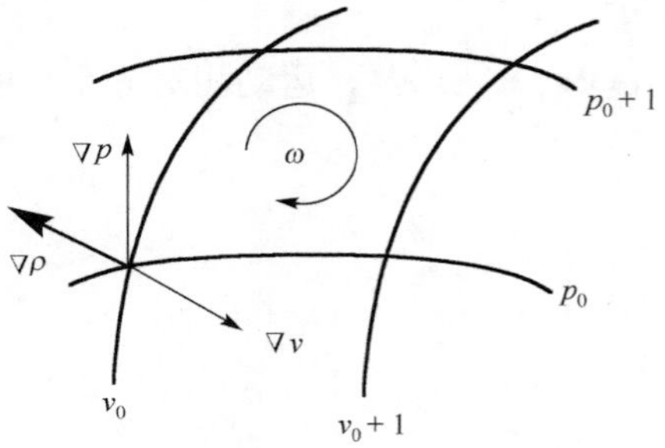

图 5-14　流体非正压引起的涡旋

【例 5-11】 信风的形成：利用涡旋运动理论分析北半球信风的形成。

考虑环绕地球的大气层，该大气满足状态方程 $p=\rho RT$。假定地球是圆球，在高度相同的地方压强相同，因而大气的等压面是以地心为中心的球面(图 5-15(a)中实线)。另外，由于太阳对地面照射强度的不同，在同一高度上赤道比北极温度高，因此沿球面从北极向赤道温度逐步升高。根据气体状态方程 $p=\rho RT$，注意同一高度压强不变，因而比容在球面上从北极向赤道逐步增大，即密度在球面上从北极向赤道逐步减小，等容面如图 5-15(a)中虚线所示，自赤道向北极向上倾斜，因此在图示周线中 $\nabla\rho\times\nabla p$ 指向纸外，即产生逆时针旋转的涡，从而大气产生图中箭头所示的涡旋运动：在地面大气从北纬流向南纬，在赤道上升，再在上层流回北纬，在北极下降到地面。这种环流就是气象学中所称的信风。

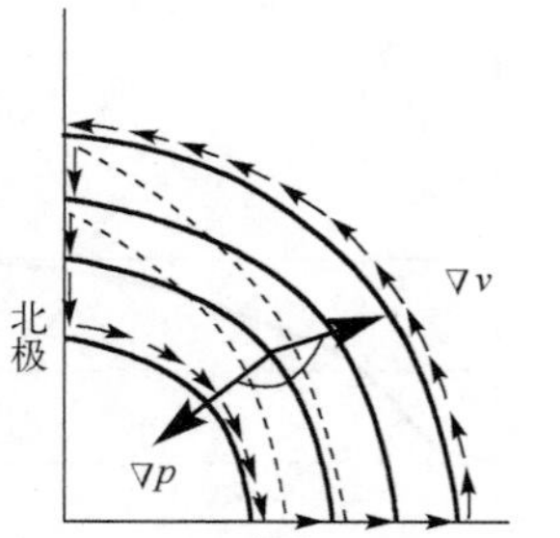

(a) 温度对信风的影响

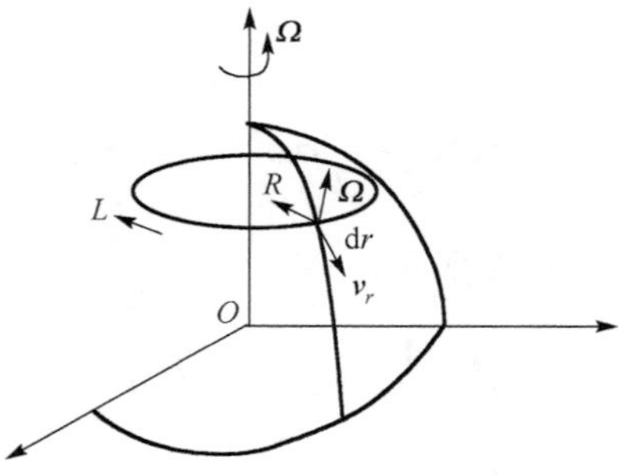

(b) 地球自转对信风的影响

图 5-15　例 5-11 信风的形成示意图

5.4.2　地球自转的影响

对于非惯性系，绝对速度 $\boldsymbol{v}=\boldsymbol{v}_r+\boldsymbol{v}_0+\boldsymbol{\Omega}\times\boldsymbol{r}$，于是

$$\frac{\mathrm{d}\boldsymbol{v}}{\mathrm{d}t}=\frac{\mathrm{d}\boldsymbol{v}_r}{\mathrm{d}t}+\frac{\mathrm{d}\boldsymbol{v}_0}{\mathrm{d}t}+\frac{\mathrm{d}\boldsymbol{\Omega}}{\mathrm{d}t}\times\boldsymbol{r}+\boldsymbol{\Omega}\times(\boldsymbol{\Omega}\times\boldsymbol{r})+2\boldsymbol{\Omega}\times\boldsymbol{v}_r$$

以地球自转为例，在固连在地球上的运动坐标系中，$\boldsymbol{v}_0=0$，$\dfrac{\mathrm{d}\boldsymbol{\Omega}}{\mathrm{d}t}=0$，$\boldsymbol{\Omega}\times(\boldsymbol{\Omega}\times\boldsymbol{r})=\nabla\left(-\dfrac{\Omega^2r^2}{2}\right)$，当 $\mu=0$ 时，相对运动速度 $\boldsymbol{v}_r$ 的方程为

$$\rho\frac{\mathrm{d}\boldsymbol{v}_r}{\mathrm{d}t}=\rho\left[\frac{\partial\boldsymbol{v}_r}{\partial t}+(\boldsymbol{v}_r\cdot\nabla)\boldsymbol{v}_r\right]=\rho\boldsymbol{g}-\nabla p+\rho\left[\nabla\left(\frac{\Omega^2r^2}{2}\right)-2\boldsymbol{\Omega}\times\boldsymbol{v}_r\right]\tag{5-4-2}$$

对方程(5-4-2)，取环量，有

$$\frac{\mathrm{d}\Gamma}{\mathrm{d}t}=\oint\frac{\mathrm{d}\boldsymbol{v}_r}{\mathrm{d}t}\cdot\mathrm{d}\boldsymbol{l}=-\oint\frac{1}{\rho}\mathrm{d}p-2\oint\boldsymbol{\Omega}\times\boldsymbol{v}_r\cdot\mathrm{d}\boldsymbol{l}\tag{5-4-3}$$

例 5-11 已说明过式(5-4-3)右边第一项的存在将产生信风，第二项是科里奥利力(简称科氏力)对环量变化的影响。如图 5-15(b)所示，取地球纬线构成的环路 L：以地球自转轴上某点为圆心，球面上随地球自转所形成的圆周，令逆时针为正向。由于信风，圆周上每一点有自北到南的速度，于是 $\boldsymbol{\Omega}\times\boldsymbol{v}_r\cdot\mathrm{d}\boldsymbol{l}>0$。因此式(5-4-3)第二项的存在使 $\dfrac{\mathrm{d}\Gamma}{\mathrm{d}t}$ 减少，产生了顺时针方向由东向西的风，因此，信风不是严格由北向南吹，而是自东北向西南吹。

方程(5-4-2)显示，地球自转对运动的影响本质在于科氏力 $2\rho\boldsymbol{\Omega}\times\boldsymbol{v}_r$。设旋转流体运动的特征长度和速度分别是 L 和 U，旋转角速度为 Ω，因此，方程(5-4-2)中惯性力 $|(\boldsymbol{v}_r\cdot\nabla)\boldsymbol{v}_r|$ 的量级是 $\dfrac{U^2}{L}$，科氏力 $|\boldsymbol{\Omega}\times\boldsymbol{v}_r|$ 的量级是 ΩU。

定义无量纲罗斯比数 $R_0=\dfrac{\text{惯性力量级}}{\text{科氏力量级}}$，于是有

$$R_0\text{ 的量级为 }\frac{U^2/L}{\Omega U}\text{，即 }\frac{U}{\Omega L}\tag{5-4-4}$$

R_0 是衡量科氏力效应，即旋转效应的重要参数。当 $R_0\gg 1$ 时，可以不考虑旋转效应；当 $R_0\ll 1$ 时，旋转效应对流体运动有决定意义。

【例 5-12】 地转运动影响下地转风的形成。

考虑固连在地球上的运动坐标系，地球表面大气和海洋这样大尺度运动的特征量 L 的量级为 $10^6\mathrm{m}$，U 的量级为 $10\mathrm{m/s}$，地球角速度 Ω 的量级为 $7\times10^{-5}\mathrm{s}^{-1}$，所以罗斯比数 $R_0=\dfrac{U}{\Omega L}\approx\dfrac{1}{7}\approx 0.1$ 很小，可以考虑将惯性力全部略去，称这样的运动为地转运动。在非定常效应 $\dfrac{\partial}{\partial t}$ 不大时，式(5-4-2)化简为

$$\nabla\left(gz-\frac{\Omega^2R^2}{2}\right)+2(\Omega\times\boldsymbol{v}_r)+\frac{1}{\rho}\nabla p=0 \tag{5-4-5}$$

如图 5-16(a)所示，将地球自转的角速度在当地局部直角坐标系下分解，有

$$\boldsymbol{\Omega}=\Omega\cos\theta\boldsymbol{j}+\Omega\sin\theta\boldsymbol{k}$$

地球表面的运动用局部坐标表示为

$$\boldsymbol{v}_r=u\boldsymbol{i}+v\boldsymbol{j}+w\boldsymbol{k}$$

式(5-4-5)第一项中离心力项 $\frac{\Omega^2R^2}{2}$ 要比重力项 gz 小得多，可以略去，这样式(5-4-5)展开为

$$\frac{\partial p}{\partial x}=2\rho\Omega\sin\theta v-2\rho\Omega\cos\theta w \tag{5-4-6a}$$

$$\frac{\partial p}{\partial y}=-2\rho\Omega\sin\theta u \tag{5-4-6b}$$

$$\frac{\partial p}{\partial z}=-\rho g+2\rho\Omega\cos\theta u \tag{5-4-6c}$$

对于地球表面大气和海洋这样的大尺度运动，w 相对于 u、v 是个小量，可近似为零，并且 $\Omega u\ll g$，因而式(5-4-6)可简化为

$$\frac{\partial p}{\partial x}=2\rho\Omega\sin\theta v \tag{5-4-7a}$$

$$\frac{\partial p}{\partial y}=-2\rho\Omega\sin\theta u \tag{5-4-7b}$$

$$\frac{\partial p}{\partial z}=-\rho g \tag{5-4-7c}$$

联立式(5-4-7a)和式(5-4-7b)，相当于在 xy 平面内满足

$$\nabla_{xy}p=\frac{\partial p}{\partial x}\boldsymbol{i}+\frac{\partial p}{\partial y}\boldsymbol{j}=-2\rho\Omega\sin\theta\boldsymbol{k}\times\boldsymbol{v}_r \tag{5-4-8}$$

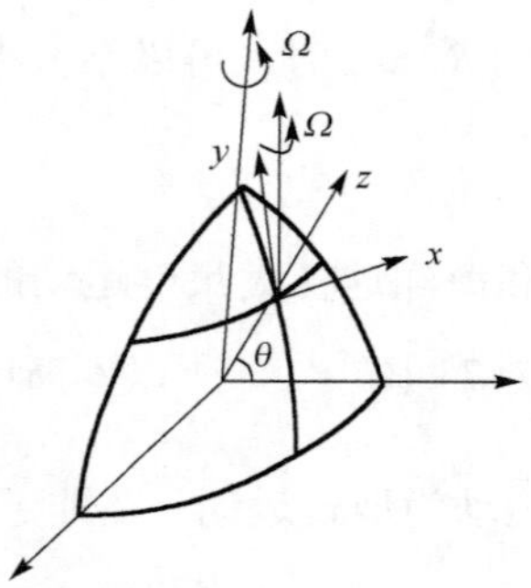

(a) 地球自转示意图

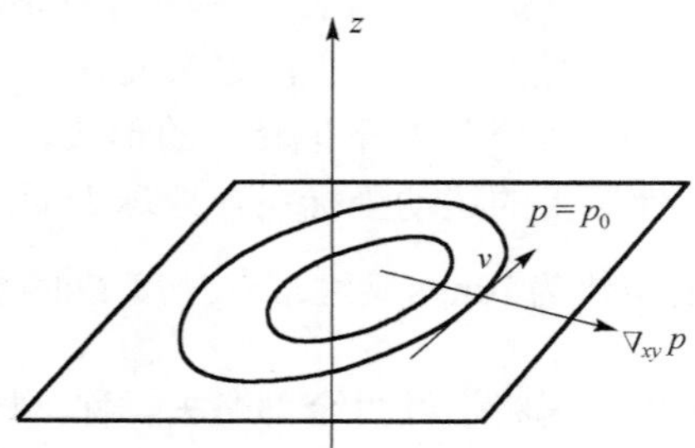

(b) 地转风的形成

图 5-16　例 5-12 地转运动

分析式(5-4-8)，如图 5-16(b)所示，当存在逆时针的运动(由西向东)时，$\nabla_{xy}p$ 方向离心，即气压中间低，两边高，逆时针的流线包围一个低压气旋；当存在顺时针的运动(由东向西)时，$\nabla_{xy}p$ 方向向心，即气压中间高，两边低，顺时针的流线包围一个高压气旋。可以发现：当气压梯度方向变化时，风向也改变。

5.4.3　黏性的影响

对于涡旋方程(5-1-8)，设流体是不可压缩和有黏性的，运动黏性系数 $\nu=\dfrac{\mu}{\rho}$ 为常数，同时体积力有势。于是有

$$\frac{\partial \boldsymbol{\omega}}{\partial t}+\boldsymbol{v}\cdot\nabla\boldsymbol{\omega}=(\boldsymbol{\omega}\cdot\nabla)\boldsymbol{v}+\nu\nabla^2\boldsymbol{\omega} \tag{5-4-9}$$

【例 5-13】 奥辛(Oseen)涡(图 5-17)：直涡线在黏性流体中的扩散和衰减。

在无界黏性流体中存在一个强度为 Γ_0 的无限长直线涡管，因流体的流动，通常可以用无旋的无限长细柱体来供给涡源，使流动维持下去。可以证明这样的流动是无旋的(见例 5-10 兰金组合涡)。假定自某个时刻(如 $t=0$)起，外加涡源突然中断，从而使流场的流动发生变化，涡旋将逐步扩散并衰减。

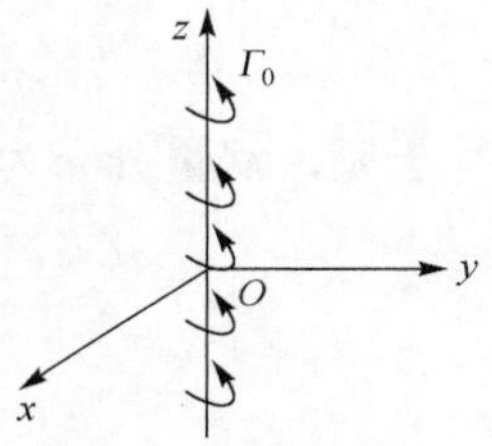

图 5-17　例 5-13 奥辛涡

由于流场无穷大，涡管很细，并且不考虑涡管内的流动，因此常常可把它看成一根涡线，在截面的平面上则可以看成一个点涡，满足二维平面流动条件。

根据题意，有

$$\boldsymbol{\omega}=\omega_z(r)\boldsymbol{k}\,,\qquad \boldsymbol{v}=v_\theta(r)\boldsymbol{e}_\theta\,,\qquad \frac{\partial}{\partial\theta}=0$$

于是

$$\boldsymbol{v}\cdot\nabla\boldsymbol{\omega}=v_\theta\frac{\partial\boldsymbol{\omega}}{\partial\theta}=0$$

$$\boldsymbol{\omega}\cdot\nabla\boldsymbol{v}=\omega_r\frac{\partial\boldsymbol{v}}{\partial r}=0$$

方程(5-4-9)成为

$$\frac{\partial\boldsymbol{\omega}}{\partial t}=\nu\nabla^2\boldsymbol{\omega}$$

记 $\omega=\omega_z(r)$，在柱坐标系下有

$$\frac{\partial\omega}{\partial t}=\nu\nabla^2\omega=\frac{\nu}{r}\frac{\partial}{\partial r}\left(r\frac{\partial\omega}{\partial r}\right) \tag{5-4-10}$$

初始条件：$t=0,\ r>0,\ \omega=0$；边界条件：$t\geqslant 0,\ r\to\infty,\ \omega=0$。

方程(5-4-10)是抛物线方程，在以上初始条件和边界条件下，有解：

$$\omega = \frac{A}{t}\exp\left(-\frac{r^2}{4\nu t}\right) \tag{5-4-11}$$

此外，在 $t=0$ 时，绕包含该涡线的任一封闭曲线的速度环量是 $\Gamma = \Gamma_0$。由

$$\Gamma = \oint \boldsymbol{v}\cdot \mathrm{d}\boldsymbol{l} = \iint \omega \mathrm{d}s = \int_0^r \omega 2\pi r \mathrm{d}r = \frac{\pi A}{t}\int_0^r \exp\left(-\frac{r^2}{4\nu t}\right)\mathrm{d}r^2 = 4\pi\nu A\left[1-\exp\left(-\frac{r^2}{4\nu t}\right)\right]$$

得出

$$\Gamma_0 = 4\pi\nu A\left[1-\exp\left(-\frac{r^2}{4\nu t}\right)\right]\Bigg|_{t=0} = 4\pi\nu A$$

解得

$$A = \frac{\Gamma_0}{4\pi\nu}$$

于是，涡量分布为

$$\omega = \frac{\Gamma_0}{4\pi\nu t}\exp\left(-\frac{r^2}{4\nu t}\right) \tag{5-4-12}$$

速度分布是

$$\boldsymbol{v} = v_\theta \boldsymbol{e}_\theta = \frac{\Gamma}{2\pi r} = \frac{\Gamma_0}{2\pi r}\left[1-\exp\left(-\frac{r^2}{4\nu t}\right)\right]\boldsymbol{e}_\theta \tag{5-4-13}$$

如图 5-18(a)所示，在初始时刻 $t=0$，流场中($r>0$)各处的涡量为零，任何 $t>0$ 时刻，流场立即产生涡旋，涡旋随 r 的增大而减少。本例的情况是 C. W. 奥辛于 1912 年提出的，所以称为奥辛涡，也称为兰姆涡。

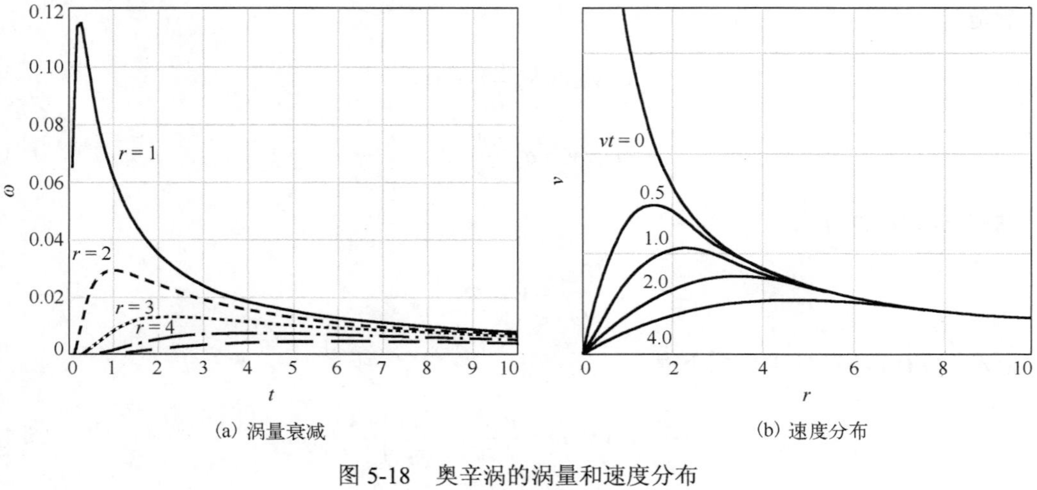

图 5-18　奥辛涡的涡量和速度分布

分析速度场(5-4-13)，当 $r \gg 4\nu t$ 时，有

$$v_\theta = \frac{\Gamma_0}{2\pi r}\left[1-\exp\left(-\frac{r^2}{4\nu t}\right)\right] \rightarrow \frac{\Gamma_0}{2\pi r} \tag{5-4-14}$$

相当于点涡，当 $r \ll 4\nu t$ 时，因为 $e^x \doteq 1 + x + \frac{x^2}{2} + \cdots$，有

$$v_\theta = \frac{\Gamma_0}{2\pi r}\left[1-\exp\left(-\frac{r^2}{4\nu t}\right)\right] \rightarrow \frac{\Gamma_0}{8\pi \nu t} r \tag{5-4-15}$$

式(5-4-14)和式(5-4-15)显示，奥辛涡提供了非定常的外部流动和尺度(涡核半径 a)量级为 $\sqrt{4\nu t}$ 的 Rankine 涡。速度分布如图 5-18(b)所示。

【例 5-14】 平板在黏性流体中启动引起的涡量扩散(Stokes 第一问题)。

在黏性不可压缩流体中有一块很大的平板，原来是静止的，从某一时刻起，平板突然启动以速度 U_0 在自身平面内运动，从而带动周围的流体运动。我们知道，黏性流动有一个重要的性质：流体质点黏附在刚壁上和刚壁一起运动。在刚开始时刻，平板上的流体质点已运动，而附近质点尚未运动，因此在近平板的薄层流体中产生了速度梯度，形成了漩涡层。稍后，由于黏性作用，稍远的流体质点也将运动，速度梯度层即涡层将扩散。这个过程继续下去，涡旋就将扩散到全流场。该平板沿 x 轴安置，这是一个平面问题。

速度分布：$\boldsymbol{v} = u(y,t)\boldsymbol{i}$

涡量场：$\boldsymbol{\omega} = \nabla \times \boldsymbol{v} = \begin{vmatrix} \boldsymbol{i} & \boldsymbol{j} & \boldsymbol{k} \\ \dfrac{\partial}{\partial x} & \dfrac{\partial}{\partial y} & \dfrac{\partial}{\partial z} \\ u(y,t) & 0 & 0 \end{vmatrix} = -\dfrac{\partial u}{\partial y}\boldsymbol{k} \quad \Rightarrow \quad \boldsymbol{\omega} = \omega(y,t)\boldsymbol{k}$

方程(5-4-9)化简为

$$\frac{\partial \boldsymbol{\omega}}{\partial t} = \nu \nabla^2 \boldsymbol{\omega} = \nu \frac{\partial^2 \boldsymbol{\omega}}{\partial y^2} \tag{5-4-16}$$

将 $\boldsymbol{\omega} = -\dfrac{\partial u}{\partial y}\boldsymbol{k}$ 代入式(5-4-16)，有

$$\frac{\partial \boldsymbol{\omega}}{\partial t} = \frac{\partial\left(-\dfrac{\partial u}{\partial y}\right)}{\partial t}\boldsymbol{k} = \nu \frac{\partial^2 \boldsymbol{\omega}}{\partial y^2} = \nu \frac{\partial^2\left(-\dfrac{\partial u}{\partial y}\right)}{\partial y^2}\boldsymbol{k}$$

即

$$\frac{\partial\left(\dfrac{\partial u}{\partial t} - \nu \dfrac{\partial^2 u}{\partial y^2}\right)}{\partial y} = 0$$

因此，可设速度场关系式：

$$\frac{\partial u}{\partial t} = \nu \frac{\partial^2 u}{\partial y^2} \tag{5-4-17}$$

满足方程(5-4-16)。

定义无量纲自变量 $\eta=\dfrac{y}{2\sqrt{\nu t}}$，无量纲速度 $u^*=\dfrac{u}{U_0}=f(\eta)$，于是等式(5-4-17)

左边项：
$$\frac{\partial u}{\partial t}=\frac{\partial[U_0 f(\eta)]}{\partial t}=U_0 f'\frac{\partial\eta}{\partial t}=-\frac{U_0 y}{4t\sqrt{\nu t}}f'$$

右边项：
$$\nu\frac{\partial^2 u}{\partial y^2}=\nu U_0\frac{\partial}{\partial y}\left(f'\frac{\partial\eta}{\partial y}\right)=\nu U_0\frac{\partial}{\partial y}\left(\frac{1}{2\sqrt{\nu t}}f'\right)=\frac{\nu U_0}{2\sqrt{\nu t}}\left(f''\frac{\partial\eta}{\partial y}\right)=\frac{\nu U_0}{4\nu t}f''$$

即有

$$-\frac{U_0 y}{4t\sqrt{\nu t}}f'=\frac{\nu U_0}{4\nu t}f''$$

整理，得常微分方程：

$$f''+\frac{y}{\sqrt{\nu t}}f'=f''+2\eta f'=0 \tag{5-4-18}$$

由式(5-4-18)，有

$$\frac{\mathrm{d}f'}{\mathrm{d}\eta}=-2\eta f'$$

解得

$$f'=C\exp(-\eta^2)$$

于是

$$f=\int_0^{\eta}C\exp(-\eta^2)\mathrm{d}\eta+C_1 \tag{5-4-19}$$

边界条件 $\begin{cases}u=U_0, & y=0,t>0\\ u=0, & y\to\infty,t>0\end{cases}$，相应的，有

$$\begin{cases}f(0)=1\\ f(\infty)=0\end{cases} \tag{5-4-20}$$

代入式(5-4-19)，解得

$$f=1-\frac{2}{\sqrt{\pi}}\int_0^{\eta}\exp(-\eta^2)\mathrm{d}\eta$$

图 5-19 显示了 f 关于 η 的曲线，于是，实际变量(有量纲量)为

$$u=U_0 f=U_0\left[1-\frac{2}{\sqrt{\pi}}\int_0^{\eta}\exp(-\eta^2)\mathrm{d}\eta\right] \tag{5-4-21}$$

$$\omega=-\frac{\partial u}{\partial y}=\frac{U_0}{\sqrt{\pi\nu t}}\exp\left(-\frac{y^2}{4\nu t}\right) \tag{5-4-22}$$

显然，固定时间 t，速度 u 随 y 是递减的。如果在流场内划出一条线，在这条线上 $\dfrac{u}{U_0}=0.01$，

在这条线的下侧(平板一边)，$\frac{u}{U_0}>0.01$，流体受黏性影响运动，此区域内存在涡量。在这条线的上侧，$\frac{u}{U_0}<0.01$，可以认为流体几乎未受影响而处于静止状态。通过计算得

$$\frac{u}{U_0}=0.01=1-\frac{2}{\sqrt{\pi}}\int_0^{\eta}\exp(-\eta^2)\mathrm{d}\eta$$

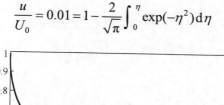

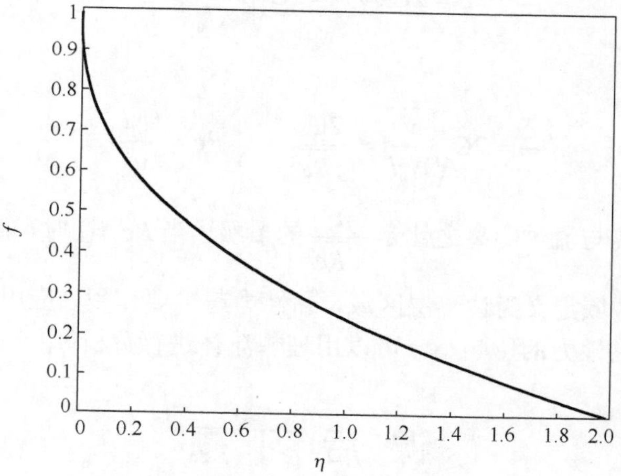

图 5-19　例 5-14 平板突然启动时的速度分布

令 $\eta=\frac{x}{\sqrt{2}}$，于是

$$\frac{2}{\sqrt{\pi}}\int_0^{\eta}\exp(-\eta^2)\mathrm{d}\eta=\frac{2}{\sqrt{2\pi}}\int_0^{\frac{x}{\sqrt{2}}}\exp\left(-\frac{x^2}{2}\right)\mathrm{d}x=1-0.01=0.99$$

$$\int_{-\infty}^{\frac{x}{\sqrt{2}}}\frac{\exp\left(-\frac{x^2}{2}\right)}{\sqrt{2\pi}}\mathrm{d}x=\int_{-\infty}^{0}\frac{\exp\left(-\frac{x^2}{2}\right)}{\sqrt{2\pi}}\mathrm{d}x+\int_0^{\frac{x}{\sqrt{2}}}\frac{\exp\left(-\frac{x^2}{2}\right)}{\sqrt{2\pi}}\mathrm{d}x=0.5+\frac{0.99}{2}=0.995$$

查正态分布表，0.995 对应的值为 2.58，即 $\frac{x}{\sqrt{2}}=2.58$，令 $C=2.58$，于是

$$\eta=\frac{y}{2\sqrt{\nu t}}=\frac{x}{\sqrt{2}}=C$$

记相应的 y 值为 δ，即 $\delta=2C\sqrt{\nu t}$，显然涡旋区是扩散的，扩散的速度是

$$\frac{\mathrm{d}\delta}{\mathrm{d}t}=\frac{\mathrm{d}}{\mathrm{d}t}(2C\sqrt{\nu t})=C\sqrt{\frac{\nu}{t}} \tag{5-4-23}$$

式(5-4-23)说明涡旋区随时间推进是向外扩散的，扩散速度是 $C\sqrt{\frac{\nu}{t}}$，说明在开始的瞬间非常快，随后逐渐减慢。

下面分析涡旋扩散的量级。

均匀来流流过距离 l 所需时间为

$$T=\frac{l}{U_0}$$

对应的涡旋扩散距离为

$$\delta=2C\sqrt{\nu T}=2C\sqrt{\nu\frac{l}{U_0}}$$

于是

$$\frac{\delta}{l}=2C\sqrt{\frac{\nu}{U_0 l}}=\frac{2C}{\sqrt{Re}}, \qquad Re=\frac{U_0 l}{\nu}$$

说明涡旋扩散距离与流过距离之比是 $\frac{1}{\sqrt{Re}}$ 的量级，当 $Re\gg 1$ 时，涡旋主要集中在离板面很近的区域，这部分区域定义为边界层区域，黏性力起主要作用，应用边界层理论进行分析，在远离边界层区域，黏性力的影响小，可以用理想流体进行分析。

课 后 习 题

5.1　求下列流场的涡量场和涡线。

(1) $\boldsymbol{v}=xyz\boldsymbol{r}, \quad \boldsymbol{r}=x\boldsymbol{i}+y\boldsymbol{j}+z\boldsymbol{k}$；(2) $u=y+2z, \quad v=z+2x, \quad w=x+2y$。

5.2　已知流体通过漏斗时旋转的速度分量是

$$0\leqslant r\leqslant a: v_r=0, \quad v_\theta=\frac{1}{2}\Omega r, \quad v_z=0$$

$$r\geqslant a: v_r=0, \quad v_\theta=\frac{1}{2}\Omega\frac{a^2}{r}, \quad v_z=0$$

其中，Ω 为旋转角速度，是一常数。试求涡量并判断有旋及无旋区域。

5.3　无黏不可压缩的均质流体在质量力有势条件下做平面运动，证明

$$\frac{\partial\omega^2}{\partial t}+\nabla\cdot(\omega^2 v)=0$$

5.4　如题 5.4 图所示，放置 4 个与 z 轴平行的无限直线涡：在 $A_1(r,\theta)$ 处强度是 Γ，在 $A_2(r,\pi-\theta)$ 处强度是 $-\Gamma$，在 $A_3(r,\pi+\theta)$ 处强度是 Γ，在 $A_4(r,2\pi-\theta)$ 处强度是 $-\Gamma$。求 A_1 处涡运动的轨迹。

5.5　如题 5.5 图所示，在原静止的不可压缩无界流场中，在 $z=0$ 平面上放置一强度为 Γ 的 Π 形涡线。求 $z=0$ 平面上 Π 形涡线所围区域的速度场。

5.6　如题 5.6 图所示，不可压缩无界流场中有一对强度为 Γ 的直线涡，方向相反，分别放在 $(0, h)$ 与 $(0, -h)$ 点上，无穷处有一股均匀来流 v_∞，使这两个涡线停留不动，求 v_∞ 及对应的流线方程。

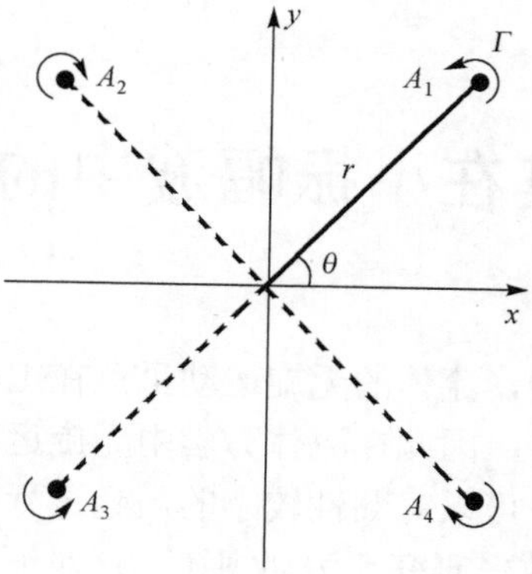

题 5.4 图

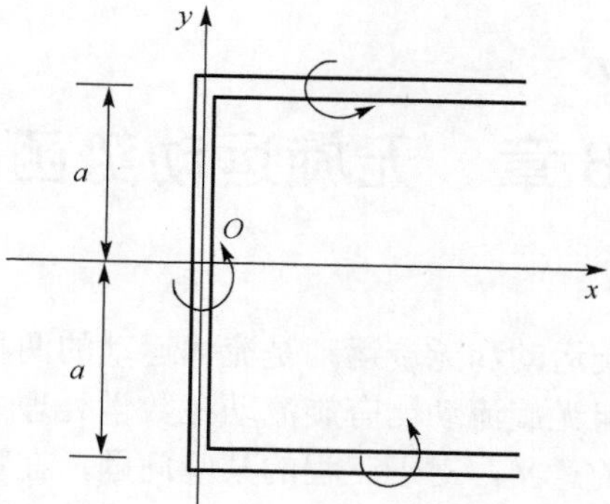

题 5.5 图

5.7　如图 5.7 图所示，无黏不可压缩的流体中沿 x 轴放置一无限长平板，其上方 h 处有一强度为 Γ 的直线涡，在无穷处有一压强为 p_0、速度为 v_0 且与平板平行的均匀来流。若平板下背面所受压强为 p_0，求单位长平板上所受总的力。

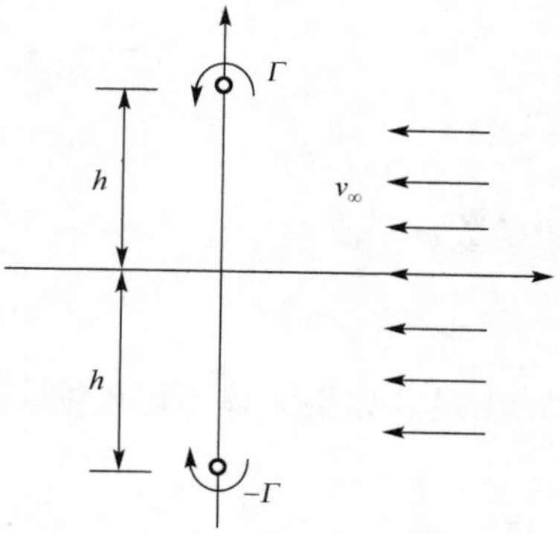

题 5.6 图

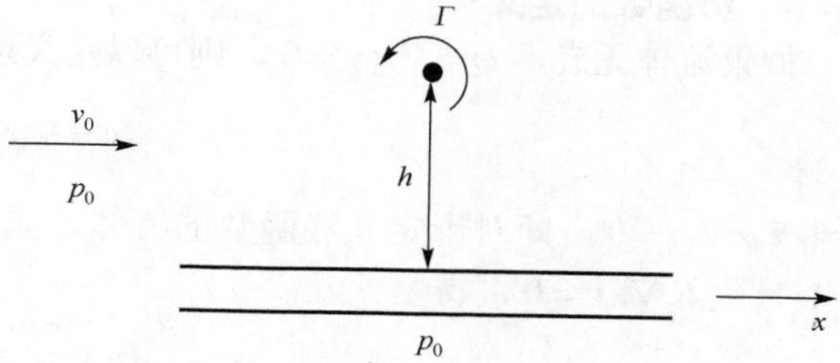

题 5.7 图

5.8　分析南半球信风的形成(考虑流体非正压和地球自转的影响)。

5.9　无黏不可压缩流体的平面运动中，若质量力有势，流体正压，证明：沿质点运动轨迹有 $\dfrac{\mathrm{d}\omega}{\mathrm{d}t}=0$。

5.10　对于奥辛涡，设想一个中心在 z 轴的圆向外膨胀，以致它包围的涡通量不变，确定圆的面积随时间的变化规律 $S(t)$。

第 6 章　无旋运动势函数及其在小振幅波中的应用

有旋运动和无旋运动是流体运动的两种基本类型，流体的无旋运动虽然在工程上出现得较少，但无旋流动比有旋流动在数学处理上简单得多，因此在流体力学中无旋运动的研究具有重大的意义，对于工程的某些问题，在特定条件下可以对黏性较小的问题进行无旋处理，根据第 4 章知识(4.1.2 节)，可以通过定义速度势函数去研究其运动规律，这对解决实际问题具有重要价值。本章就应用流体的势函数理论来研究简单的波浪运动。

6.1　势　函　数

6.1.1　势函数的定义及无旋运动的性质

1. 势函数的定义

如果流体无旋，$\boldsymbol{\omega}=\nabla\times\boldsymbol{v}=0$，则可以定义速度的势函数$\varphi$，使

$$\boldsymbol{v}=\nabla\varphi \tag{6-1-1}$$

显然$\nabla\times\nabla\varphi=0$，即对于定义势函数的流体，无旋性自动满足。如果流体不可压缩，将方程(6-1-1)代入$\nabla\cdot\boldsymbol{v}=0$，得

$$\nabla\cdot\boldsymbol{v}=\nabla\cdot\nabla\varphi=\nabla^2\varphi=0 \tag{6-1-2}$$

直角坐标系下有

$$\nabla^2\varphi=\frac{\partial^2\varphi}{\partial x^2}+\frac{\partial^2\varphi}{\partial y^2}+\frac{\partial^2\varphi}{\partial z^2}=0 \tag{6-1-3}$$

如果是平面运动，则

$$\nabla^2\varphi=\frac{\partial^2\varphi}{\partial x^2}+\frac{\partial^2\varphi}{\partial y^2}=0$$

任一固定时刻t_0，$\mathrm{d}\varphi=\dfrac{\partial\varphi}{\partial x}\mathrm{d}x+\dfrac{\partial\varphi}{\partial y}\mathrm{d}y+\dfrac{\partial\varphi}{\partial z}\mathrm{d}z$，于是

$$\boldsymbol{v}\cdot\mathrm{d}\boldsymbol{l}=\nabla\varphi\cdot\mathrm{d}\boldsymbol{l}=\mathrm{d}\varphi$$

因此

$$\varphi(M)=\varphi(M_0)+\int_{M_0}^{M}\mathrm{d}\varphi=\varphi(M_0)+\int_{M_0}^{M}\boldsymbol{v}\cdot\mathrm{d}\boldsymbol{l} \tag{6-1-4}$$

其中，$\mathrm{d}\boldsymbol{l}$ 为积分路径(图 6-1(a))，积分路径为封闭曲线时，第 5 章(式(5-1-5))定义了速度环量(图 6-1(b))，即

$$\Gamma = \oint \boldsymbol{v} \cdot \mathrm{d}\boldsymbol{l}$$

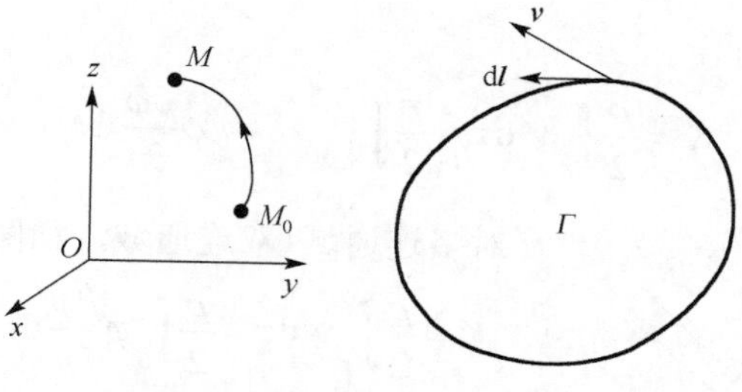

(a) 积分路径　　(b) 速度环量

图 6-1　曲线积分路径图

显然，对单连通域，因为对于任一封闭曲线都可以不出边界地连续收缩到一点，所以 $\Gamma = \oint \boldsymbol{v} \cdot \mathrm{d}\boldsymbol{l} = 0$，即积分与路径无关，$\varphi$ 是单值函数。

对多连通域，即 $\oint \boldsymbol{v} \cdot \mathrm{d}\boldsymbol{l} = k\Gamma$，$k$ 是封闭曲线绕存在环量区域的圈数，积分与路径有关，φ 是多值函数。

2. 不可压缩流体速度势函数的性质

(1) 速度势函数在流体内部不能有极大值或极小值。

证明：由于

$$\int_S \frac{\partial \varphi}{\partial n} \mathrm{d}s = \int_S \frac{\partial \varphi}{\partial n} \boldsymbol{n} \cdot \boldsymbol{n} \mathrm{d}s = \int_S \nabla \varphi \cdot \boldsymbol{n} \mathrm{d}s = \int_\tau \nabla \cdot (\nabla \varphi) \mathrm{d}\tau = 0 \tag{6-1-5}$$

如果速度势函数 φ 在流体内某一点有极大值，则围绕此点在流体内做一无限小封闭曲面，因为 φ 在这一点是极大值，所以 $\frac{\partial \varphi}{\partial n} < 0$，显然 $\int_S \frac{\partial \varphi}{\partial n} \mathrm{d}s < 0$，与式(6-1-5)矛盾，所以上述性质成立。

(2) 速度的大小在流体中不能达到极大值，也就是说速度的极大值位于流动区域的边界上。

证明：假设流动区域某点 A 处的速度达到极大值，取速度 $\boldsymbol{v}$ 的方向为 x 轴方向，有

$$\boldsymbol{v}_A = \frac{\partial \varphi}{\partial x} \boldsymbol{i}$$

由于 $\nabla^2 \left(\frac{\partial \varphi}{\partial x} \right) = \frac{\partial}{\partial x} \nabla^2 \varphi = 0$，根据性质(1)，$\frac{\partial \varphi}{\partial x}$ 在流体中不能有极值点，即在 A 邻域一定能找到这样的点使 $\frac{\partial \varphi}{\partial x} > \left(\frac{\partial \varphi}{\partial x} \right)_A$，即 $\left(\frac{\partial \varphi}{\partial x} \right)^2 > \left(\frac{\partial \varphi}{\partial x} \right)_A^2$，于是 $\boldsymbol{v}^2 = \left(\frac{\partial \varphi}{\partial x} \right)^2 + \left(\frac{\partial \varphi}{\partial y} \right)^2 + \left(\frac{\partial \varphi}{\partial z} \right)^2 \geqslant \left(\frac{\partial \varphi}{\partial x} \right)^2 > \left(\frac{\partial \varphi}{\partial x} \right)_A^2$，与假设矛盾，即上述性质成立。

(3)用势函数表示的流体动能。

由于$\nabla\cdot(\varphi\nabla\varphi)=\varphi\nabla\cdot(\nabla\varphi)+\nabla\varphi\cdot(\nabla\varphi)=\varphi\nabla^2\varphi+(\nabla\varphi)^2=(\nabla\varphi)^2=v^2$，于是，动能$K$表示为

$$K=\frac{\rho}{2}\int_{\tau}v^2\mathrm{d}\tau=\frac{\rho}{2}\int_{\tau}\nabla\cdot(\varphi\nabla\varphi)\mathrm{d}\tau=\frac{\rho}{2}\int_{S}\varphi\nabla\varphi\cdot\boldsymbol{n}\mathrm{d}s=\frac{\rho}{2}\int_{S}\varphi\frac{\partial\varphi}{\partial n}\mathrm{d}s \tag{6-1-6}$$

对单连通域，有

$$K=\frac{\rho}{2}\int_{\tau}v^2\mathrm{d}\tau=\frac{\rho}{2}\int_{S,\text{边界外法向}}\varphi\frac{\partial\varphi}{\partial n}\mathrm{d}s \tag{6-1-7}$$

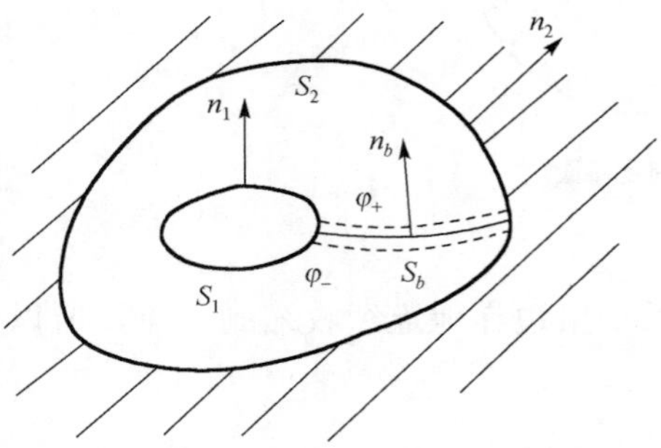

图 6-2　有界双连通域

对多连通域(双连通域，如图 6-2 所示)，有

$$K=\frac{\rho}{2}\int_{\tau}v^2\mathrm{d}\tau=\frac{\rho}{2}\int_{S}\varphi\frac{\partial\varphi}{\partial n}\mathrm{d}s+\int_{S_-}\varphi_-\frac{\partial\varphi}{\partial n}\mathrm{d}s-\int_{S_+}\varphi_+\frac{\partial\varphi}{\partial n}\mathrm{d}s$$

其中

$$\varphi_--\varphi_+=\oint\boldsymbol{v}\cdot\mathrm{d}\boldsymbol{l}=\Gamma$$

于是

$$K=\frac{\rho}{2}\int_{\tau}v^2\mathrm{d}\tau=\frac{\rho}{2}\int_{S}\varphi\frac{\partial\varphi}{\partial n}\mathrm{d}s+\Gamma\int_{S\pm}v_n\mathrm{d}s \tag{6-1-8}$$

(4)速度势函数可以允许相差任一常数，而不影响流体的运动。

(5) $\varphi(M)=C$是等势线，它的法线方向和速度矢量方向重合。

证明：对于等势线，有$0=\mathrm{d}\varphi=\frac{\partial\varphi}{\partial x}\mathrm{d}x+\frac{\partial\varphi}{\partial y}\mathrm{d}y+\frac{\partial\varphi}{\partial z}\mathrm{d}z=\mathrm{d}\boldsymbol{r}\cdot\nabla\varphi=\mathrm{d}\boldsymbol{r}\cdot\boldsymbol{v}$，即等势线上的线元$\mathrm{d}\boldsymbol{r}$垂直于速度$\boldsymbol{v}$，并且有

$$\varphi(M)=\varphi(M_0)+\int_{M_0}^{M}\mathrm{d}\varphi=\varphi(M_0)+\int_{M_0}^{M}u\mathrm{d}x+v\mathrm{d}y+w\mathrm{d}z \tag{6-1-9}$$

6.1.2　势函数的应用

由式(6-1-1)可知，如果流体无旋，则可以定义速度的势函数φ，$\boldsymbol{v}=\nabla\varphi$；如果流体不可压缩，则有$\nabla\cdot\boldsymbol{v}=\nabla\cdot\nabla\varphi=\nabla^2\varphi=0$。拉普拉斯方程$\nabla^2\varphi=0$有如下特点。

(1)解可线性叠加。若φ_1、φ_2、…、φ_n是方程的解，则$\varphi=C_1\varphi_1+C_2\varphi_2+\cdots+C_n\varphi_n$也是方程的解。

(2)方程不显含时间t，但同样适用于不可压缩非定常无旋流动。

(3)方程求解需要初始条件：$t=t_0$，$\nabla\varphi=\boldsymbol{v}(\boldsymbol{r})|_{t=t_0}$，$p=p_0(\boldsymbol{r})$。

(4)边界条件：在远场，有$\nabla\varphi=\boldsymbol{v}_\infty$；自由面上，有$p=p_0$；壁面上，有

$$\frac{\partial\varphi}{\partial n}=\boldsymbol{v}\cdot\boldsymbol{n}=\boldsymbol{v}_{\text{wall}}\cdot\boldsymbol{n} \tag{6-1-10}$$

(5)流体有无黏性，将在压强求解中显示，对速度求解没影响。也可以在边界条件上体现

出来，无黏流体在刚性壁边界上满足的是无渗透与无分离条件，即 $\boldsymbol{v}\cdot\boldsymbol{n}=\boldsymbol{v}_{\text{wall}}\cdot\boldsymbol{n}$，而黏性流体一般采用无滑移边界条件，即 $\boldsymbol{v}=\boldsymbol{v}_{\text{wall}}$。

【例 6-1】 不可压缩流体的均匀来流绕过一无穷长直圆柱。已知均匀来流速度为 V_∞，圆柱半径为 a，流体密度为 ρ，不计重力，无旋，没有环量。求流场速度(图 6-3)。

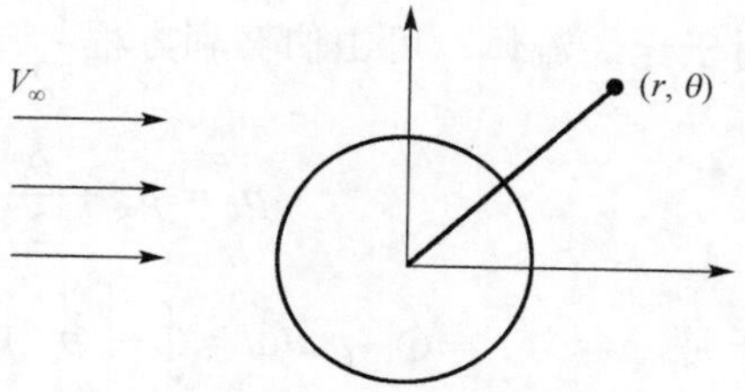

图 6-3　例 6-1 柱体绕流

解：显然，速度满足 $\dfrac{\partial\boldsymbol{v}}{\partial z}=0,\ v_z=0$，此问题为平面问题，取极坐标，有 $\boldsymbol{v}=\boldsymbol{v}(r,\theta)$。无穷远处 $\nabla\times(V_\infty\boldsymbol{i})=0$，由于流体满足不计重力、无旋、不可压缩的条件，所以在整个定义域中 $\nabla\times\boldsymbol{v}=0$，定义 $\boldsymbol{v}=\nabla\varphi(r,\theta)$，有

$$\begin{aligned}\nabla\cdot\nabla\varphi&=\frac{1}{r}\left[\frac{\partial}{\partial r}\left(r\frac{\partial\varphi}{\partial r}\right)+\frac{\partial}{\partial\theta}\left(\frac{1}{r}\frac{\partial\varphi}{\partial\theta}\right)+\frac{\partial}{\partial z}\left(r\frac{\partial\varphi}{\partial z}\right)\right]\\&=\frac{\partial^2\varphi}{\partial r^2}+\frac{1}{r^2}\frac{\partial^2\varphi}{\partial\theta^2}+\frac{\partial\varphi}{r\partial r}+\frac{\partial^2\varphi}{\partial z^2}\\&=\frac{\partial^2\varphi}{\partial r^2}+\frac{1}{r^2}\frac{\partial^2\varphi}{\partial\theta^2}+\frac{\partial\varphi}{r\partial r}\end{aligned}$$

由于 $\nabla\cdot\boldsymbol{v}=0$，有

$$\nabla\cdot\nabla\varphi=\frac{\partial^2\varphi}{\partial r^2}+\frac{1}{r^2}\frac{\partial^2\varphi}{\partial\theta^2}+\frac{\partial\varphi}{r\partial r}=0 \tag{6-1-11}$$

边界条件：壁面上有 $\dfrac{\partial\varphi}{\partial r}=0$，无穷远处有 $v_r=\dfrac{\partial\varphi}{\partial r}=V_\infty\cos\theta$。根据这一边界条件，设 $\varphi=R(r)\Theta(\theta)=R(r)\cos\theta$，代入式(6-1-11)，得

$$\frac{\partial^2 R}{\partial r^2}+\frac{1}{r}\frac{\partial R}{\partial r}-\frac{1}{r^2}R=0 \tag{6-1-12}$$

式(6-1-12)为常微分的欧拉方程，解为

$$R(r)=C_1 r+\frac{C_2}{r}$$

边界条件：远场上，$\dfrac{\partial R}{\partial r}=V_\infty$，得出 $C_1=V_\infty$；

壁面上，$\dfrac{\partial\varphi}{\partial r}=\cos\theta\dfrac{\partial R}{\partial r}=0$，即 $\dfrac{\partial R}{\partial r}=C_1-\dfrac{C_2}{a^2}=0$，得出 $C_2=V_\infty a^2$，于是

$$\varphi=V_\infty\left(r+\frac{a^2}{r}\right)\cos\theta$$

$$v_r=\frac{\partial\varphi}{\partial r}=V_\infty\left(1-\frac{a^2}{r^2}\right)\cos\theta$$

$$v_\theta = \frac{\partial \varphi}{r\partial \theta} = -V_\infty \left(1 + \frac{a^2}{r^2}\right)\sin\theta$$

对于无黏流体，可由伯努利方程$\dfrac{V_\infty^2}{2} + \dfrac{p_\infty}{\rho} = \dfrac{v_\theta^2}{2} + \dfrac{p_\theta}{\rho}$求得圆柱表面压强：

$$p_\theta = p_\infty + \frac{\rho}{2}(V_\infty^2 - v_\theta^2) = p_\infty + \frac{\rho}{2}V_\infty^2(1 - 4\sin^2\theta)$$

于是，合力$P = \oint -p_\theta \boldsymbol{n}\mathrm{d}l = \oint -\left[p_\infty + \dfrac{\rho}{2}V_\infty^2(1 - 4\sin^2\theta)\right]\boldsymbol{n}\mathrm{d}l$，积分得

$$P = \oint -\left[p_\infty + \frac{\rho}{2}V_\infty^2(1 - 4\sin^2\theta)\right](\cos\theta\boldsymbol{i} + \sin\theta\boldsymbol{j})a\mathrm{d}\theta = 0$$

说明此时圆柱不受力，这与实际情况不符，这就是有名的达朗贝尔(d'Alembert)佯谬，是由达朗贝尔在1752年提出的，产生这一佯谬的原因就是无黏流体假设，使实际上存在的黏性阻力和压差阻力全部被忽略了。

6.2 液体表面波分析

波动现象极为常见，如风吹过水面会形成波浪，船行进中在水面上会产生波，海水的潮汐涨落会引起潮波，还有海底地震引起的海啸，空气和水中声波的传播。考虑在重力场作用下的理想不可压缩流体，若其处于静止状态，根据静力学原理，自由面为平面，由于某种外界的作用，流体的表面离开了自己的平衡位置，而由于重力场力图使自由面恢复到原来的位置，流体中便产生了运动，这种运动以波的形式在整个自由面上传播，这样我们在自由面上就看到一种以一定速度运动的表面波，称为重力波。

6.2.1 基本方程

1. 控制方程

分析液体波动时，假设液体是无黏、不可压缩和无旋的，质量力只有重力。因此可以定义势函数(式(6-1-1))：

$$\boldsymbol{v} = \nabla\varphi$$

满足式(4-1-8)：

$$\frac{\partial \varphi}{\partial t} + \frac{v^2}{2} + \frac{p}{\rho} + gz = f(t)$$

作变换：

$$\varphi_1 = \varphi - \int_0^t f(t)\mathrm{d}t$$

显然 $\nabla^2\varphi_1=0$，代入式(4-1-8)，有

$$\frac{\partial\varphi_1}{\partial t}+\frac{v^2}{2}+\frac{p}{\rho}+gz=0$$

以后的方程还是用 φ 表示 φ_1，即波动满足的控制方程为式(6-1-2)和式(6-2-1)：

$$\frac{\partial\varphi}{\partial t}+\frac{v^2}{2}+\frac{p}{\rho}+gz=0 \tag{6-2-1}$$

2．边界条件

设底部的边界面表达式 $F(x,y,z)=0$，则由 $\frac{\mathrm{d}F}{\mathrm{d}t}=0$，可知边界条件为

$$u\frac{\partial F}{\partial x}+v\frac{\partial F}{\partial y}+w\frac{\partial F}{\partial z}=0 \tag{6-2-2}$$

底部固壁 $z=-d(x,y)$，底部边界面为 $F=z+d(x,y)=0$，代入式(6-2-2)，得

$$u\big|_{z=-d}\frac{\partial d}{\partial x}+v\big|_{z=-d}\frac{\partial d}{\partial y}+w\big|_{z=-d}=0$$

或

$$\left.\frac{\partial\varphi}{\partial z}\right|_{z=-d}=w\big|_{z=-d}=-\left.\frac{\partial\varphi}{\partial x}\right|_{z=-d}\frac{\partial d}{\partial x}-\left.\frac{\partial\varphi}{\partial y}\right|_{z=-d}\frac{\partial d}{\partial y} \tag{6-2-3}$$

设自由面为 $z=\zeta(x,y,t)$，则 $F=z-\zeta(x,y,t)=0$，由运动学边界条件 $\frac{\mathrm{d}F}{\mathrm{d}t}=0$，有

$$\frac{\partial F}{\partial t}+u\frac{\partial F}{\partial x}+v\frac{\partial F}{\partial y}+w\frac{\partial F}{\partial z}=-\frac{\partial\zeta}{\partial t}-u\big|_{z=\zeta}\frac{\partial\zeta}{\partial x}-v\big|_{z=\zeta}\frac{\partial\zeta}{\partial y}+w\big|_{z=\zeta}=0$$

或

$$\left.\frac{\partial\varphi}{\partial z}\right|_{z=\zeta}=w\big|_{z=\zeta}=\frac{\partial\zeta}{\partial t}+\left.\frac{\partial\varphi}{\partial x}\right|_{z=\zeta}\frac{\partial\zeta}{\partial x}+\left.\frac{\partial\varphi}{\partial y}\right|_{z=\zeta}\frac{\partial\zeta}{\partial y} \tag{6-2-4}$$

不考虑表面张力，则自由面两侧的压强必须相等，$p\big|_{z=\zeta}=p_a$，代入式(6-2-1)，有

$$\left.\frac{\partial\varphi}{\partial t}\right|_{z=\zeta}+\left.\frac{v^2}{2}\right|_{z=\zeta}+\frac{p_a}{\rho}+g\zeta=0 \tag{6-2-5}$$

3．初始条件

设存在初始扰动 $\zeta(x,y,0)=f_1(x,y)$，此时 $\boldsymbol{v}(t=0)=0$，代入式(6-2-5)，有

$$\left.\frac{\partial\varphi}{\partial t}\right|_{\substack{z=\zeta\\t=0}}+\left.\frac{p_a}{\rho}\right|_{t=0}+g\zeta\big|_{t=0}=0$$

取自由面上 $p_a=0$，于是

$$\zeta(x,y,0)=-\frac{1}{g}\left(\frac{\partial\varphi}{\partial t}\right)_{z=\zeta,t=0}=f_1(x,y) \tag{6-2-6}$$

现在我们分析原来静止的流体受到瞬时压力冲量后所产生的流动，如物体突然冲入水中而产生的运动，对速度势函数给出动力学的解释。

将无黏不可压缩流体的欧拉方程关于时间从零到瞬时力作用时间 Δt 积分，有

$$\int_0^{\Delta t}\frac{\partial \boldsymbol{v}}{\partial t}\mathrm{d}t+\int_0^{\Delta t}(\boldsymbol{v}\cdot\nabla)\boldsymbol{v}\mathrm{d}t=\int_0^{\Delta t}F_b\mathrm{d}t-\frac{1}{\rho}\int_0^{\Delta t}\nabla p\mathrm{d}t$$

在开始时刻 $t=0$ 时，流体是静止的，所以 $\int_0^{\Delta t}\frac{\partial \boldsymbol{v}}{\partial t}\mathrm{d}t=\boldsymbol{v}$ 。式中右端 $\boldsymbol{v}$ 表示瞬时力消失时流体的运动速度。另外，由于 Δt 极短，可以认为在 Δt 时间内流体质点没有离开原先位置。这样方程中 $\int_0^{\Delta t}(\boldsymbol{v}\cdot\nabla)\boldsymbol{v}\mathrm{d}t$ 和 $\int_0^{\Delta t}F_b\mathrm{d}t$ 与 Δt 为同一量级，$\Delta t\to 0$ 时的极限为零，由此得到

$$\boldsymbol{v}=-\frac{1}{\rho}\int_0^{\Delta t}\nabla p\mathrm{d}t=\nabla\left(-\frac{1}{\rho}\int_0^{\Delta t}p\mathrm{d}t\right)$$

定义瞬时压力冲量为 $J=\int_0^{\Delta t}p\mathrm{d}t$ ，于是

$$\boldsymbol{v}=\nabla\left(-\frac{J}{\rho}\right)$$

这就是说，在时刻 Δt，当瞬时力停止作用时，流体开始运动，这样的运动是有势的，存在速度势函数 φ 为

$$\varphi=-\frac{J}{\rho} \tag{6-2-7}$$

这就说明了势函数的力学意义。

6.2.2 波动方程的量纲分析

对于波动方程，取波幅 A 为自由面升高 ζ 的特征量，波长 λ 为波动水平方向的长度特征量，波动周期 T 为时间的特征量，于是，各物理量可表示为

$$\begin{cases}\zeta=A\zeta' \\ x,y,z=\lambda(x',y',z') \\ t=Tt' \\ u,v,w=\dfrac{A}{T}(u',v',w') \\ \varphi=\dfrac{A\lambda}{T}\varphi'\end{cases} \tag{6-2-8}$$

其中，带上标“′”的量为无量纲量，将式(6-2-8)代入式(6-1-1)、式(6-2-1)、式(6-2-4)和式(6-2-5)，有

$$\frac{A\lambda}{T}\nabla^2\varphi'=0,\quad -d\leqslant\lambda z'\leqslant A\zeta'$$

$$\frac{A\lambda}{T^2}\frac{\partial\varphi'}{\partial t'}+\frac{A^2}{T^2}\frac{v'^2}{2}+\frac{p}{\rho}+\lambda g z'=0,\quad -d\leqslant\lambda z'\leqslant A\zeta'$$

$$\frac{A}{T}w'=\frac{A}{T}\frac{\partial\zeta'}{\partial t'}+\frac{A^2}{T\lambda}\left(u'\frac{\partial\zeta'}{\partial x'}+v'\frac{\partial\zeta'}{\partial y'}\right),\quad \lambda z'=A\zeta'$$

$$\frac{A\lambda}{T^2}\frac{\partial\varphi'}{\partial t'}+\frac{A^2}{T^2}\frac{v'^2}{2}+\frac{p_a}{\rho}+Ag\zeta'=0,\quad \lambda z'=A\zeta'$$

整理，得

$$\nabla^2\varphi'=0,\quad -\frac{d}{\lambda}\leqslant z'\leqslant\frac{A}{\lambda}\zeta'$$

$$\frac{\partial\varphi'}{\partial t'}+\frac{A}{\lambda}\frac{v'^2}{2}+\frac{T^2}{A\lambda\rho}p+\frac{T^2}{A}gz'=0,\quad -\frac{d}{\lambda}\leqslant z'\leqslant\frac{A}{\lambda}\zeta'$$

$$w'=\frac{\partial\zeta'}{\partial t'}+\frac{A}{\lambda}\left(u'\frac{\partial\zeta'}{\partial x'}+v'\frac{\partial\zeta'}{\partial y'}\right),\quad z'=\frac{A}{\lambda}\zeta'$$

$$\frac{\partial\varphi'}{\partial t'}+\frac{A}{\lambda}\frac{v'^2}{2}+\frac{T^2}{A\lambda\rho}p_a+\frac{gT^2}{\lambda}\zeta'=0,\quad z'=\frac{A}{\lambda}\zeta'$$

对于小振幅波，$\frac{A}{\lambda}\ll 1$，略去小量，上式化简为

$$\nabla^2\varphi'=0,\quad -\frac{d}{\lambda}\leqslant z'\leqslant 0$$

$$\frac{\partial\varphi'}{\partial t'}+\frac{T^2}{A\lambda\rho}p+\frac{T^2}{A}gz'=0,\quad -\frac{d}{\lambda}\leqslant z'\leqslant 0$$

$$w'=\frac{\partial\zeta'}{\partial t'},\quad z'=0$$

$$\frac{\partial\varphi'}{\partial t'}+\frac{T^2}{A\lambda\rho}p_a+\frac{gT^2}{A}\zeta'=0,\quad z'=0$$

回到有量纲的形式，方程化简为线性方程：

$$
\begin{cases}
\nabla^2\varphi=0, \quad [-d(x,y)\leqslant z\leqslant 0] \\
\dfrac{\partial\varphi}{\partial t}+\dfrac{p}{\rho}+gz=0, \quad [-d(x,y)\leqslant z\leqslant 0] \\
z=-d:\dfrac{\partial\varphi}{\partial z}=-\dfrac{\partial d}{\partial x}\dfrac{\partial\varphi}{\partial x}-\dfrac{\partial d}{\partial y}\dfrac{\partial\varphi}{\partial y} \\
z=0:\dfrac{\partial\varphi}{\partial z}=\dfrac{\partial\zeta}{\partial t} \\
\qquad \dfrac{\partial\varphi}{\partial t}+\dfrac{p_a}{\rho}+g\zeta=0 \\
t=0:\left.\dfrac{\partial\varphi}{\partial t}\right|_{\substack{t=0\\z=0}}=f(x,y), \left.\varphi\right|_{\substack{t=0\\z=0}}=g(x,y,\zeta)
\end{cases}
$$

取 $\varphi+\dfrac{p_a}{\rho}t=\varphi'$，上式变为

$$
\begin{cases}
\nabla^2\varphi'=0 \\
\dfrac{\partial\varphi'}{\partial t}+\dfrac{p-p_a}{\rho}+gz=0 \\
z=-d:\dfrac{\partial\varphi'}{\partial z}=-\dfrac{\partial d}{\partial x}\dfrac{\partial\varphi'}{\partial x}-\dfrac{\partial d}{\partial y}\dfrac{\partial\varphi'}{\partial y} \\
z=0:\dfrac{\partial\varphi'}{\partial z}=\dfrac{\partial\zeta}{\partial t} \\
\qquad \dfrac{\partial\varphi'}{\partial t}+g\zeta=0
\end{cases}
$$

整合自由面边界条件：

$$
z=0:\zeta=-\frac{1}{g}\frac{\partial\varphi'}{\partial t}, \quad \frac{\partial\varphi'}{\partial z}=-\frac{1}{g}\frac{\partial^2\varphi'}{\partial t^2}
$$

仍用 φ 表示 φ'，小振幅波的方程为

$$
\begin{cases}
\nabla^2\varphi=0 \\
\dfrac{\partial\varphi}{\partial t}+\dfrac{p-p_a}{\rho}+gz=0 \\
z=-d:\dfrac{\partial\varphi}{\partial z}=-\dfrac{\partial d}{\partial x}\dfrac{\partial\varphi}{\partial x}-\dfrac{\partial d}{\partial y}\dfrac{\partial\varphi}{\partial y} \\
z=0:\dfrac{\partial\varphi}{\partial z}=-\dfrac{1}{g}\dfrac{\partial^2\varphi}{\partial t^2}
\end{cases}
\tag{6-2-9}
$$

6.3　平面小振幅简谐波

6.3.1　进行波

设波动是一维的，发生在 xz 平面，液体深度为 d，根据式(6-2-9)可知一维有限等深液体中的波动所满足的控制方程和边界条件为

$$\begin{cases} \nabla^2\varphi = 0 \\ z=0: \dfrac{\partial \varphi}{\partial z} = -\dfrac{1}{g}\dfrac{\partial^2\varphi}{\partial t^2} \\ \qquad \zeta = -\dfrac{1}{g}\dfrac{\partial\varphi}{\partial t} \\ z=-d: \dfrac{\partial\varphi}{\partial z} = 0 \\ \dfrac{\partial\varphi}{\partial t} + \dfrac{p-p_0}{\rho} + gz = 0 \end{cases} \tag{6-3-1}$$

用变量分离法求解，令

$$\varphi = Z(z)\cdot X(x-ct)$$

代入式(6-3-1)，有

$$\nabla^2\varphi = Z''(z)\cdot X(x-ct) + Z(z)\cdot X''(x-ct) = 0$$

于是可令

$$\frac{X''}{X} = -\frac{Z''}{Z} = -k^2$$　(注：这样定义是由平面小振幅波的特点决定的)

即

$$Z'' - k^2 Z = 0 \tag{6-3-2}$$

$$X'' + k^2 X = 0 \tag{6-3-3}$$

方程(6-3-2)的解为

$$Z(z) = A_1 e^{kz} + A_2 e^{-kz}$$

方程(6-3-3)的解为

$$X(x-ct) = B_1\cos[k(x-ct)] + B_2\sin[k(x-ct)] = B\sin\{k[(x-ct)+\beta]\}$$

其中，$B^2 = B_1^2 + B_2^2$；$k\beta = \arctan\left(\dfrac{B_1}{B_2}\right)$，于是

$$\varphi = Z(z)\cdot X(x-ct) = (A_1 e^{kz} + A_2 e^{-kz})B\sin\{k[(x-ct)+\beta]\}$$

为简单起见，取 $\beta = 0$，且取 $A_1 B$ 为 A_1，$A_2 B$ 为 A_2，则

$$\varphi=(A_1\mathrm{e}^{kz}+A_2\mathrm{e}^{-kz})\sin[k(x-ct)]$$

由边界条件 $z=-d:\dfrac{\partial\varphi}{\partial z}=0$，得 $\sin[k(x-ct)](A_1k\mathrm{e}^{kz}-A_2k\mathrm{e}^{-kz})\big|_{z=-d}=0$，即 $A_2=A_1\dfrac{\mathrm{e}^{-kd}}{\mathrm{e}^{kd}}$。于是

$$\varphi=A_1\left(\mathrm{e}^{kz}+\frac{\mathrm{e}^{-kd}}{\mathrm{e}^{kd}}\mathrm{e}^{-kz}\right)\sin[k(x-ct)]=\frac{A_1}{\mathrm{e}^{kd}}[\mathrm{e}^{k(z+d)}+\mathrm{e}^{-k(z+d)}]\sin[k(x-ct)]$$

令 $A=\dfrac{A_1}{\mathrm{e}^{kd}}(\mathrm{e}^{kd}+\mathrm{e}^{-kd})$，有

$$\varphi=A\frac{\cosh[k(z+d)]}{\cosh(kd)}\sin[k(x-ct)] \tag{6-3-4}$$

由边界条件 $z=0:\dfrac{\partial\varphi}{\partial z}=-\dfrac{1}{g}\dfrac{\partial^2\varphi}{\partial t^2}$，得

$$Ak\frac{\sinh[k(z+d)]}{\cosh(kd)}\sin[k(x-ct)]=Ak^2c^2\frac{\cosh[k(z+d)]}{g\cosh(kd)}\sin[k(x-ct)]$$

于是 $k\tanh(kd)=\dfrac{k^2c^2}{g}$，即

$$c^2=\frac{g}{k}\tanh(kd) \tag{6-3-5}$$

1. 自由面形状

$$\zeta=-\frac{1}{g}\frac{\partial\varphi}{\partial t}\bigg|_{z=0}=\frac{Akc}{g}\frac{\cosh[k(z+d)]}{\cosh(kd)}\cos[k(x-ct)]=\frac{Akc}{g}\cos[k(x-ct)]=A_0\cos[k(x-ct)] \tag{6-3-6}$$

式(6-3-6)表明，自由面形状为一余弦曲线，振幅为 A_0（有 $A_0=\dfrac{Akc}{g}$），A_0 或 A 将由初始条件决定。ζ 随 x 及 t 均做周期性变化。固定时间 t，使相位 $\theta=k(x-ct)$ 变化 2π 后 ζ 的值将相同，此对应的一个波的距离称为波长 λ，即

$$\theta_2-\theta_1=k(x_2-ct)-k(x_1-ct)=k(x_2-x_1)=2\pi$$

定义

$$\lambda=x_2-x_1=\frac{2\pi}{k} \tag{6-3-7}$$

由此，k 表示 2π 个单位长度内所包含的波的个数，称为波数(图 6-4(a))。曲线上最高处称为波峰，最低处称为波谷。

同样，固定 x，使相位 $\theta=k(x-ct)$ 变化 2π 后 ζ 的值将相同，对应的时间间隔称为周期 T，即

$$\theta_2-\theta_1=k(x-ct_2)-k(x-ct_1)=kc(t_1-t_2)=2\pi$$

定义

$$T=t_1-t_2=\frac{2\pi}{kc}=\frac{2\pi}{\omega} \tag{6-3-8}$$

其中，$\omega = kc$ 表示 2π 个单位时间内波面振动的次数，称为圆频率(图 6-4(b))，顺便指出，$f = \dfrac{\omega}{2\pi}$ 表示单位时间内振动的次数，称为频率。

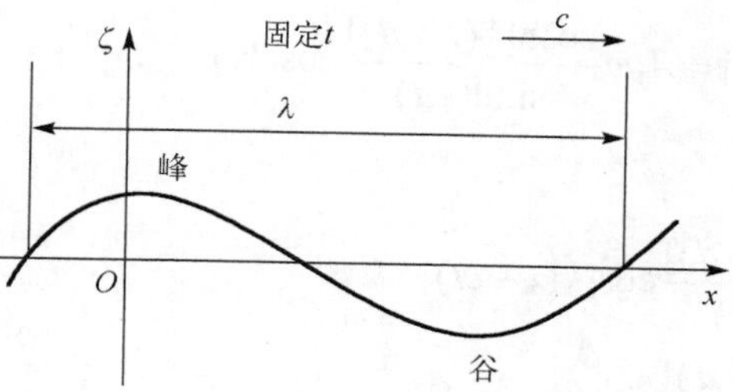

(a) 表面波波长

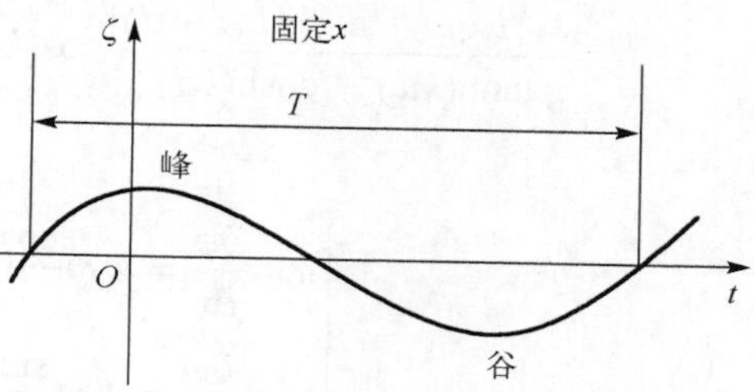

(b) 表面波周期

图 6-4　波长和周期

另外，若视某一 ζ 值(或相位角)不变，则此 ζ 将沿 x 轴移动，其移动速度由 $x - ct = \text{const}$ 而得到，由此有

$$\frac{\mathrm{d}x}{\mathrm{d}t} = c \tag{6-3-9}$$

这表明，整个波面(任意 ζ)将以速度 c 向右推进，故称 c 为波速(或相速度)，与此相应的波称为进行波，波速 c 随 k 而变(图 6-5)，小 k(或大 λ)的波，c 较大，即长波传播较快，而短波则传播较慢。这种波的传播速度与波长有关的现象称为波的频散或色散。这是波动的一个重要现象。以后将会看到，一些波动是频散的(频率不同的波相位分离)，另一些波动则是无频散的(相位不分离)。图 6-5 中还显示 c 随水深 d 的增加而增加，浅水波的波速最小，深水波的波速最大。地震海啸就是一种极长的波，衰减得极慢，在阿拉斯加沿海海底地震中产生的海啸可以传播到数千公里外的夏威夷海滩。这也说明深水长波的传播速度快，因此危害也大。

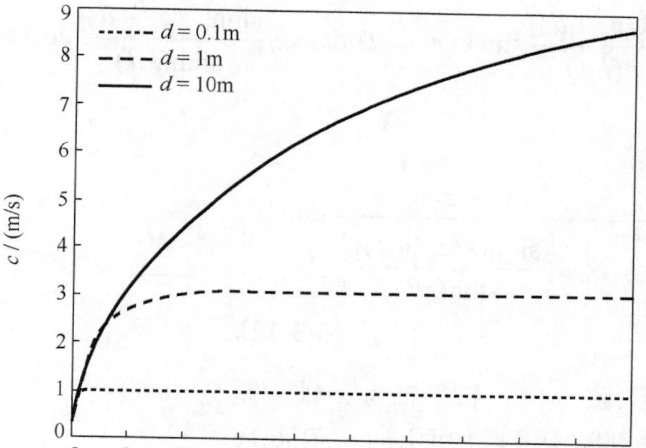

图 6-5　波速 c 与波长 λ 的关系(d 表示深度)

2. 质点速度

$$\frac{\partial\varphi}{\partial x}=Ak\frac{\cosh[k(z+d)]}{\cosh(kd)}\cos[k(x-ct)]=\frac{A_0gkc}{kc^2}\frac{\cosh[k(z+d)]}{\cosh(kd)}\cos[k(x-ct)]$$
$$=\frac{A_0g\omega}{g\tanh(kd)}\frac{\cosh[k(z+d)]}{\cosh(kd)}\cos[k(x-ct)]=A_0\omega\frac{\cosh[k(z+d)]}{\sinh(kd)}\cos[k(x-ct)]$$

于是

$$\begin{cases}u=\dfrac{\partial\varphi}{\partial x}=A_0\omega\dfrac{\cosh[k(z+d)]}{\sinh(kd)}\cos[k(x-ct)]\\[2ex] w=\dfrac{\partial\varphi}{\partial z}=A_0\omega\dfrac{\sinh[k(z+d)]}{\sinh(kd)}\sin[k(x-ct)]\end{cases}\tag{6-3-10}$$

由式(6-3-10)可看出，质点速度分量是周期性变化的。另外，根据双曲余弦和双曲正弦函数的性质（$z+d>0$ 时是增函数），z 和 x 方向的速度在液面处最大，离液面越深，速度越小，在底面处 z 方向速度为零，x 方向的速度达到最小值，说明在水底有液体的平动。

3. 质点的迹线

对于迹线的求解方程：

$$\begin{cases}\dfrac{\mathrm{d}x}{\mathrm{d}t}=u=A_0\omega\dfrac{\cosh[k(z+d)]}{\sinh(kd)}\cos[k(x-ct)]\\[2ex] \dfrac{\mathrm{d}z}{\mathrm{d}t}=w=A_0\omega\dfrac{\sinh[k(z+d)]}{\sinh(kd)}\sin[k(x-ct)]\end{cases}$$

考虑到质点运动的幅度为小量，故速度表达式中以 x_0、z_0 分别代替 x、z 积分不致产生很大误差，从而有

$$\begin{cases}x-x_0\approx\displaystyle\int A_0\omega\frac{\cosh[k(z_0+d)]}{\sinh(kd)}\cos[k(x_0-ct)]\mathrm{d}t=-A_0\frac{\cosh[k(z_0+d)]}{\sinh(kd)}\sin[k(x_0-ct)]\\[2ex] z-z_0\approx\displaystyle\int A_0\omega\frac{\sinh[k(z_0+d)]}{\sinh(kd)}\sin[k(x_0-ct)]\mathrm{d}t=A_0\frac{\sinh[k(z_0+d)]}{\sinh(kd)}\cos[k(x_0-ct)]\end{cases}\tag{6-3-11}$$

消去上式中的 t，得

$$\frac{(x-x_0)^2}{\left\{A_0\dfrac{\cosh[k(z_0+d)]}{\sinh(kd)}\right\}^2}+\frac{(z-z_0)^2}{\left\{A_0\dfrac{\sinh[k(z_0+d)]}{\sinh(kd)}\right\}^2}=1\tag{6-3-12}$$

可见迹线为一椭圆(图 6-6)，长半轴为 x 轴，短半轴为 z 轴，长短半轴都随深度增加而减小，在底部退化为一直线。

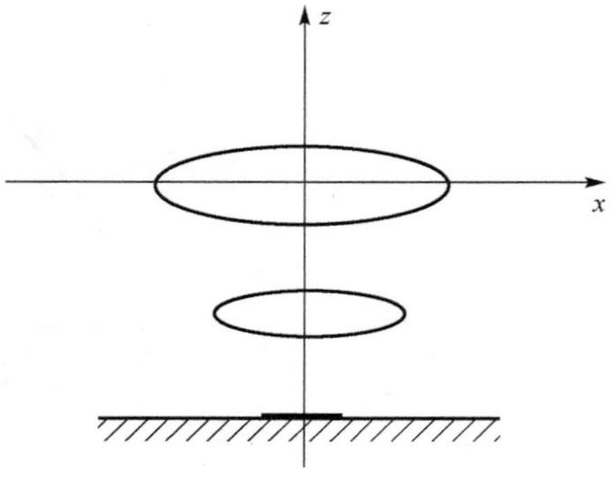

图 6-6　平面小振幅进行波迹线轨迹

4. 流线

将速度分量式(6-3-10)代入流线微分方程，得

$$\frac{\mathrm{d}x}{\cosh[k(z+d)]\cos[k(x-ct)]}=\frac{\mathrm{d}z}{\sinh[k(z+d)]\sin[k(x-ct)]}$$

整理，得

$$\frac{\sin[k(x-ct)]\mathrm{d}x}{\cos[k(x-ct)]}=\frac{\cosh[k(z+d)]\mathrm{d}z}{\sinh[k(z+d)]}$$

积分，得

$$-\frac{\ln\cos[k(x-ct)]}{k}=\frac{\ln\sinh[k(z+d)]}{k}$$

$$\cos[k(x-ct)]\sinh[k(z+d)]=C(t) \tag{6-3-13}$$

5．压强

将速度势函数式(6-3-4)代入基本方程(6-3-1)的最后一项，有

$$\begin{aligned}p(x,z,t)&=-\rho gz-\rho\frac{\partial\varphi}{\partial t}+p_0=-\rho gz+\rho Akc\frac{\cosh[k(z+d)]}{\cosh(kd)}\cos[k(x-ct)]+p_0\\&=-\rho gz+\rho gA_0\frac{\cosh[k(z+d)]}{\cosh(kd)}\cos[k(x-ct)]+p_0\end{aligned}$$

将迹线方程(6-3-11)的第二式 $z-z_0=A_0\dfrac{\sinh[k(z_0+d)]}{\sinh(kd)}\cos[k(x_0-ct)]$ 代入上式，并用 x_0、z_0 分别代替压强表达式右端第二项的 x、z 得

$$p(x,z,t)=-\rho gz+\rho g(z-z_0)\frac{\tanh(kd)}{\tanh[k(z_0+d)]}+p_0 \tag{6-3-14}$$

显然，有限等深水波波动特征会受到深度 d 的影响，并且各处的压强不满足静水压强。

6.3.2　驻波

前进的进行波，如果遇到障碍反射，则产生传播方向相反，其他与原进行波完全一致的波，根据线性理论，这两列波可以叠加，设原进行波为

$$\varphi_1=\frac{A_0g}{2kc}\frac{\cosh[k(z+d)]}{\cosh(kd)}\sin[k(x-ct)]$$

它的反射波为

$$\varphi_2=\frac{A_0g}{2kc}\frac{\cosh[k(z+d)]}{\cosh(kd)}\sin[k(x+ct)]$$

它们的叠加为

$$\varphi=\varphi_1+\varphi_2=\frac{A_0g}{\omega}\frac{\cosh[k(z+d)]}{\cosh(kd)}\sin(kx)\cos(\omega t) \tag{6-3-15}$$

1. 自由面形状

$$\zeta = -\frac{1}{g}\frac{\partial \varphi}{\partial t}\bigg|_{z=0} = A_0 \sin(kx)\sin(\omega t) \tag{6-3-16}$$

这表明，对某一固定时刻，自由面为一正弦曲线(图 6-7)，波面与 x 轴交于

$$x = n\pi / k, \quad (n = 0, \pm 1, \pm 2, \cdots)$$

这些交点的位置不随时间变化，这些交点称为节点。两相邻节点间交替地出现最高和最低液面，分别称为波峰与波谷(统称腹点)，峰谷将随时间交替出现，若前半周期为峰，则后半周期变为谷。A_0 仍称为振幅，$|A_0 \sin \omega t|$ 则称为波幅，波面上 $\zeta = A_0$ 仅在波峰和波谷处达到。

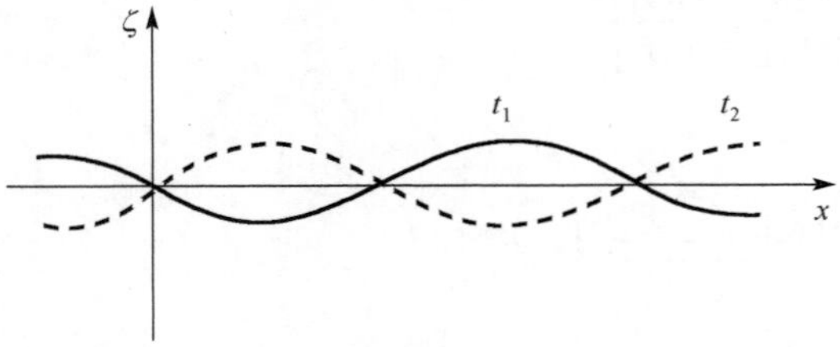

图 6-7　平面小振幅驻波自由面

与进行波不同，此波面只做上下振动，不向左右传播，因此，称这种波为驻波。驻波的波长、波数、周期和圆频率，与进行波有一样的关系：

$$\lambda = \frac{2\pi}{k}$$

$$T = \frac{2\pi}{\omega}$$

2. 质点速度

$$\frac{\partial \varphi}{\partial x} = \frac{A_0 gk}{kc}\frac{\cosh[k(z+d)]}{\cosh(kd)}\cos(kx)\cos(\omega t) = \frac{A_0 gkc}{kc^2}\frac{\cosh[k(z+d)]}{\cosh(kd)}\cos(kx)\cos(\omega t)$$

于是，质点速度为

$$\begin{cases} u = \dfrac{\partial \varphi}{\partial x} = A_0 \omega \dfrac{\cosh[k(z+d)]}{\sinh(kd)}\cos(kx)\cos(\omega t) \\ w = \dfrac{\partial \varphi}{\partial z} = A_0 \omega \dfrac{\sinh[k(z+d)]}{\sinh(kd)}\sin(kx)\cos(\omega t) \end{cases} \tag{6-3-17}$$

这表明，在节点 $x = n\pi/k$ 处，$w = 0$，而 $u \neq 0$，即质点仅做水平运动。在波峰及波谷处，$u = 0$，而 $w \neq 0$，即质点仅做上下(垂直方向)运动。除节点及峰谷点外，质点同时有水平及垂直方向的运动。

3. 质点的迹线

求质点运动的迹线，并与进行波一样以 x_0、z_0 分别代替 x、z，得

$$\begin{cases} \dfrac{\mathrm{d}x}{\mathrm{d}t} = u \approx A_0 \omega \dfrac{\cosh[k(z_0+d)]}{\sinh(kd)}\cos(kx_0)\cos(\omega t) \\ \dfrac{\mathrm{d}z}{\mathrm{d}t} = w \approx A_0 \omega \dfrac{\sinh[k(z_0+d)]}{\sinh(kd)}\sin(kx_0)\cos(\omega t) \end{cases}$$

积分后得迹线：

$$\begin{cases} x-x_0=A_0\dfrac{\cosh[k(z_0+d)]}{\sinh(kd)}\cos(kx_0)\sin(\omega t) \\ z-z_0=A_0\dfrac{\sinh[k(z_0+d)]}{\sinh(kd)}\sin(kx_0)\sin(\omega t) \end{cases}$$

消去 t 得

$$z-z_0=(x-x_0)\tanh[k(z_0+d)]\tan(kx_0) \tag{6-3-18}$$

4．流线

将速度分量式(6-3-17)代入流线微分方程，得

$$\frac{\mathrm{d}x}{A_0\omega\dfrac{\cosh[k(z+d)]}{\sinh(kd)}\cos(kx)\cos(\omega t)}=\frac{\mathrm{d}z}{A_0\omega\dfrac{\sinh[k(z+d)]}{\sinh(kd)}\sin(kx)\cos(\omega t)}$$

整理，得

$$\frac{\sin(kx)\mathrm{d}x}{\cos(kx)}=\frac{\cosh[k(z+d)]\mathrm{d}z}{\sinh[k(z+d)]} \tag{6-3-19}$$

积分后得

$$\sinh[k(z+d)]\cos(kx)=C(t) \tag{6-3-20}$$

这就是流线方程。

5．压强

将速度势函数式(6-3-15)代入压强公式 $\dfrac{\partial\varphi}{\partial t}+\dfrac{p-p_0}{\rho}+gz=0$，有

$$p(x,z,t)=-\rho gz-\rho\frac{\partial\varphi}{\partial t}+p_0=-\rho gz+\rho gA_0\frac{\cosh[k(z+d)]}{\cosh(kd)}\sin(kx)\sin(\omega t)+p_0 \tag{6-3-21}$$

6.4 深水波和浅水波

6.4.1 深水进行波

对于有限等深水波的势函数(6-3-4)：

$$\varphi=A\frac{\cosh[k(z+d)]}{\cosh(kd)}\sin[k(x-ct)]$$

由边界条件 $d=\infty$，有 $\dfrac{\cosh[k(z+d)]}{\cosh(kd)}=\dfrac{\mathrm{e}^{k(z+d)}+\mathrm{e}^{-k(z+d)}}{\mathrm{e}^{kd}+\mathrm{e}^{-kd}}\approx\dfrac{\mathrm{e}^{k(z+d)}}{\mathrm{e}^{kd}}=\mathrm{e}^{kz}$，于是

$$\varphi=A\mathrm{e}^{kz}\sin[k(x-ct)] \tag{6-4-1}$$

相应的，有

$$c^2 = \frac{g}{k} \tag{6-4-2}$$

1. **自由面形状**

$$\zeta = -\frac{1}{g}\frac{\partial \varphi}{\partial t}\bigg|_{z=0} = A_0 \cos[k(x-ct)]$$

上式表明，自由面形状与有限等深水波完全一样(深水波是 $d=\infty$ 条件下的有限等深水波，在有限等深水波自由面形状表达式中并不含有参数 d，因此深水波和有限等深水波的自由面形状应该是完全一致的)。于是，波长和周期的定义也完全一样，即

$$\lambda = \frac{2\pi}{k}$$

$$T = \frac{2\pi}{kc} = \frac{2\pi}{\omega}$$

2. **质点速度**

由速度势求导得

$$\begin{cases} u = \dfrac{\partial \varphi}{\partial x} = Ake^{kz}\cos[k(x-ct)] = A_0\omega e^{kz}\cos(kx-\omega t) \\ w = \dfrac{\partial \varphi}{\partial z} = Ake^{kz}\sin[k(x-ct)] = A_0\omega e^{kz}\sin(kx-\omega t) \end{cases} \tag{6-4-3}$$

或由有限等深水波的速度公式(6-3-10)，当 $d=\infty$ 时，有

$$\begin{cases} u = A_0\omega\dfrac{\cosh[k(z+d)]}{\sinh(kd)}\cos[k(x-ct)] = A_0\omega e^{kz}\cos[k(x-ct)] \\ w = A_0\omega\dfrac{\sinh[k(z+d)]}{\sinh(kd)}\sin[k(x-ct)] = A_0\omega e^{kz}\sin[k(x-ct)] \end{cases}$$

并且有

$$|v| = \sqrt{u^2+w^2} = A_0\omega e^{kz}$$

由此看出，质点速度的大小与 x 无关，只随 z 而变，即质点离液面越深，速度越小，在液面 $z=0$ 处，速度最大：$|v| = A_0\omega$，无限深处速度则为零。

3. **质点的迹线**

对于求质点运动迹线的方程：

$$\begin{cases} \dfrac{dx}{dt} = u = A_0\omega e^{kz}\cos(kx-\omega t) \\ \dfrac{dz}{dt} = w = A_0\omega e^{kz}\sin(kx-\omega t) \end{cases}$$

考虑到质点运动的幅度为小量，故速度表达式中以 x_0、z_0 分别代替 x、z 积分不致产生很大误差，从而有

$$
\begin{cases}
x - x_0 \approx \int A_0 \omega \mathrm{e}^{kz_0} \cos(kx_0 - \omega t)\mathrm{d}t = -A_0 \mathrm{e}^{kz_0} \sin[k(x_0 - ct)] \\
z - z_0 \approx \int A_0 \omega \mathrm{e}^{kz_0} \sin(kx_0 - \omega t)\mathrm{d}t = A_0 \mathrm{e}^{kz_0} \cos[k(x_0 - ct)]
\end{cases}
\tag{6-4-4}
$$

消去上式中的 t，得

$$
(x - x_0)^2 + (z - z_0)^2 = (A_0 \mathrm{e}^{kz_0})^2 \tag{6-4-5}
$$

或者由有限等深水波的迹线方程：

$$
\frac{(x-x_0)^2}{\left\{A_0 \dfrac{\cosh[k(z_0+d)]}{\sinh(kd)}\right\}^2} + \frac{(z-z_0)^2}{\left\{A_0 \dfrac{\sinh[k(z_0+d)]}{\sinh(kd)}\right\}^2} = 1
$$

$d = \infty$ 时，有 $\dfrac{\cosh[k(z+d)]}{\sinh(kd)} = \dfrac{\mathrm{e}^{k(z+d)} + \mathrm{e}^{-k(z+d)}}{\mathrm{e}^{kd} - \mathrm{e}^{-kd}} \approx \dfrac{\mathrm{e}^{k(z+d)}}{\mathrm{e}^{kd}} = \mathrm{e}^{kz}$，$\dfrac{\sinh[k(z+d)]}{\sinh(kd)} = \mathrm{e}^{kz}$，于是

$$
(x - x_0)^2 + (z - z_0)^2 = (A_0 \mathrm{e}^{kz_0})^2
$$

由此看出，质点的迹线是一个圆。其圆心在 (x_0, z_0) 处，半径为 $A_0\mathrm{e}^{kz_0}$，该半径随质点所在深度增加而减小。在深度等于一个波长的地方，圆半径约为表面处半径 A_0 的 $\mathrm{e}^{-2\pi} \approx \dfrac{1}{535}$，由此可以认为波动主要限制在表面一层的液体内，“表面波”一词即由此而来。

令 $\theta = k(x_0 - ct)$（图 6-8(a)），方程(6-4-4)可表示为

$$
\begin{cases}
x - x_0 = -A_0 \mathrm{e}^{kz_0} \sin\theta = A_0 \mathrm{e}^{kz_0} \cos\left(\dfrac{\pi}{2} + \theta\right) \\
z - z_0 = A_0 \mathrm{e}^{kz_0} \cos\theta = A_0 \mathrm{e}^{kz_0} \sin\left(\dfrac{\pi}{2} + \theta\right)
\end{cases}
$$

显然，当 $\theta = k(x_0 - ct)$ 时，波沿 x 轴传播，$\dfrac{\mathrm{d}\theta}{\mathrm{d}t} = -kc$：说明质点顺时针运动(图 6-8(b))。当 $\theta = k(x_0 + ct)$ 时，波沿 $-x$ 轴传播，$\dfrac{\mathrm{d}\theta}{\mathrm{d}t} = kc$：说明质点逆时针运动(图 6-8(c))。

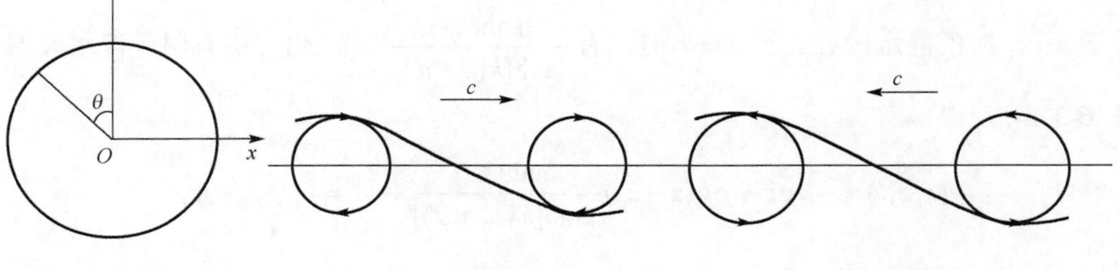

(a) 深水波运动轨迹　　(b) 波沿x轴传播　　(c) 波沿$-x$轴传播

图 6-8　深水波传播

4．流线

将速度分量式(6-4-3)代入流线微分方程，得

$$\frac{dx}{A_0\omega e^{kz}\cos(kx-\omega t)}=\frac{dz}{A_0\omega e^{kz}\sin(kx-\omega t)}$$

整理，得

$$dz=\frac{\sin(kx-\omega t)dx}{\cos(kx-\omega t)}=\frac{-\frac{1}{k}d[\cos(kx-\omega t)]}{\cos(kx-\omega t)}$$

积分后得

$$e^{kz}\cos(kx-\omega t)=c(t) \tag{6-4-6}$$

或者由有限等深水波的流线方程：

$$\cos[k(x-ct)]\sinh[k(z+d)]=C(t)$$

$d=\infty$ 时，有 $\sinh[k(z+d)]=\dfrac{e^{k(z+d)}-e^{-k(z+d)}}{2}\approx\dfrac{e^{k(z+d)}}{2}=\dfrac{e^{kd}}{2}e^{kz}$，记 $c(t)=\dfrac{2C(t)}{e^{kd}}$，得

$$e^{kz}\cos(kx-\omega t)=c(t)$$

图像如图 6-9 所示。

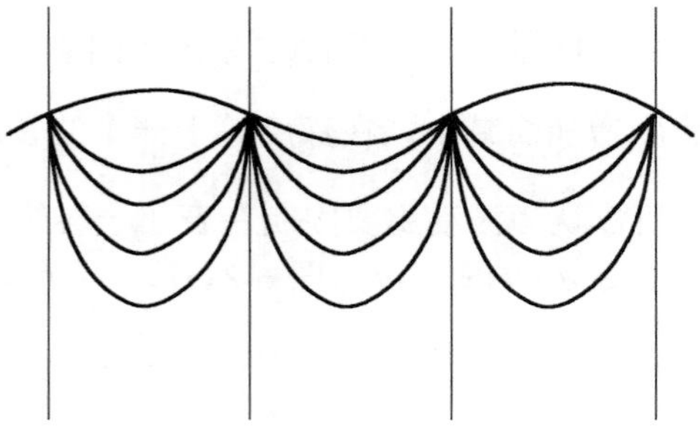

图 6-9　深水进行波流线图

5．压强

将速度势函数式(6-4-1)代入基本方程(6-3-1)中的最后一项 $\dfrac{\partial\varphi}{\partial t}+\dfrac{p-p_0}{\rho}+gz=0$，有

$$\begin{aligned}p(x,z,t)&=-\rho gz-\rho\frac{\partial\varphi}{\partial t}+p_0\\&=-\rho gz+\rho gA_0e^{kz}\cos(kx-\omega t)+p_0\end{aligned}$$

压强方程右端第二项中的 x、z 用 x_0、z_0 代替，由迹线方程 $z-z_0=A_0e^{kz_0}\cos(kx-\omega t)$，得 $\rho gA_0e^{kz}\cos(kx-\omega t)\approx\rho gA_0e^{kz_0}\cos(kx_0-\omega t)=\rho g(z-z_0)$，则

$$p(x,z,t)=-\rho gz+\rho g(z-z_0)+p_0=-\rho gz_0+p_0 \tag{6-4-7}$$

这表明，在静止时(无波动时)处于同一水平位置 z_0 上的液体所有质点，在波动时压强相同，都等于 $z=z_0$ 时的静水压强。当 $d=\infty$ 时，有 $\dfrac{\tanh(kd)}{\tanh[k(z+d)]}=1$，也可由有限等深水波的压强公式(6-3-14)，得

$$p(x,z,t)=-\rho gz+\rho g(z-z_0)\frac{\tanh(kd)}{\tanh[k(z_0+d)]}+p_0=-\rho gz_0+p_0$$

6.4.2　深水驻波

两列深水波分别为

$$\varphi_1=\frac{g}{\omega}\frac{A_0}{2}e^{kz}\sin(kx-\omega t)$$

和

$$\varphi_2 = \frac{g}{\omega}\frac{A_0}{2}\mathrm{e}^{kz}\sin(kx+\omega t)$$

它们的叠加为

$$\varphi = \varphi_1 + \varphi_2 = \frac{gA_0}{2\omega}\mathrm{e}^{kz}[\sin(kx-\omega t)+\sin(kx+\omega t)] = \frac{A_0 g}{\omega}\mathrm{e}^{kz}\sin(kx)\cos(\omega t) \tag{6-4-8}$$

或由有限等深驻波的公式(6-3-15) $\varphi = \frac{A_0 g}{\omega}\frac{\cosh[k(z+d)]}{\cosh(kd)}\sin(kx)\cos(\omega t)$，当 $d=\infty$ 时，有

$$\varphi = \frac{A_0 g}{\omega}\mathrm{e}^{kz}\sin(kx)\cos(\omega t)$$

1．自由面形状

$$\zeta = -\frac{1}{g}\frac{\partial\varphi}{\partial t}\bigg|_{z=0} = A_0\sin(kx)\sin(\omega t)$$

驻波的波长、波数、周期和圆频率，都与进行波一样。

2．质点速度

与进行波一样，质点速度为

$$\begin{cases} u = \dfrac{\partial\varphi}{\partial x} = A_0\omega\mathrm{e}^{kz}\cos(kx)\cos(\omega t) \\ w = \dfrac{\partial\varphi}{\partial z} = A_0\omega\mathrm{e}^{kz}\sin(kx)\cos(\omega t) \end{cases} \tag{6-4-9}$$

也可由有限等深驻波的速度公式(6-3-17)，当 $d=\infty$ 时，有

$$\begin{cases} u = A_0\omega\dfrac{\cosh[k(z+d)]}{\sinh(kd)}\cos(kx)\cos(\omega t) = A_0\omega\mathrm{e}^{kz}\cos(kx)\cos(\omega t) \\ w = A_0\omega\dfrac{\sinh[k(z+d)]}{\sinh(kd)}\sin(kx)\cos(\omega t) = A_0\omega\mathrm{e}^{kz}\sin(kx)\cos(\omega t) \end{cases}$$

3．质点的迹线

求质点运动的迹线，并与进行波一样以 x_0、z_0 分别代替 x、z，得

$$\begin{cases} \dfrac{\mathrm{d}x}{\mathrm{d}t} = u \approx A_0\omega\mathrm{e}^{kz_0}\cos(kx_0)\cos(\omega t) \\ \dfrac{\mathrm{d}z}{\mathrm{d}t} = w \approx A_0\omega\mathrm{e}^{kz_0}\sin(kx_0)\cos(\omega t) \end{cases}$$

积分后得迹线：

$$\begin{cases} x - x_0 = A_0\mathrm{e}^{kz_0}\cos(kx_0)\sin(\omega t) \\ z - z_0 = A_0\mathrm{e}^{kz_0}\sin(kx_0)\sin(\omega t) \end{cases} \tag{6-4-10}$$

消去 t 得

$$\frac{z-z_0}{x-x_0}=\tan(kx_0) \tag{6-4-11}$$

也可由有限等深驻波的迹线，当 $d=\infty$ 时，有

$$z-z_0=(x-x_0)\tanh[k(z_0+d)]\tan(kx_0)=(x-x_0)\tan(kx_0)$$

这表明，质点的迹线是一条直线，直线的倾角是 kx_0，在节点处 $\tan(kx_0)=\tan(n\pi)=0$，迹线为 $z=z_0$，质点做水平运动，在波峰及波谷处，$\tan(kx_0)=\infty$，即质点做垂直方向的运动，这与对速度的分析一致。同时，质点运动的振幅 $A_0\mathrm{e}^{kz_0}$ 也随深度增加而减小。

4．流线

将速度分量式(6-4-9)代入流线微分方程，得

$$\frac{\mathrm{d}x}{A_0\omega\mathrm{e}^{kz}\cos(kx)\cos(\omega t)}=\frac{\mathrm{d}z}{A_0\omega\mathrm{e}^{kz}\sin(kx)\cos(\omega t)}$$

整理，得

$$\frac{\mathrm{d}x}{\cos(kx)}=\frac{\mathrm{d}z}{\sin(kx)} \tag{6-4-12}$$

积分后得

$$\mathrm{e}^{kz}\cos(kx)=c \tag{6-4-13}$$

这就是流线方程。

由于流线方程不含有时间，故流线与迹线重合。对于求流线的方程(6-4-12)，在 x_0 邻域内，有

$$\frac{x-x_0}{\cos(kx_0)}=\frac{z-z_0}{\sin(kx_0)}$$

即

$$\frac{z-z_0}{x-x_0}=\tan(kx_0)$$

得证流线与迹线重合。

5．压强

将速度势函数式(6-4-8)代入压强公式 $\dfrac{\partial\varphi}{\partial t}+\dfrac{p-p_0}{\rho}+gz=0$，有

$$p(x,z,t)=-\rho gz-\rho\frac{\partial\varphi}{\partial t}+p_0=-\rho gz+\rho gA_0\mathrm{e}^{kz}\sin(kx)\sin(\omega t)+p_0$$

由迹线方程(6-4-10)第二式 $z-z_0=A_0\mathrm{e}^{kz_0}\sin(kx_0)\sin(\omega t)$，得

$$p(x,z,t)=-\rho gz_0+p_0$$

这与深水进行波一样。表明，在静止时(无波动时)处于同一水平位置 z_0 上的液体所有质点，在波动时压强相同，都等于 $z=z_0$ 时的静水压强。

6.4.3　浅水长波

当 $d \to 0$ 时，有

$$\begin{cases} \sinh(kd) = \dfrac{e^{kd} - e^{-kd}}{2} \approx kd \\ \cosh(kd) = \dfrac{e^{kd} + e^{-kd}}{2} \approx 1 \\ \tanh(kd) \approx kd \end{cases}$$

对于有限等深水波的波速表达式(6-3-5)，有

$$c^2 = \frac{g}{k}\tanh(kd) = gd \tag{6-4-14}$$

对于有限等深水波的势函数表达式(6-3-4)，有

$$\varphi = \frac{A_0 g}{kc}\frac{\cosh[k(z+d)]}{\cosh(kd)}\sin[k(x-ct)] = \frac{A_0 g}{kc}\sin[k(x-ct)] = \frac{A_0}{k}\sqrt{\frac{g}{d}}\sin[k(x-ct)] \tag{6-4-15}$$

1．自由面形状

$$\zeta = -\frac{1}{g}\frac{\partial\varphi}{\partial t}\bigg|_{z=0} = A_0\cos[k(x-ct)]$$

上式表明，自由面形状仍是有限等深水波的形状。

2．质点速度

由有限等深水波的速度公式(6-3-10)，当 $d \to 0$ 时，有

$$\begin{cases} u = A_0\omega\dfrac{\cosh[k(z+d)]}{\sinh(kd)}\cos[k(x-ct)] = \dfrac{A_0 c}{d}\cos[k(x-ct)] = A_0\sqrt{\dfrac{g}{d}}\cos[k(x-ct)] \\ w = A_0\omega\dfrac{\sinh[k(z+d)]}{\sinh(kd)}\sin[k(x-ct)] = A_0\omega\dfrac{k(z+d)}{kd}\sin[k(x-ct)] = A_0 ck\left(1+\dfrac{z}{d}\right)\sin[k(x-ct)] \end{cases} \tag{6-4-16}$$

或者由速度势求导(注意此时不能用式(6-4-15)对 z 求导，因为此表达式考虑到 z 是小量而忽略了有关项，要用有限等深水波的势函数(6-3-4)进行求导)，得

$$\begin{cases} u = \dfrac{\partial\varphi}{\partial x} = \dfrac{\partial\left\{\dfrac{A_0}{k}\sqrt{\dfrac{g}{d}}\sin[k(x-ct)]\right\}}{\partial x} = A_0\sqrt{\dfrac{g}{d}}\cos[k(x-ct)] \\ w = \dfrac{\partial\varphi}{\partial z} = \dfrac{\partial\left\{A\dfrac{\cosh[k(z+d)]}{\cosh(kd)}\sin[k(x-ct)]\right\}}{\partial z} = A_0 ck\left(1+\dfrac{z}{d}\right)\sin[k(x-ct)] \end{cases}$$

3．质点的迹线

对于求质点运动迹线的方程：

$$\begin{cases} \dfrac{\mathrm{d}x}{\mathrm{d}t} = A_0\sqrt{\dfrac{g}{d}}\cos[k(x-ct)] \\ \dfrac{\mathrm{d}z}{\mathrm{d}t} = A_0 ck\left(1+\dfrac{z}{d}\right)\sin[k(x-ct)] \end{cases}$$

考虑速度表达式中以 x_0、z_0 分别代替 x、z 积分，从而有

$$\begin{cases} x - x_0 \approx \int A_0\sqrt{\dfrac{g}{d}}\cos[k(x_0-ct)]\mathrm{d}t = -\dfrac{A_0}{kc}\sqrt{\dfrac{g}{d}}\sin[k(x_0-ct)] = -\dfrac{A_0}{kd}\sin[k(x_0-ct)] \\ z - z_0 \approx \int A_0 ck\left(1+\dfrac{z_0}{d}\right)\sin[k(x_0-ct)]\mathrm{d}t = A_0\left(1+\dfrac{z_0}{d}\right)\cos[k(x_0-ct)] \end{cases} \tag{6-4-17}$$

消去上式中的 t，得

$$\frac{(x-x_0)^2}{\left(\dfrac{A_0}{kd}\right)^2} + \frac{(z-z_0)^2}{\left[A_0\left(1+\dfrac{z_0}{d}\right)\right]^2} = 1 \tag{6-4-18}$$

4．流线

将速度分量式(6-4-16)代入流线微分方程，得

$$\frac{\mathrm{d}x}{\sqrt{\dfrac{g}{d}}\cos[k(x-ct)]} = \frac{\mathrm{d}z}{ck\left(1+\dfrac{z}{d}\right)\sin[k(x-ct)]}$$

考虑到 $c^2 = gd$，整理，得

$$\frac{k\sin[k(x-ct)]\mathrm{d}x}{\cos[k(x-ct)]} = -\frac{\mathrm{d}\{\cos[k(x-ct)]\}}{\cos[k(x-ct)]} = \frac{\mathrm{d}z}{z+d}$$

积分后得

$$(z+d)\cos[k(x-ct)] = C(t) \tag{6-4-19}$$

也可由有限等深水波的流线方程(6-3-13)，当 $d \to 0$ 时，有

$$\cos[k(x-ct)]\sinh[k(z+d)] = k(z+d)\cos[k(x-ct)] = C(t)$$

5．压强

将速度势函数式(6-4-15)代入压强方程，有

$$p(x,z,t) = -\rho gz - \rho\frac{\partial\varphi}{\partial t} + p_0 = -\rho gz + \rho gA_0\cos[k(x-ct)] + p_0$$

将 $z - z_0 = A_0\left(1+\dfrac{z_0}{d}\right)\cos[k(x_0-ct)]$ 代入上式，得

$$p(x,z,t) = -\rho gz + \rho g(z-z_0)\frac{d}{z_0+d} + p_0 \tag{6-4-20}$$

也可由有限等深水波的压强公式(6-3-14)，当 $d \to 0$ 时，有 $\dfrac{\tanh(kd)}{\tanh[k(z+d)]} = \dfrac{kd}{k(z+d)} = \dfrac{d}{z+d}$，得

$$p(x,z,t) = -\rho g z + \rho g(z - z_0)\frac{\tanh(kd)}{\tanh[k(z_0 + d)]} + p_0 = -\rho g z + \rho g(z - z_0)\frac{d}{z_0 + d} + p_0$$

6.5 波　群

驻波是两列振幅、波长都相同但传播方向相反的波的叠加。现在讨论两列振幅相同、波长不同的进行波的叠加。

取

$$\zeta_1 = A_0 \cos(kx - \omega t)$$
$$\zeta_2 = A_0 \cos(k'x - \omega' t)$$

其中，k, k' 与 ω, ω' 分别表示不同进行波的波数与圆频率。现将两式相加有

$$\begin{aligned}\zeta &= A_0 \cos(kx - \omega t) + A_0 \cos(k'x - \omega' t) \\ &= 2A_0 \cos\left(\frac{k - k'}{2}x - \frac{\omega - \omega'}{2}t\right)\cos\left(\frac{k + k'}{2}x - \frac{\omega + \omega'}{2}t\right)\end{aligned} \tag{6-5-1}$$

当 $k \approx k', \omega \approx \omega'$ 时，有

$$\zeta = 2A_0 \cos\left(\frac{k - k'}{2}x - \frac{\omega - \omega'}{2}t\right)\cos(kx - \omega t) \tag{6-5-2}$$

合成波面的波长和频率与原来的波相近：

$$\lambda = \frac{2\pi}{\frac{k + k'}{2}} \approx \frac{2\pi}{k}$$

$$T = \frac{2\pi}{\frac{\omega + \omega'}{2}} \approx \frac{2\pi}{\omega}$$

根据 $\frac{k + k'}{2}x - \frac{\omega + \omega'}{2}t = \text{const}$，得波速为

$$c = \frac{\mathrm{d}x}{\mathrm{d}t} = \frac{\omega + \omega'}{k + k'} \approx \frac{\omega}{k}$$

图 6-10 显示了波数与频率相近的两列波叠加的波面，每一个波的余弦函数都近似为 $\cos(kx - \omega t)$，但波的振幅是一个余弦曲线 $2A_0 \cos\left(\frac{k - k'}{2}x - \frac{\omega - \omega'}{2}t\right)$，它是随时间和空间做周期性变化的。把振幅的周期性变化称为群落(包络)，通常称为波群，波群的长度为

$$\lambda_g = \frac{\pi}{\frac{k - k'}{2}} = \frac{2\pi}{k - k'} \gg \frac{2\pi}{k} = \lambda \tag{6-5-3}$$

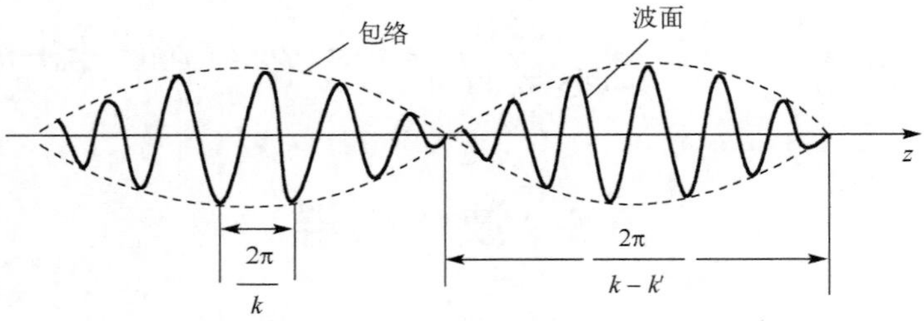

图 6-10　波群

波群的传播速度由 $\frac{k-k'}{2}x-\frac{\omega-\omega'}{2}t=\text{const}$，得

$$c_g=\frac{\mathrm{d}x}{\mathrm{d}t}=\frac{\omega-\omega'}{k-k'}\approx\frac{\mathrm{d}\omega}{\mathrm{d}k} \tag{6-5-4}$$

一般来说，一组具有连续的但波数范围（$k_0+\Delta k, k_0-\Delta k$）很窄的余弦波叠加在一起时，其自由面高度是

$$\zeta=\int_{k_0-\Delta k}^{k_0+\Delta k}A(k)\mathrm{e}^{\mathrm{i}(kx-\omega t)}\mathrm{d}k$$

的实部。其中 $\omega=\omega(k)$，其在 $k=k_0$ 处泰勒展开为

$$\omega=\omega(k)=\omega(k_0)+(k-k_0)\left.\frac{\mathrm{d}\omega}{\mathrm{d}k}\right|_{k_0}+O[(k-k_0)^2]$$

于是

$$\begin{aligned}\zeta&=\int_{k_0-\Delta k}^{k_0+\Delta k}A(k)\mathrm{e}^{\mathrm{i}(kx-\omega t-k_0x+\omega_0t+k_0x-\omega_0t)}\mathrm{d}k\\&\approx\int_{k_0-\Delta k}^{k_0+\Delta k}A(k_0)\mathrm{e}^{\mathrm{i}\left[(k-k_0)x-(k-k_0)\left.\frac{\mathrm{d}\omega}{\mathrm{d}k}\right|_{k_0}t\right]}\mathrm{e}^{\mathrm{i}(k_0x-\omega_0t)}\mathrm{d}k\\&=A(k_0)\mathrm{e}^{\mathrm{i}(k_0x-\omega_0t)}\left.\frac{\mathrm{e}^{\mathrm{i}\left[(k-k_0)\left(x-\left.\frac{\mathrm{d}\omega}{\mathrm{d}k}\right|_{k_0}t\right)\right]}}{x-\left.\frac{\mathrm{d}\omega}{\mathrm{d}k}\right|_{k_0}t}\right|_{k_0-\Delta k}^{k_0+\Delta k}\\&=A(k_0)\mathrm{e}^{\mathrm{i}(k_0x-\omega_0t)}\frac{\mathrm{e}^{\mathrm{i}\left[\Delta k\left(x-\left.\frac{\mathrm{d}\omega}{\mathrm{d}k}\right|_{k_0}t\right)\right]}-\mathrm{e}^{-\mathrm{i}\left[\Delta k\left(x-\left.\frac{\mathrm{d}\omega}{\mathrm{d}k}\right|_{k_0}t\right)\right]}}{x-\left.\frac{\mathrm{d}\omega}{\mathrm{d}k}\right|_{k_0}t}\\&=\frac{2\mathrm{i}A(k_0)\sin\left[\left(x-\left.\frac{\mathrm{d}\omega}{\mathrm{d}k}\right|_{k_0}t\right)\Delta k\right]}{x-\left.\frac{\mathrm{d}\omega}{\mathrm{d}k}\right|_{k_0}t}\mathrm{e}^{\mathrm{i}(k_0x-\omega_0t)}\end{aligned}$$

即

$$\zeta = \frac{2A(k_0)\sin\left[\left(x - \left.\frac{\mathrm{d}\omega}{\mathrm{d}k}\right|_{k_0} t\right)\Delta k\right]}{x - \left.\frac{\mathrm{d}\omega}{\mathrm{d}k}\right|_{k_0} t}[\mathrm{i}\cos(k_0 x - \omega_0 t) - \sin(k_0 x - \omega_0 t)]$$

于是，复数的实部对应的波面为

$$\zeta = -\frac{2A(k_0)\sin\left[\left(x - \left.\frac{\mathrm{d}\omega}{\mathrm{d}k}\right|_{k_0} t\right)\Delta k\right]}{x - \left.\frac{\mathrm{d}\omega}{\mathrm{d}k}\right|_{k_0} t}\sin(k_0 x - \omega_0 t) \tag{6-5-5}$$

振幅为

$$\frac{2A(k_0)\sin\left[\left(x - \left.\frac{\mathrm{d}\omega}{\mathrm{d}k}\right|_{k_0} t\right)\Delta k\right]}{x - \left.\frac{\mathrm{d}\omega}{\mathrm{d}k}\right|_{k_0} t}$$

振幅是正弦变化的，具有包络的波群形式，以速度 $c_g = \left.\frac{\mathrm{d}\omega}{\mathrm{d}k}\right|_{k_0}$ 行进。

对进行波的波速 $c^2 = \frac{g}{k}\tanh(kd)$，两边微分得

$$2c\mathrm{d}c = \left\{-\frac{g}{k^2}\tanh(kd) + \frac{gd}{k}[1 - \tanh^2(kd)]\right\}\mathrm{d}k$$

于是

$$k\frac{\mathrm{d}c}{\mathrm{d}k} = -\frac{g\tanh(kd)}{2kc} + \frac{gd}{2c}[1 - \tanh^2(kd)] = -\frac{c}{2} + \frac{gd}{2c[\cosh^2(kd)]}$$

由 $c^2 = \frac{g}{k}\tanh(kd)$，将 $g = \frac{c^2 k}{\tanh(kd)}$ 代入上式，得

$$k\frac{\mathrm{d}c}{\mathrm{d}k} = -\frac{c}{2} + \frac{dkc^2}{2c[\cosh^2(kd)]\tanh(kd)} = c\left[-\frac{1}{2} + \frac{kd}{\sinh(2kd)}\right]$$

对于简谐波，$\omega = kc$，于是

$$c_g = \frac{\mathrm{d}\omega}{\mathrm{d}k} = c + k\frac{\mathrm{d}c}{\mathrm{d}k} = c - \lambda\frac{\mathrm{d}c}{\mathrm{d}\lambda}$$

即

$$c_g = c + k\frac{\mathrm{d}c}{\mathrm{d}k} = c\left[\frac{1}{2} + \frac{kd}{\sinh(2kd)}\right]$$

对于深水波，$d \to \infty$，$c_g = c\left[\frac{1}{2} + \frac{kd}{\sinh(2kd)}\right] = \frac{c}{2} = \frac{1}{2}\sqrt{\frac{g}{k}}$；

对于浅水波，$d \to 0$，$c_g = c\left[\frac{1}{2} + \frac{kd}{\sinh(2kd)}\right] \approx c\left[\frac{1}{2} + \frac{kd}{2kd}\right] = c = \sqrt{gd}$ 。

6.6 波动的能量、波阻

6.6.1 动能

以一个波长范围来计算液体波动的动能，如图 6-11 所示。深度为 d 的液体的波动动能为

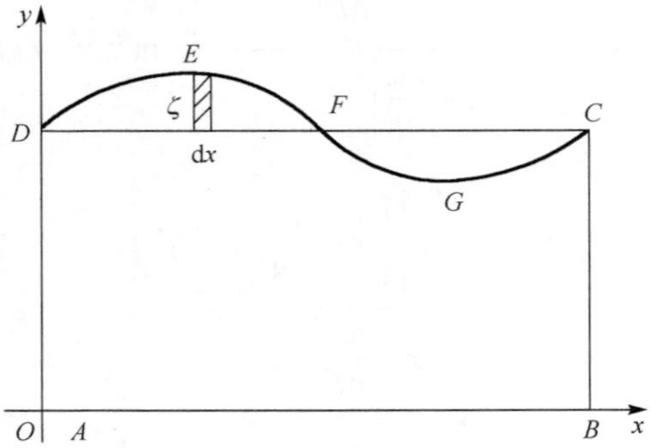

图 6-11　一个波长内的波动示意图

$$K=\int_{-d}^{0}\int_{0}^{\lambda}\frac{\rho}{2}\boldsymbol{v}\cdot\boldsymbol{v}\mathrm{d}x\mathrm{d}z=\int_{-d}^{0}\int_{0}^{\lambda}\frac{\rho}{2}\left[\left(\frac{\partial\varphi}{\partial x}\right)^2+\left(\frac{\partial\varphi}{\partial y}\right)^2\right]\mathrm{d}x\mathrm{d}z$$

根据式(6-1-7)，有

$$K=\frac{\rho}{2}\oint_{l}\varphi\frac{\partial\varphi}{\partial n}\mathrm{d}l=\frac{\rho}{2}\int_{0}^{\lambda}\varphi\frac{\partial\varphi}{\partial n}\bigg|_{z=0}\mathrm{d}x=\frac{\rho}{2}\int_{0}^{\lambda}\varphi\frac{\partial\varphi}{\partial z}\bigg|_{z=0}\mathrm{d}x \tag{6-6-1}$$

将进行波的速度势公式(6-3-4) $\varphi=\dfrac{A_0 g}{\omega}\dfrac{\cosh[k(z+d)]}{\cosh(kd)}\sin(kx-\omega t)$ 代入式(6-6-1)，得

$$K=\frac{\rho}{2}\int_{0}^{\lambda}\varphi\frac{\partial\varphi}{\partial z}\bigg|_{z=0}\mathrm{d}x=\frac{\rho}{2}k\left[\frac{A_0 g}{\omega\cosh(kd)}\right]^2\cosh[k(z+d)]\sinh[k(z+d)]\big|_{z=0}\int_{0}^{\lambda}\sin^2(kx-\omega t)\mathrm{d}x$$

代入波速表达式 $c^2=\dfrac{g}{k}\tanh(kd)$，$\omega=kc$，计算后得

$$K=\frac{\rho\lambda}{4}k\left(\frac{A_0 g}{\omega}\right)^2\frac{\sinh(kd)}{\cosh(kd)}=\frac{1}{4}\rho g A_0^2\lambda \tag{6-6-2}$$

将驻波的速度势公式(6-3-15) $\varphi=\dfrac{A_0 g}{\omega}\dfrac{\cosh[k(z+d)]}{\cosh(kd)}\sin(kx)\cos(\omega t)$ 代入式(6-6-1)，得

$$K=\frac{\rho}{2}\int_{0}^{\lambda}\varphi\frac{\partial\varphi}{\partial z}\bigg|_{z=0}\mathrm{d}x=\frac{1}{4}\rho g A_0^2\lambda\cos^2(\omega t) \tag{6-6-3}$$

6.6.2　势能

如图 6-11 所示，相对平衡态，波动的势能可看作把低于平衡位置的部分 FGC 提高到高于平衡位置的部分 DEF 所增加的势能(波面对应大气压)。设平衡时势能为 0，波动时的势能为

$$P=\int_0^{\lambda}\mathrm{d}x\int_0^{\zeta}\rho gz\mathrm{d}z=\int_0^{\lambda}\frac{\rho g\zeta^2}{2}\mathrm{d}x \tag{6-6-4}$$

代入进行波波面方程 $\zeta=A_0\cos(kx-\omega t)$，得

$$P=\frac{1}{2}\rho gA_0^2\int_0^{\lambda}\cos^2(kx-\omega t)\mathrm{d}x=\frac{1}{2}\rho gA_0^2\int_0^{\lambda}\frac{\cos[2(kx-\omega t)]+1}{2}\mathrm{d}x=\frac{1}{4}\rho gA_0^2\lambda \tag{6-6-5}$$

代入驻波波面方程 $\zeta=A_0\sin(kx)\sin(\omega t)$，得

$$P=\frac{1}{2}\rho gA_0^2\sin^2(\omega t)\int_0^{\lambda}\sin^2(kx)\mathrm{d}x=\frac{1}{4}\rho gA_0^2\lambda\sin^2(\omega t)$$

对于进行波，有

$$K+P=\frac{1}{2}\rho gA_0^2\lambda \tag{6-6-6}$$

对于驻波，有

$$K+P=\frac{1}{4}\rho gA_0^2\lambda \tag{6-6-7}$$

6.6.3　能量的传递

随着波的传播，能量也将传递，能量传递是通过与波动方向相垂直的平面做功来实现的。在与波传播方向相垂直的平面 yz 上取一截面，计算 $\mathrm{d}t$ 时间内压强在此截面上所做的功：

$$\mathrm{d}W=\int_{-d}^{\zeta}pu\mathrm{d}z\mathrm{d}t \tag{6-6-8}$$

对于进行波，有

$$\varphi=\frac{A_0g}{\omega}\frac{\cosh[k(z+d)]}{\cosh(kd)}\sin(kx-\omega t)$$

$$p=-\rho gz+p_0-\rho\frac{\partial\varphi}{\partial t}=-\rho gz+p_0+\rho A_0g\frac{\cosh[k(z+d)]}{\cosh(kd)}\cos[k(x-ct)]$$

$$u=\frac{\partial\varphi}{\partial x}=\frac{A_0gk}{\omega}\frac{\cosh[k(z+d)]}{\cosh(kd)}\cos[k(x-ct)]=A_0\omega\frac{\cosh[k(z+d)]}{\sinh(kd)}\cos[k(x-ct)]$$

功在一个周期内的平均值为

$$
\begin{aligned}
W &= \frac{1}{T}\int_0^T\int_{-d}^{\zeta}\left\{-\rho g z + \rho g A_0 \frac{\cosh[k(z+d)]}{\cosh(kd)}\cos[k(x-ct)] + p_0\right\} \\
&\quad \cdot \left\{A_0\omega \frac{\cosh[k(z+d)]}{\sinh(kd)}\cos[k(x-ct)]\right\}\mathrm{d}z\mathrm{d}t \\
&= \frac{1}{T}\int_0^T\int_{-d}^{\zeta}(p_0-\rho g z)A_0\omega\frac{\cosh[k(z+d)]}{\sinh(kd)}\cos[k(x-ct)]\mathrm{d}z\mathrm{d}t \\
&\quad + \frac{1}{T}\int_0^T\int_{-d}^{\zeta}\rho g A_0^2\omega\frac{\cosh^2[k(z+d)]}{\cosh(kd)\sinh(kd)}\cos^2[k(x-ct)]\mathrm{d}z\mathrm{d}t \\
&= \frac{2\rho g A_0^2\omega}{T\sinh(2kd)}\int_0^T\cos^2[k(x-ct)]\mathrm{d}t\int_{-d}^{0}\cosh^2[k(z+d)]\mathrm{d}z \\
&= \frac{2\rho g A_0^2\omega}{T\sinh(2kd)}\frac{T}{2}\left\{\frac{\sinh[2k(z+d)]}{4k}+\frac{1}{2}\right\}\Bigg|_{-d}^{0} = \frac{1}{4}\rho g A_0^2 c\left[1+\frac{2kd}{\sinh(2kd)}\right]
\end{aligned}
\tag{6-6-9}
$$

式(6-6-9)表明：通过与波传播方向相垂直的平面，左侧液体对右侧液体在一个周期内的平均做功值，就是左侧液体向右侧液体在一个周期内平均转移的能量。

由群速度 $c_g = c\left[\frac{1}{2}+\frac{kd}{\sinh(2kd)}\right]=\frac{c}{2}\left[1+\frac{2kd}{\sinh(2kd)}\right]$，有

$$
W=\frac{1}{4}\rho g A_0^2 c\left[1+\frac{2kd}{\sinh(2kd)}\right]=\frac{1}{2}\rho g A_0^2 c_g \tag{6-6-10}
$$

说明群速度代表了波能的传播速度。

6.6.4　波阻

物体在液面上行进，其后将兴起表面波，物体也将由于兴波而遭受阻力，物体以速度 c 行进时，单位时间内将使液体增加的波能为

$$
(K+P)\frac{c}{\lambda}=\frac{1}{2}\rho g A_0^2 c
$$

此波能由两部分提供：一部分来源于物体单位时间内所做的功，它等于兴波阻力 R_w 与 c 的乘积；另一部分是原先形成的波动传递而来的能量，有

$$
W=\frac{1}{4}\rho g A_0^2 c\left[1+\frac{2kd}{\sinh(2kd)}\right]=\frac{1}{2}\rho g A_0^2 c_g
$$

按能量守恒有 $\frac{1}{2}\rho g A_0^2 c = W + R_w c = \frac{1}{2}\rho g A_0^2 c_g + R_w c$，由此得

$$
R_w=\frac{\rho g A_0^2 (c-c_g)}{2c}=\frac{\rho g A_0^2\left[1-\frac{2kd}{\sinh(2kd)}\right]}{4} \tag{6-6-11}
$$

对于深水波，有

$$
R_w=\frac{\rho g A_0^2}{4} \tag{6-6-12}
$$

课 后 习 题

6.1　在不可压缩流体的无界流场中放置一无穷长的直圆柱，其半径为 a ，以常速度 v_0 沿 x 轴方向做匀速直线运动，不计重力，(1)运动是否无旋；(2)若无旋，求流场速度势函数、柱体表面压强分布。

6.2　若不可压缩流场的流速 $v_x = kx,\ v_y = -ky,\ v_z = 0$ ，k 为定值，求流动的势函数。

6.3　已知有限等深液体中的波动势函数 $\varphi = A\dfrac{\cosh[k(z+d)]}{\cosh(kd)}\sin[k(x-ct)]$ ，通过

$$\begin{cases}\nabla^2\varphi = 0 \\ z = 0: \dfrac{\partial\varphi}{\partial z} = -\dfrac{1}{g}\dfrac{\partial^2\varphi}{\partial t^2} \\ z = -d: \dfrac{\partial\varphi}{\partial z} = 0 \\ \dfrac{\partial\varphi}{\partial t} + \dfrac{p - p_0}{\rho} + gz = 0\end{cases}$$

分析深水波、浅水波的势函数、波速、速度和压强的表达式。

6.4　$d = 10\text{m}$ 的等深水域中有一沿 x 轴正向传播的平面小振幅波，波长 $\lambda = 10\text{m}$，波幅 $A = 0.1\text{m}$，试求：

(1)波速、波数、周期；

(2)波面方程；

(3)平衡位置在水面以下 0.5m 流体质点的运动轨迹。

6.5　已知有限等深水波的速度势函数为 $\varphi = \dfrac{A_0 g}{kc}\dfrac{\cosh[k(z+d)]}{\cosh(kd)}\sin[k(x-ct)]$ ，波面 $\zeta = -\dfrac{1}{g}\dfrac{\partial\varphi}{\partial t}$ ，求它的动能、势能和一个周期内平均传递的能量。

6.6　在海洋中观测到 1min 内浮标升降 15 次，其波动可认为是无限深水中的小振幅进行波，求其波长及传播速度。

6.7　湖泊中的湖面波有时可以近似地认为是一种小振幅谐波，假设该波的速度势函数为 $\varphi = -\dfrac{Hg}{2\omega}\cos[k(x-Ut)]$，其中 k 为波数，ω 为圆频率，H 为波高，g 为重力加速度，U 为长波的波速，试求：

(1)对应长波的自由面形状；

(2)流体质点在平衡点附近的运动轨迹；

(3)水深 z 处的压力；

(4)一个波长的长波总能量。

第 7 章　流函数及复速度势应用

流体力学的很多问题都是相当复杂的，如机翼绕流问题，空气本身是有黏性和可压缩的，机翼和机身的形状又很复杂，如果把这些因素都考虑进去，必然难以求出解析解。因此，用第 3 章的量纲分析法，忽略次要因素，找到主要矛盾，这样就可以使问题简化，求得解析解，然后再通过与实际对照，对得到的结果进行修正，得出有用的结论。第 6 章已用这种方法对水波进行了分析，本章还是在这一研究思路的指导下，把黏性效应不显著的流体假设为理想流体，当流动速度不是很大时，空气也可以视为不可压缩流体，第 5 章得出对于理想、正压、体积力有势的流体，旋度保持不变。因此，无穷远均匀来流就可以保持无旋运动，本章就对理想不可压缩流体的无旋流动进行分析。

7.1　流　函　数

7.1.1　不可压缩流体的平面无旋流动

在工作实践中常会碰到这样的物体，它的一个方向的尺度比另外两个方向的尺度大得多，所以可以近似看成横截面形状不变的柱体，把尺度大的方向定义为 z 方向，流动只在与 xy 平面平行的平面内进行，在与这种平面垂直(即与 z 轴平行)的直线上，所有的物理量保持不变，即它对 z 的偏导数为 0。于是，平面运动的数学定义是 $v_z=0$，$\dfrac{\partial}{\partial z}=0$。如果流体不可压缩，则 $\nabla\cdot\boldsymbol{v}=\dfrac{\partial u}{\partial x}+\dfrac{\partial v}{\partial y}=0$。

1. 直角坐标系

定义流函数：

$$u=\frac{\partial\psi}{\partial y},\qquad v=-\frac{\partial\psi}{\partial x}\tag{7-1-1}$$

显然有

$$\nabla\cdot\boldsymbol{v}=\frac{\partial u}{\partial x}+\frac{\partial v}{\partial y}=\frac{\partial}{\partial x}\frac{\partial\psi}{\partial y}-\frac{\partial}{\partial y}\frac{\partial\psi}{\partial x}=0$$

即对流函数(7-1-1)，不可压缩性自动满足。

流函数的性质如下。

(1) $\psi(M)=C$ 是流线，它的切线方向和速度矢量方向重合。

证明：$0=\mathrm{d}\psi=\dfrac{\partial\psi}{\partial x}\mathrm{d}x+\dfrac{\partial\psi}{\partial y}\mathrm{d}y=-v\mathrm{d}x+u\mathrm{d}y$，于是流线上的线元 $\mathrm{d}\boldsymbol{r}=\mathrm{d}x\boldsymbol{i}+\mathrm{d}y\boldsymbol{j}$ 满足

$$\frac{\mathrm{d}x}{\mathrm{d}y}=\frac{u}{v}$$

即线元的切线方向和速度矢量方向重合。因此，定常流中，任何一条流线都可以看作固体的壁面，我们也可以定义固壁为 0 流线。

(2) 通过曲线 M_0M 的流量等于两点上的流函数之差。

证明：如图 7-1 所示，有

$$\begin{aligned}\psi(M)&=\psi(M_0)+\int_{M_0}^{M}\mathrm{d}\psi\\&=\psi(M_0)+\int_{M_0}^{M}\frac{\partial\psi}{\partial x}\mathrm{d}x+\frac{\partial\psi}{\partial y}\mathrm{d}y\\&=\psi(M_0)+\int_{M_0}^{M}-v\mathrm{d}x+u\mathrm{d}y\end{aligned}$$

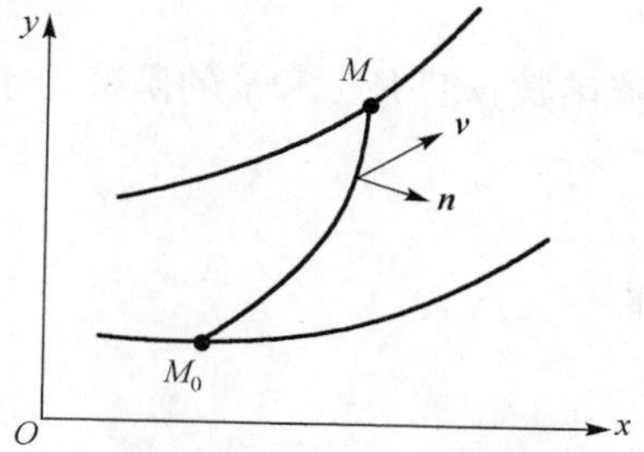

图 7-1　流函数与速度

由于

$$\begin{cases}\mathrm{d}x=-\mathrm{d}s\cdot\sin(\boldsymbol{n},\boldsymbol{i})=-\mathrm{d}s\cdot n_y\\ \mathrm{d}y=\mathrm{d}s\cdot\cos(\boldsymbol{n},\boldsymbol{i})=\mathrm{d}s\cdot n_x\end{cases}$$

有

$$\psi(M)-\psi(M_0)=\int_{M_0}^{M}v\sin(\boldsymbol{n},\boldsymbol{i})\mathrm{d}s+u\cos(\boldsymbol{n},\boldsymbol{i})\mathrm{d}s=\int_{M_0}^{M}\boldsymbol{v}\cdot\boldsymbol{n}\mathrm{d}s=\mathrm{d}Q \tag{7-1-2}$$

对于单连通区域，流函数沿封闭曲线积分为零。对于多连通区域，设通过内边界的总流量为 Q_0，$\oint_{L_0}\boldsymbol{v}\cdot\boldsymbol{n}\mathrm{d}l=Q_0\neq0$，并且所讨论的流场内不存在其他的流体源或汇，那么根据体积流量守恒原理，通过包围内边界的任一封闭曲线 L 的流量也必然是 Q_0，在这种情况下，流函数将是多值的。如果封闭曲线绕 n 周内边界 L_0，那么

$$\psi_P-\psi_{P_0}=nQ_0+\int_{P_0}^{P}\boldsymbol{v}\cdot\boldsymbol{n}\mathrm{d}l \tag{7-1-3}$$

这显然说明 ψ 是多值的，它们之间相差 Q_0 的整数倍。然而尽管流函数可能是多值的，根据定义，流场中的速度总是单值的。

(3) 流函数 ψ 的值是速度的矢量势 $\boldsymbol{B}$ 的模。

根据不可压缩流体的连续性方程可以定义速度矢量势 $\boldsymbol{B}$，使得

$$\boldsymbol{v}=\nabla\times\boldsymbol{B}$$

由于

$$\boldsymbol{v}=u\boldsymbol{i}+v\boldsymbol{j}=\frac{\partial\psi}{\partial y}\boldsymbol{i}-\frac{\partial\psi}{\partial x}\boldsymbol{j}=\left(\frac{\partial\psi}{\partial y}\boldsymbol{j}+\frac{\partial\psi}{\partial x}\boldsymbol{i}\right)\times\boldsymbol{k}=\nabla\psi\times\boldsymbol{k}=\nabla\times(\psi\boldsymbol{k})$$

比较上面两个式子可以得出

$$\boldsymbol{v}=\nabla\times\boldsymbol{B}=\nabla\times(\psi\boldsymbol{k}) \tag{7-1-4}$$

显然，可定义 $\boldsymbol{B}=\psi\boldsymbol{k}$。

(4) ψ-ω 方程。

由于$\nabla\times(\boldsymbol{a}\times\boldsymbol{b})=(\boldsymbol{b}\cdot\nabla)\boldsymbol{a}-(\boldsymbol{a}\cdot\nabla)\boldsymbol{b}+(\nabla\cdot\boldsymbol{b})\boldsymbol{a}-(\nabla\cdot\boldsymbol{a})\boldsymbol{b}$，对于平面流动，流体涡量$\boldsymbol{\omega}$只有 z 轴方向的分量，记为$\boldsymbol{\omega}=\omega\boldsymbol{k}$，又可根据式(7-1-4)，将涡量表示为

$$\boldsymbol{\omega}=\nabla\times\boldsymbol{v}=\nabla\times\nabla\times(\psi\boldsymbol{k})=\nabla\times(\nabla\psi\times\boldsymbol{k})$$
$$=(\boldsymbol{k}\cdot\nabla)\nabla\psi-(\nabla\cdot\nabla\psi)\boldsymbol{k}=\frac{\partial}{\partial z}\nabla\psi-\nabla^2\psi\boldsymbol{k}$$

流函数ψ只是x和y的函数，于是$\frac{\partial}{\partial z}\nabla\psi=0$。因此有

$$\boldsymbol{\omega}=-\nabla^2\psi\boldsymbol{k}$$

即

$$\omega=-\nabla^2\psi \tag{7-1-5}$$

显然，对于无旋运动，有

$$\nabla^2\psi=0 \tag{7-1-6}$$

2．柱坐标系

不可压缩柱坐标系中平面流动的表达式为$\nabla\cdot\boldsymbol{v}=\frac{1}{r}\frac{\partial}{\partial r}(rv_r)+\frac{1}{r}\frac{\partial v_\theta}{\partial\theta}=0$。

定义流函数：

$$v_r=\frac{1}{r}\frac{\partial\psi}{\partial\theta},\quad v_\theta=-\frac{\partial\psi}{\partial r} \tag{7-1-7}$$

于是

$$\nabla\cdot\boldsymbol{v}=\frac{1}{r}\frac{\partial}{\partial r}(rv_r)+\frac{1}{r}\frac{\partial v_\theta}{\partial\theta}=\frac{1}{r}\frac{\partial}{\partial r}\left(r\frac{\partial\psi}{r\partial\theta}\right)+\frac{1}{r}\frac{\partial}{\partial\theta}\left(-\frac{\partial\psi}{\partial r}\right)$$
$$=\frac{1}{r}\frac{\partial}{\partial r}\left(\frac{\partial\psi}{\partial\theta}\right)-\frac{1}{r}\frac{\partial}{\partial\theta}\left(\frac{\partial\psi}{\partial r}\right)=0$$

不可压缩性自动满足。如果运动无旋，则

$$\omega_z=\frac{\partial rv_\theta}{\partial r}-\frac{\partial v_r}{\partial\theta}=-\frac{\partial\left(r\frac{\partial\psi}{\partial r}\right)}{\partial r}-\frac{\partial\frac{\partial\psi}{r\partial\theta}}{\partial\theta}=-r\left(\frac{\partial^2\psi}{\partial r^2}+\frac{1}{r}\frac{\partial\psi}{\partial r}+\frac{1}{r^2}\frac{\partial^2\psi}{\partial\theta^2}\right)=-r\nabla^2\psi=0$$

即在柱坐标系中，流函数依然满足拉普拉斯方程：

$$\nabla^2\psi=0$$

【例 7-1】 证明直角坐标中定义的流函数(式(7-1-1))和柱坐标中定义的流函数(式(7-1-7))是同一函数。

证明：直角坐标下的流函数：$u=\frac{\partial\psi}{\partial y},\ v=-\frac{\partial\psi}{\partial x}$。

柱坐标下的流函数：$v_r=\frac{1}{r}\frac{\partial\psi}{\partial\theta},\ v_\theta=-\frac{\partial\psi}{\partial r}$。

柱坐标与直角坐标的关系为

$$\begin{cases} x = r\cos\theta \\ y = r\sin\theta \end{cases}, \qquad \begin{cases} v_\theta = v_y\cos\theta - v_x\sin\theta \\ v_r = v_y\sin\theta + v_x\cos\theta \end{cases}$$

对于直角坐标定义的流函数，有

$$\frac{\partial\psi}{\partial r} = \frac{\partial\psi}{\partial x}\frac{\partial x}{\partial r} + \frac{\partial\psi}{\partial y}\frac{\partial y}{\partial r} = \frac{\partial\psi}{\partial x}\cos\theta + \frac{\partial\psi}{\partial y}\sin\theta = -v_y\cos\theta + v_x\sin\theta = -v_\theta$$

$$\frac{\partial\psi}{\partial\theta} = \frac{\partial\psi}{\partial x}\frac{\partial x}{\partial\theta} + \frac{\partial\psi}{\partial y}\frac{\partial y}{\partial\theta} = -\frac{\partial\psi}{\partial x}r\sin\theta + \frac{\partial\psi}{\partial y}r\cos\theta = rv_y\sin\theta + rv_x\cos\theta = rv_r$$

即 $v_r = \dfrac{1}{r}\dfrac{\partial\psi}{\partial\theta}$，$v_\theta = -\dfrac{\partial\psi}{\partial r}$，证毕。

另外，可通过 $\boldsymbol{v} = \nabla\times\boldsymbol{B} = \nabla\times(\psi\boldsymbol{k})$ 证明。

$$\boldsymbol{v} = \nabla\times(\psi\boldsymbol{k}) = \begin{vmatrix} \boldsymbol{i} & \boldsymbol{j} & \boldsymbol{k} \\ \dfrac{\partial}{\partial x} & \dfrac{\partial}{\partial y} & \dfrac{\partial}{\partial z} \\ 0 & 0 & \psi \end{vmatrix} = \frac{\partial\psi}{\partial y}\boldsymbol{i} - \frac{\partial\psi}{\partial x}\boldsymbol{j} = \frac{1}{r}\begin{vmatrix} \boldsymbol{e}_r & r\boldsymbol{e}_\theta & \boldsymbol{e}_z \\ \dfrac{\partial}{\partial r} & \dfrac{\partial}{\partial\theta} & \dfrac{\partial}{\partial z} \\ 0 & 0 & \psi \end{vmatrix} = \frac{1}{r}\frac{\partial\psi}{\partial\theta}\boldsymbol{e}_r - \frac{\partial\psi}{\partial r}\boldsymbol{e}_\theta$$

7.1.2　不可压缩流体的轴对称无旋流动

空间轴对称流动的速度分量只有两个，对轴对称运动描述最方便的是采用柱坐标系或者球坐标系。

1. 柱坐标

对于柱坐标，轴对称运动的数学定义是 $v_\theta = 0$，$\dfrac{\partial}{\partial\theta} = 0$，如图 7-2 所示(注：图 1-2(b))。

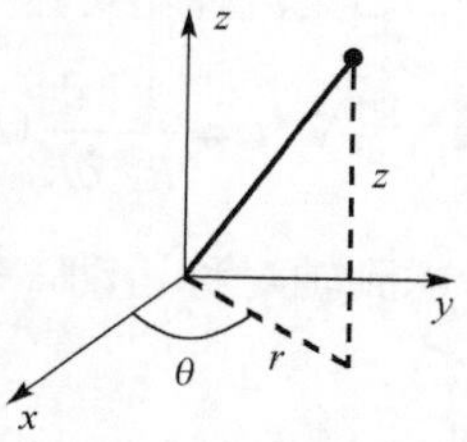

图 7-2　柱坐标系与直角坐标系的关系

如果流体不可压缩，则

$$\nabla\cdot\boldsymbol{v} = \frac{1}{r}\frac{\partial}{\partial r}(rv_r) + \frac{1}{r}\frac{\partial v_\theta}{\partial\theta} + \frac{\partial v_z}{\partial z} = \frac{1}{r}\frac{\partial}{\partial r}(rv_r) + \frac{\partial v_z}{\partial z} = 0 \tag{7-1-8}$$

定义 Stokes 流函数：

$$rv_z = \frac{\partial}{\partial r}\psi, \quad rv_r = -\frac{\partial}{\partial z}\psi \tag{7-1-9}$$

将式(7-1-9)代入散度表达式，有

$$\nabla\cdot\boldsymbol{v} = \frac{1}{r}\frac{\partial}{\partial r}(rv_r) + \frac{\partial v_z}{\partial z} = \frac{1}{r}\frac{\partial}{\partial r}\left(-\frac{\partial}{\partial z}\psi\right) + \frac{\partial}{\partial z}\left(\frac{\partial}{r\partial r}\psi\right) = 0$$

即对 Stokes 流函数(式(7-1-9))，不可压缩性自动满足。

根据涡量的定义：

$$\boldsymbol{\omega} = \nabla \times \boldsymbol{v} = \frac{1}{r}\begin{vmatrix} \boldsymbol{e}_r & r\boldsymbol{e}_\theta & \boldsymbol{e}_z \\ \dfrac{\partial}{\partial r} & \dfrac{\partial}{\partial \theta} & \dfrac{\partial}{\partial z} \\ v_r & rv_\theta & v_z \end{vmatrix}$$

柱坐标的轴对称运动满足

$$\begin{cases} \omega_r = \dfrac{1}{r}\dfrac{\partial v_z}{\partial \theta} - \dfrac{\partial v_\theta}{\partial z} = 0 \\ \omega_z = \dfrac{1}{r}\dfrac{\partial}{\partial r}(rv_\theta) - \dfrac{1}{r}\dfrac{\partial v_r}{\partial \theta} = 0 \end{cases}$$

如果运动无旋，则

$$\omega_\theta = \frac{\partial v_r}{\partial z} - \frac{\partial v_z}{\partial r} = \frac{\partial\left(-\dfrac{\partial \psi}{r\partial z}\right)}{\partial z} - \frac{\partial \dfrac{\partial \psi}{r\partial r}}{\partial r} = -\frac{\partial^2 \psi}{r\partial z^2} - \frac{\partial^2 \psi}{r\partial r^2} + \frac{1}{r^2}\frac{\partial \psi}{\partial r} = 0$$

即

$$\frac{\partial^2 \psi}{\partial z^2} + \frac{\partial^2 \psi}{\partial r^2} - \frac{1}{r}\frac{\partial \psi}{\partial r} = 0 \tag{7-1-10}$$

2. 球坐标

对于球坐标，轴对称运动的数学定义是 $v_\varphi = 0$，$\dfrac{\partial}{\partial \varphi} = 0$，如图 7-3 所示(注：图 1-2(c))。

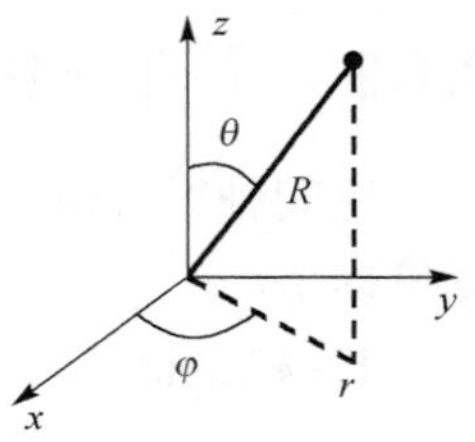

图 7-3　球坐标系与直角坐标系的关系

如果流体不可压缩，则

$$\nabla \cdot \boldsymbol{v} = \frac{1}{R^2}\frac{\partial}{\partial R}(R^2 v_R) + \frac{1}{R\sin\theta}\frac{\partial}{\partial \theta}(v_\theta \sin\theta) + \frac{1}{R\sin\theta}\frac{\partial v_\varphi}{\partial \varphi} = 0$$

考虑到轴对称运动，有

$$\nabla \cdot \boldsymbol{v} = \frac{1}{R^2}\frac{\partial}{\partial R}(R^2 v_R) + \frac{1}{R\sin\theta}\frac{\partial}{\partial \theta}(v_\theta \sin\theta) = 0 \tag{7-1-11}$$

定义 Stokes 流函数：

$$v_R = \frac{1}{R^2\sin\theta}\frac{\partial \psi}{\partial \theta}, \quad v_\theta = -\frac{1}{R\sin\theta}\frac{\partial \psi}{\partial R} \tag{7-1-12}$$

将式(7-1-12)代入轴对称运动的散度表达式，有

$$\begin{aligned} \nabla \cdot \boldsymbol{v} &= \frac{1}{R^2}\frac{\partial}{\partial R}\left(\frac{1}{\sin\theta}\frac{\partial \psi}{\partial \theta}\right) + \frac{1}{R\sin\theta}\frac{\partial}{\partial \theta}\left(-\frac{\partial \psi}{R\partial R}\right) \\ &= \frac{1}{R^2\sin\theta}\frac{\partial}{\partial R}\left(\frac{\partial \psi}{\partial \theta}\right) - \frac{1}{R^2\sin\theta}\frac{\partial}{\partial \theta}\left(\frac{\partial \psi}{\partial R}\right) = 0 \end{aligned}$$

即对 Stokes 流函数(式(7-1-12))，不可压缩性自动满足。

根据涡量的定义：

$$\boldsymbol{\omega}=\nabla\times\boldsymbol{v}=\frac{1}{R^2\sin\theta}\begin{vmatrix}\boldsymbol{e}_R & R\boldsymbol{e}_\theta & R\sin\theta\boldsymbol{e}_\varphi\\ \dfrac{\partial}{\partial R} & \dfrac{\partial}{\partial\theta} & \dfrac{\partial}{\partial\varphi}\\ v_R & Rv_\theta & R\sin\theta v_\varphi\end{vmatrix}$$

轴对称运动满足

$$\begin{cases}\omega_R=\dfrac{1}{R^2\sin\theta}\left[\dfrac{\partial}{\partial\theta}(R\sin\theta v_\varphi)-\dfrac{\partial Rv_\theta}{\partial\varphi}\right]=0\\ \omega_\theta=-\dfrac{1}{R\sin\theta}\left(\dfrac{\partial R\sin\theta v_\varphi}{\partial R}-\dfrac{\partial v_R}{\partial\varphi}\right)=0\end{cases}$$

无旋流动要求

$$\omega_\varphi=\frac{1}{R}\left[\frac{\partial}{\partial R}(Rv_\theta)-\frac{\partial v_R}{\partial\theta}\right]=-\frac{1}{R\sin\theta}\frac{\partial^2\psi}{\partial R^2}-\frac{1}{R^3\partial\theta}\left(\frac{\partial\psi}{\sin\theta\partial\theta}\right)=0$$

即

$$\frac{1}{\sin\theta}\frac{\partial^2\psi}{\partial R^2}+\frac{1}{R^2\partial\theta}\left(\frac{\partial\psi}{\sin\theta\partial\theta}\right)=0 \tag{7-1-13}$$

注意：Stokes 流函数满足的方程式(7-1-10)和式(7-1-13)不是拉普拉斯方程。证明柱坐标和球坐标下定义的 Stokes 流函数是同一函数。

证明：柱坐标(r,z)下的 Stokes 流函数：$rv_z=\dfrac{\partial}{\partial r}\psi,\ rv_r=-\dfrac{\partial}{\partial z}\psi$。

球坐标(R,θ)下的 Stokes 流函数：$v_R=\dfrac{1}{R^2\sin\theta}\dfrac{\partial\psi}{\partial\theta},\ v_\theta=-\dfrac{1}{R\sin\theta}\dfrac{\partial\psi}{\partial R}$。

柱坐标与球坐标的关系为

$$\begin{cases}z=R\cos\theta\\ r=R\sin\theta\end{cases},\quad\begin{cases}v_z=v_R\cos\theta-v_\theta\sin\theta\\ v_r=v_R\sin\theta+v_\theta\cos\theta\end{cases}$$

于是

$$\begin{aligned}\frac{\partial\psi}{\partial R}&=\frac{\partial\psi}{\partial r}\frac{\partial r}{\partial R}+\frac{\partial\psi}{\partial z}\frac{\partial z}{\partial R}=\frac{\partial\psi}{\partial r}\sin\theta+\frac{\partial\psi}{\partial z}\cos\theta=rv_z\sin\theta-rv_r\cos\theta\\&=r\sin\theta(v_R\cos\theta-v_\theta\sin\theta)-r\cos\theta(v_R\sin\theta+v_\theta\cos\theta)\\&=-r\sin^2\theta v_\theta-r\cos^2\theta v_\theta=-rv_\theta=-R\sin\theta v_\theta\end{aligned}$$

$$\begin{aligned}\frac{\partial\psi}{\partial\theta}&=\frac{\partial\psi}{\partial r}\frac{\partial r}{\partial\theta}+\frac{\partial\psi}{\partial z}\frac{\partial z}{\partial\theta}=\frac{\partial\psi}{\partial r}R\cos\theta-\frac{\partial\psi}{\partial z}R\sin\theta=rv_zR\cos\theta+rv_rR\sin\theta\\&=Rr\cos\theta(v_R\cos\theta-v_\theta\sin\theta)+Rr\sin\theta(v_R\sin\theta+v_\theta\cos\theta)\\&=Rrv_R=R^2\sin\theta v_R\end{aligned}$$

证毕。

7.1.3　流函数应用实例

1．不可压缩流体做平面流动的流函数

流函数为式(7-1-1)：

$$u=\frac{\partial\psi}{\partial y},\qquad v=-\frac{\partial\psi}{\partial x}$$

满足式(7-1-5)：

$$\nabla^2\psi=-\omega$$

如果流体无旋，流函数也满足拉普拉斯方程 $\nabla^2\psi=0$。流函数同样有与势函数类似的特点。

(1)解可线性叠加。

(2)方程不显含时间 t，但同样适用于不可压缩非定常无旋流动。

(3)方程求解需要初始条件：$t=t_0,\frac{\partial\psi}{\partial y}=v_x\big|_{t=t_0}$，$\frac{\partial\psi}{\partial x}=-v_y\big|_{t=t_0}$，$p=p_0(\boldsymbol{r})$。

(4)边界条件：在壁面上，无黏流体在刚性壁边界上满足的是无渗透与无分离条件，即

$$(\boldsymbol{v}\cdot\boldsymbol{n})\big|_w=(v_xn_x+v_yn_y)\big|_w=\left(\frac{\partial\psi}{\partial y}n_x-\frac{\partial\psi}{\partial x}n_y\right)\bigg|_w=\boldsymbol{v}_{\text{wall}}\cdot\boldsymbol{n}$$

由于

$$\begin{cases}\mathrm{d}x=-\mathrm{d}s\cdot\sin(\boldsymbol{n},\boldsymbol{i})=-\mathrm{d}s\cdot n_y\\ \mathrm{d}y=\mathrm{d}s\cdot\cos(\boldsymbol{n},\boldsymbol{i})=\mathrm{d}s\cdot n_x\end{cases}$$

于是

$$(\boldsymbol{v}\cdot\boldsymbol{n})\big|_w=\left(\frac{\partial\psi}{\partial y}\frac{\mathrm{d}y}{\mathrm{d}s}+\frac{\partial\psi}{\partial x}\frac{\mathrm{d}x}{\mathrm{d}s}\right)\bigg|_w=\frac{\mathrm{d}\psi}{\mathrm{d}s}\bigg|_w=\boldsymbol{v}_{\text{wall}}\cdot\boldsymbol{n}$$

右边项与刚性壁的运动有关，不妨设刚性壁的速度为 $\boldsymbol{v}_{\text{wall}}=\boldsymbol{v}_0+\boldsymbol{\Omega}\times\boldsymbol{r}_w$，其中 $\boldsymbol{v}_0$ 和 $\boldsymbol{\Omega}$ 分别是刚性壁的平动速度和转动角速度。因而

$$\begin{aligned}\frac{\mathrm{d}\psi}{\mathrm{d}s}\bigg|_w&=\boldsymbol{v}_{\text{wall}}\cdot\boldsymbol{n}=(u_0\boldsymbol{i}+v_0\boldsymbol{j}+\Omega x_w\boldsymbol{j}-\Omega y_w\boldsymbol{i})\cdot\left(\frac{\mathrm{d}y}{\mathrm{d}s}\boldsymbol{i}-\frac{\mathrm{d}x}{\mathrm{d}s}\boldsymbol{j}\right)\bigg|_w\\&=(u_0-\Omega y_w)\frac{\mathrm{d}y}{\mathrm{d}s}\bigg|_w-(v_0+\Omega x_w)\frac{\mathrm{d}x}{\mathrm{d}s}\bigg|_w\end{aligned}$$

沿刚性壁周界积分后得到

$$\psi\big|_w=u_0y_w-v_0x_w-\frac{1}{2}\Omega(x_w^2+y_w^2)+C\tag{7-1-14}$$

其中，C 是常数。可以看到，对于所讨论的无黏不可压缩流体的平面无旋运动，除可以归结为速度势 φ 的拉普拉斯方程诺伊曼问题(边值条件为式(6-1-10))之外，还可以归结为流函数的定解问题，流函数 ψ 也满足拉普拉斯方程，但却是狄利克雷问题(边值条件为式(7-1-14))。特别的，当这个刚性壁静止时，$\psi\big|_w=C$。

这说明对于静止的刚性壁，其周界是条流线。常常令常数 C 为零，则对静止刚性壁，有

$$\psi\big|_w = 0 \tag{7-1-15}$$

即认为静止刚性壁周界是条零流线。

【例 7-2】 在不可压缩流体的无界流场中放置一无穷长的直圆柱，其半径以 $R = a\cos t$ 变化，已知流动是无旋的，绕过此圆柱的环量是 Γ_0，用流函数方法求解该流动问题。

解：建立柱坐标系，流函数 ψ 表示为 $v_r = \dfrac{1}{r}\dfrac{\partial\psi}{\partial\theta}$, $v_\theta = -\dfrac{\partial\psi}{\partial r}$，其满足拉普拉斯方程：

$$\frac{\partial^2\psi}{\partial r^2} + \frac{1}{r}\frac{\partial\psi}{\partial r} + \frac{1}{r^2}\frac{\partial^2\psi}{\partial\theta^2} = 0$$

现在建立边界条件，在圆柱边界上下式成立：

$$\left.\frac{\mathrm{d}\psi}{\mathrm{d}s}\right|_w = \boldsymbol{v}_w \cdot \boldsymbol{n}_w = \dot{R}$$

积分后，有

$$\psi\big|_w = \int_{r=a} \frac{\mathrm{d}\psi}{\mathrm{d}s}\cdot \mathrm{d}s = \int_0^\theta \dot{R}R\mathrm{d}\theta = \dot{R}R\theta = -a^2 \sin t\cos t\cdot\theta$$

此外有无穷远处的条件 $\boldsymbol{v}\big|_{r=\infty} = 0$，即

$$\nabla\psi\big|_{r=\infty} = 0$$

环量条件是

$$\oint_{r=a} v_\theta \cdot r\mathrm{d}\theta = \oint_{r=a} -\frac{\partial\psi}{\partial r}\cdot r\mathrm{d}\theta = \Gamma_0$$

【例 7-3】 不可压缩流体的均匀剪切流 $V_\infty = V_0 + cy$，绕过一半径为 a 的无穷长直圆柱。设流体的密度 ρ 为常数，无黏性，不计体积力，流动为定常的。试用流函数对问题进行分析。

解：这是无黏不可压缩流体的平面运动，可以采用 ψ-ω 方程来解。因为 $V_\infty = V_0 + cy$，所以 $\omega\big|_\infty = -\left.\dfrac{\partial u}{\partial y}\right|_\infty \boldsymbol{k} = -c\boldsymbol{k}$。由已知条件，拉格朗日涡保持定理成立，因而全流场涡量 $\boldsymbol{\omega} = -c\boldsymbol{k}$。现在可以列出流函数所满足的方程：

$$\nabla^2\psi = c$$

边界条件：在圆柱壁面上 $\psi\big|_{r=a} = 0$；

在无穷远 $r \to \infty$ 处，$v_\theta = -\dfrac{\partial\psi}{\partial r} = -V_\infty \sin\theta$，于是

$$\left.\frac{1}{r}\frac{\partial\psi}{\partial r}\right|_{r\to\infty} = \frac{V_\infty \sin\theta}{r} = \frac{V_0 + cy}{r}\sin\theta = c\frac{y}{r}\sin\theta = c\sin^2\theta$$

另外，还有 $\oint_{r=a} -\dfrac{\partial\psi}{\partial r} r\mathrm{d}\theta = \Gamma$，$\Gamma$ 是任给定的环量。

2. 轴对称无旋流动的 Stokes 流函数

根据势函数和 Stokes 流函数的定义，在柱坐标系下，有

$$\begin{cases} v_z = \dfrac{\partial \varphi}{\partial z} = \dfrac{1}{r}\dfrac{\partial \psi}{\partial r} \\ v_r = \dfrac{\partial \varphi}{\partial r} = -\dfrac{1}{r}\dfrac{\partial \psi}{\partial z} \end{cases} \tag{7-1-16}$$

【例 7-4】 对于均匀来流 V_∞，求柱坐标系和球坐标系下的势函数和 Stokes 流函数表达式。

解：本题满足不可压缩流体的无旋运动，取来流方向为 z 方向，有 $\dfrac{\partial}{\partial z}\varphi = V_\infty$，$\dfrac{\partial}{\partial r}\varphi = 0$，积分得 $\varphi = V_\infty z$。

对本题还可定义 Stokes 流函数 $\dfrac{\partial}{\partial r}\psi = rV_\infty$，$\dfrac{\partial}{\partial z}\psi = 0$，积分得 $\psi = \dfrac{1}{2}V_\infty r^2$。

根据球坐标和柱坐标的关系，在球坐标系下，有

$$\varphi = V_\infty z = V_\infty R\cos\theta, \qquad \psi = \frac{1}{2}V_\infty r^2 = \frac{1}{2}V_\infty R^2 \sin^2\theta$$

在球坐标系下，势函数和 Stokes 流函数的定义为

$$\begin{cases} v_R = \dfrac{\partial \varphi}{\partial R} = \dfrac{1}{R^2\sin\theta}\dfrac{\partial \psi}{\partial \theta} \\ v_\theta = \dfrac{\partial \varphi}{R\partial \theta} = -\dfrac{1}{R\sin\theta}\dfrac{\partial \psi}{\partial R} \end{cases} \tag{7-1-17}$$

【例 7-5】 设空间存在一强度为 Q 的点源(汇)，求柱坐标系和球坐标系下的势函数和 Stokes 流函数表达式。

解：坐标原点有一强度为 Q 的点源，取球坐标系，显然仅有径向流动，取一原点在圆心、半径为 R 的圆球包围点源，则有 $4\pi R^2 v_R = Q$。

于是 $\dfrac{\partial \varphi}{\partial R} = v_R = \dfrac{Q}{4\pi R^2}$，积分得 $\varphi = -\dfrac{Q}{4\pi}\dfrac{1}{R}$。

$\dfrac{1}{R^2\sin\theta}\dfrac{\partial \psi}{\partial \theta} = \dfrac{Q}{4\pi R^2}$，积分得 $\psi = -\dfrac{Q}{4\pi}\cos\theta$。

根据球坐标和柱坐标的关系，在柱坐标系下，有

$$\varphi = -\frac{Q}{4\pi}\frac{1}{\sqrt{z^2+r^2}}$$

$$\psi = -\frac{Q}{4\pi}\frac{z}{\sqrt{z^2+r^2}}$$

【例 7-6】 在 z 轴上分别有强度为 Q_s 的点源和 $-Q_s$ 的点汇，两者相距 δs，求柱坐标系和球坐标系下的势函数和 Stokes 流函数表达式。

解：如图 7-4 所示，在球坐标中，Q_s 和 $-Q_s$ 的速度势叠加为

$$\varphi = \frac{Q}{4\pi}\frac{1}{R} - \frac{Q}{4\pi}\frac{1}{R'} = \frac{Q}{4\pi}\frac{1}{R} - \frac{Q}{4\pi}\frac{1}{R+\delta R} = \frac{Q}{4\pi}\frac{\delta R}{R(R+\delta R)} = \frac{Q}{4\pi}\frac{\delta s\cos(\theta-\delta\theta)}{R(R+\delta R)}$$

于是

$$\varphi \approx \frac{Q\delta s}{4\pi}\frac{1}{R^2}\cos\theta$$

Q_s 和 $-Q_s$ 的流函数叠加为

$$\psi = -\frac{Q_s}{4\pi}\cos(\theta-\delta\theta)+\frac{Q_s}{4\pi}\cos\theta$$

$$=\frac{Q_s}{4\pi}(\cos\theta-\cos\theta\cos\delta\theta-\sin\theta\sin\delta\theta)$$

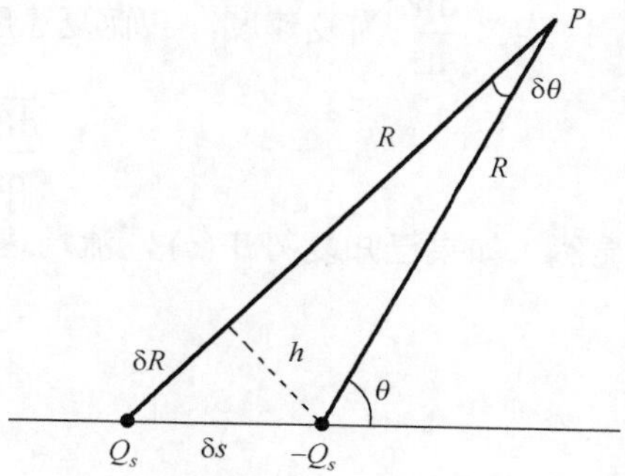

图 7-4　例 7-6 示意图

当 $\delta s\to 0$ 时，$\delta\theta\approx 0$，有

$$\cos\delta\theta=1,\quad \sin\delta\theta\approx\frac{h}{R}\approx\frac{\delta s\sin(\theta-\delta\theta)}{R}\approx\frac{\delta s\sin\theta}{R}$$

于是

$$\psi=\frac{Q_s}{4\pi}(-\sin\theta\sin\delta\theta)=-\frac{Q_s\delta s\sin^2\theta}{4\pi R}$$

根据球坐标和柱坐标的关系，在柱坐标系下，有

$$\varphi=\frac{Q_s\delta s}{4\pi}\frac{z}{(z^2+r^2)^{3/2}}$$

$$\psi=-\frac{Q_s\delta s}{4\pi}\frac{r^2}{(z^2+r^2)^{3/2}}$$

7.2　平面无旋不可压缩流动的复势

7.2.1　复势

平面无旋不可压缩流动可以定义流函数 ψ 和势函数 φ，满足

$$\nabla^2\varphi=0$$

$$\nabla^2\psi=0$$

即 ψ 和 φ 都是调和函数，因此可定义复平面的解析函数：

$$W(z)=\varphi+\mathrm{i}\psi \tag{7-2-1}$$

其中，$z=x+\mathrm{i}y$，$\mathrm{i}=\sqrt{-1}$，为复变量。$W(z)$ 称为复势。

1．复势求导

根据复变函数知识，有

$$\frac{\mathrm{d}W}{\mathrm{d}z}=\frac{\partial\varphi}{\partial x}+\mathrm{i}\frac{\partial\psi}{\partial x}=\frac{\partial\psi}{\partial y}-\mathrm{i}\frac{\partial\varphi}{\partial y}=u-\mathrm{i}v \tag{7-2-2}$$

定义$\dfrac{dW}{dz}$为复速度，共轭复速度表示为

$$\overline{\frac{dW}{dz}} = V = v_x + iv_y = |V|e^{i\theta} \tag{7-2-3}$$

显然，如果已知复势$W(z)$，流场速度为

$$\begin{cases} v_x = \mathrm{Re}\left\{\dfrac{dW(z)}{dz}\right\} \\ v_y = -\mathrm{Im}\left\{\dfrac{dW(z)}{dz}\right\} \end{cases} \tag{7-2-4}$$

2. 复速度积分

对封闭曲线求复速度积分有

$$\oint \bar{V} dz = \oint \frac{dW}{dz} dz = \oint dW = \oint d\varphi + i d\psi = \oint d\varphi + i\oint d\psi = \Gamma + iQ \tag{7-2-5}$$

对任意两点的积分为

$$W(z) = W(z_0) + \int_{z_0}^{z} \bar{V} dz \tag{7-2-6}$$

说明：$W(z)$可以允许相差任一常数，而不影响流体的运动；$W(z)$ = const 的实部和虚部分别代表了等势线和流线，而且等势线和流线正交(复变函数性质)；对于单连通区域，共轭复速度沿封闭曲线积分为零，对于多连通区域，实部为速度环量，虚部为流量(存在奇点)。

3. 平面无旋不可压缩流动问题的复势描述

复势$W = \varphi + i\psi$，复势可线性叠加。

物体C上，$\mathrm{Im}(W)$ = 常数。

远场处，$\dfrac{dW}{dz} = \bar{V}_\infty$。

7.2.2 基本流动的复势

1. 均匀流动

复速度$\dfrac{dW}{dz} = V_\infty e^{-i\alpha}$，积分得

$$W(z) = V_\infty e^{-i\alpha} z \tag{7-2-7}$$

如图 7-5 所示，复速度$u - iv = V_\infty \cos\alpha - iV_\infty \sin\alpha$，复势为

$$W(z) = V_\infty e^{-i\alpha} z = V_\infty(\cos\alpha - i\sin\alpha)(x + iy) = \varphi + i\psi$$

其中

$$\begin{cases} \varphi = V_\infty(x\cos\alpha + y\sin\alpha) \\ \psi = V_\infty(-x\sin\alpha + y\cos\alpha) \end{cases} \tag{7-2-8}$$

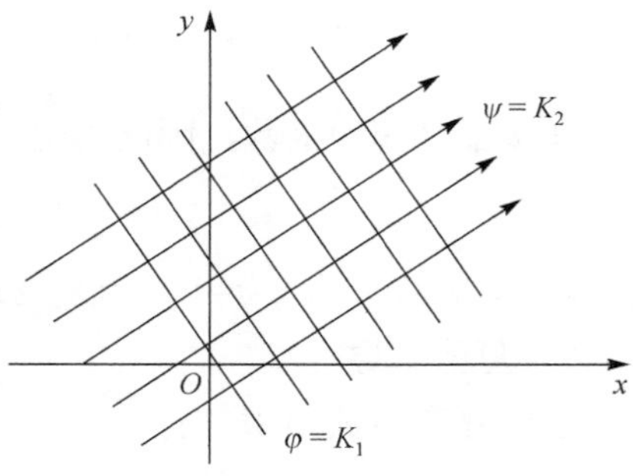

图 7-5　均匀流动的流函数和势函数

流线$\psi = V_{\infty}(-x\sin\alpha + y\cos\alpha) =$常数，是斜率为$\tan\alpha$的直线。

$$\frac{y}{x} = \frac{\sin\alpha}{\cos\alpha}$$

等势线$\varphi = V_{\infty}(x\cos\alpha + y\sin\alpha) =$常数，是斜率为$-\cot\alpha$的直线，与流线垂直。

$$\frac{y}{x} = -\frac{\cos\alpha}{\sin\alpha}$$

2. **点源(汇)**

在平面上坐标原点处有一强度为Q的点源，取柱坐标系，仅有径向流动，取原点在圆心、半径为R的圆周包围点源，则有$v_r = \dfrac{Q}{2\pi r}$，$v_\theta = 0$。

由$v_r = \dfrac{1}{r}\dfrac{\partial\psi}{\partial\theta}, v_\theta = -\dfrac{\partial\psi}{\partial r}$，积分得$\psi = \dfrac{Q}{2\pi}\theta$。

由$v_r = \dfrac{\partial\varphi}{\partial r}$，$v_\theta = \dfrac{\partial\varphi}{r\partial\theta}$，积分得$\varphi = \dfrac{Q}{2\pi}\ln r$。

于是$W(z) = \dfrac{Q}{2\pi}(\ln r + \mathrm{i}\theta)$。考虑到$z = r\mathrm{e}^{\mathrm{i}\theta}$，有

$$W(z) = \frac{Q}{2\pi}\ln z \tag{7-2-9}$$

于是

$$\frac{\mathrm{d}W}{\mathrm{d}z} = \frac{Q}{2\pi z} = \frac{Q}{2\pi r}\mathrm{e}^{-\mathrm{i}\theta}$$

如图 7-6 所示，流线$\psi = \dfrac{Q}{2\pi}\theta =$常数，是角度为$\theta$的直线。

等势线$\varphi = \dfrac{Q}{2\pi}\ln r =$常数，是半径为$r$的同心圆。等势线和流线垂直。

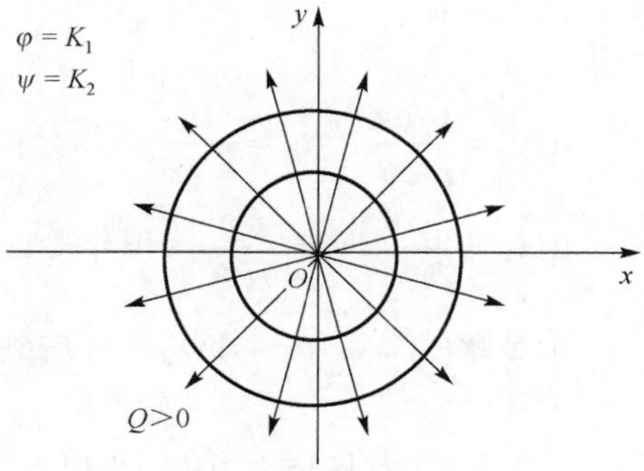

图 7-6　点源的流函数和势函数

$$\Gamma + \mathrm{i}Q = \oint\frac{\mathrm{d}W}{\mathrm{d}z}\mathrm{d}z = \oint\frac{Q}{2\pi z}\mathrm{d}z = \oint\frac{Q}{2\pi}\frac{r\mathrm{i}\mathrm{e}^{\mathrm{i}\theta}\mathrm{d}\theta}{r\mathrm{e}^{\mathrm{i}\theta}} = (Q)\mathrm{i}$$

另外，也可通过复速度积分得

$$\oint\frac{\mathrm{d}W}{\mathrm{d}z}\mathrm{d}z = \oint\mathrm{d}W = \frac{Q}{2\pi}(\ln r + \mathrm{i}\theta)\Big|_{\theta=0}^{\theta=2\pi} = (Q)\mathrm{i}$$

点源(汇)放在$z = z_0$处，有

$$W(z) = \frac{Q}{2\pi}\ln(z - z_0) \tag{7-2-10}$$

点源(汇)是最简单而又十分重要的流动现象之一，自然界和工程技术中有许多的流动现象可以用点源(汇)来表示，下面以石油开采中的一个问题来说明点源(汇)。

在实际的油田中，每口井附近的流动都可以近似为平面径向渗流，服从达西定律(这里不

详细讨论这个定律，它是流体力学分支——渗流力学最基本的定律)。对于均匀等厚的地层，在稳定情况下，液流向生产井渗流的速度是

$$v_r = -\frac{k(p_e - p_w)}{\mu \ln\left(\dfrac{R_e}{R_w}\right)} \frac{1}{r}$$

其中，p_e 是油藏供给边缘处所保持的稳定压强，R_e 是供给边缘半径，R_w 是生产井的半径，p_w 是井筒内的流动压强，它们都是常值；k 为渗透系数；μ 为黏性系数；r 为到井中心的距离。从这个表达式可以看到流速是径向的，并和井中心的距离成反比，因此可以把生产井看成点源，用复变函数方法来解决它，其结果和以渗流力学分析得到的结果是一致的。同样的，可以把注入井看作点汇。对应的复势是

$$W = -\frac{k(p_e - p_w)}{\mu \ln\left(\dfrac{R_e}{R_w}\right)} \ln(z - z_0)$$

点源(汇)从物理上来说似乎是不可能的，因为在点源(汇)所在位置上流动速度将达到无穷大。然而除这点外，这两个公式是一些流动现象的很好近似。

3. 点涡

在平面上坐标原点处有一强度为 Γ 的点涡，取柱坐标系，感生的速度场为

$$v_r = 0, \qquad v_\theta = \frac{\Gamma}{2\pi r}$$

由 $v_r = \dfrac{1}{r}\dfrac{\partial \psi}{\partial \theta}$，$v_\theta = -\dfrac{\partial \psi}{\partial r}$，积分得 $\psi = -\dfrac{\Gamma}{2\pi}\ln r$。

由 $v_r = \dfrac{\partial \varphi}{\partial r}$，$v_\theta = \dfrac{\partial \varphi}{r\partial \theta}$，积分得 $\varphi = \dfrac{\Gamma}{2\pi}\theta$。

于是 $W(z) = \dfrac{\Gamma}{2\pi}(\theta - \mathrm{i}\ln r)$。考虑到 $z = r\mathrm{e}^{\mathrm{i}\theta}$，有

$$W(z) = \frac{\Gamma}{2\pi}(\theta - \mathrm{i}\ln r) = -\frac{\Gamma \mathrm{i}}{2\pi}(\mathrm{i}\theta + \ln r) = \frac{\Gamma}{2\pi \mathrm{i}}(\ln r + \mathrm{i}\theta) = \frac{\Gamma}{2\pi \mathrm{i}}\ln z \tag{7-2-11}$$

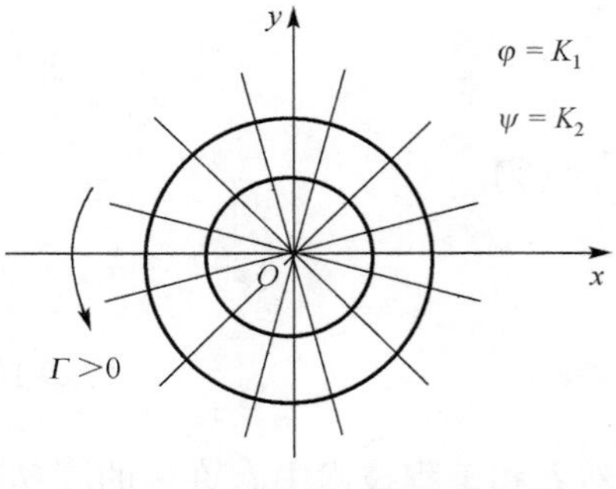

图 7-7　点涡的流函数和势函数

如图 7-7 所示，流线 $\psi = -\dfrac{\Gamma}{2\pi}\ln r =$ 常数，是半径为 r 的同心圆，等势线 $\varphi = \dfrac{\Gamma}{2\pi}\theta =$ 常数，是角度为 θ 的直线。等势线和流线垂直。

点涡放在 $z = z_0$ 处，有

$$W(z) = \frac{\Gamma}{2\pi \mathrm{i}}\ln(z - z_0) \tag{7-2-12}$$

4. 偶极子(源汇)

在平面上坐标原点 x 轴正向 $x = a$ 处有一强度为 Q 的点源，在 x 轴负向 $x = -a$ 处有一强度为 $-Q$ 的点源，根据复势叠加，有

$$W(z)=\frac{Q}{2\pi}\ln(z-a)+\frac{-Q}{2\pi}\ln(z+a)=\frac{Q}{2\pi}(-2a)\frac{\ln(z-a)-\ln(z+a)}{(z-a)-(z+a)}$$

当 $a\to 0$ 时，记 $\lim 2aQ=m$，则

$$W(z)=\frac{-2Qa}{2\pi}\frac{\mathrm{d}(\ln z)}{\mathrm{d}z}=-\frac{m}{2\pi}\frac{1}{z} \tag{7-2-13}$$

于是

$$\varphi+\mathrm{i}\psi=-\frac{m}{2\pi r}\cos\theta+\mathrm{i}\frac{m}{2\pi r}\sin\theta$$

等势线 $\varphi=C$，即 $-\dfrac{m}{2\pi r}\cos\theta=-\dfrac{mx}{2\pi(x^2+y^2)}=C$，整理，得

$$\left(x+\frac{m}{4\pi C}\right)^2+y^2=\left(\frac{m}{4\pi C}\right)^2 \tag{7-2-14}$$

如图 7-8 所示，等势线是与 y 轴相切的圆。流线 $\psi=C$，即

$$\left(y-\frac{m}{4\pi C}\right)^2+x^2=\left(\frac{m}{4\pi C}\right)^2 \tag{7-2-15}$$

流线是与 x 轴相切的圆，与等势线垂直。

$$\Gamma+\mathrm{i}Q=\oint\frac{\mathrm{d}W}{\mathrm{d}z}\mathrm{d}z=-\frac{m}{2\pi}\frac{1}{z}\bigg|_{\theta=0}^{\theta=2\pi}=0$$

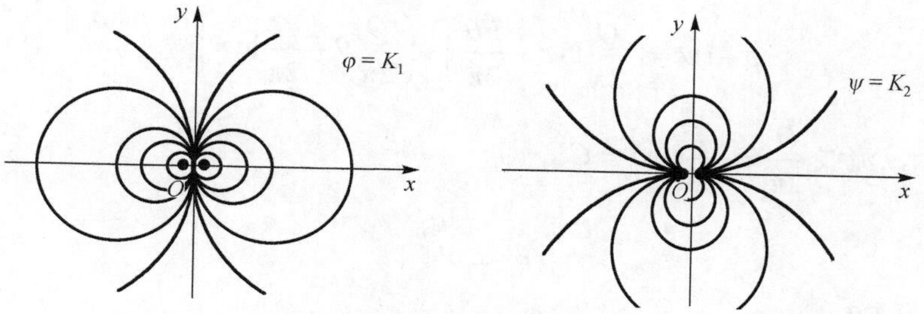

图 7-8　偶极子的流函数和势函数

如果偶极子放在 $z=z_0$ 处，有

$$W(z)=-\frac{m}{2\pi}\frac{1}{z-z_0} \tag{7-2-16}$$

如果偶极子与 x 轴成 α 角，做坐标变换 $\varsigma=z\mathrm{e}^{-\mathrm{i}\alpha}$，把 $\theta=\alpha$ 的直线变换为实轴(x 轴)，于是

$$W(\varsigma)=-\frac{m}{2\pi}\frac{1}{\varsigma-\varsigma_0}=-\frac{m}{2\pi}\frac{1}{z\mathrm{e}^{-\mathrm{i}\alpha}-z_0\mathrm{e}^{-\mathrm{i}\alpha}}$$

即

$$W(z)=-\frac{m\mathrm{e}^{\mathrm{i}\alpha}}{2\pi}\frac{1}{z-z_0} \tag{7-2-17}$$

对于偶极子$W(z)=-\frac{m\mathrm{e}^{\mathrm{i}\alpha}}{2\pi}\frac{1}{z}$，相应的势函数和流函数为

$$\varphi=\frac{m}{2\pi}\frac{-x\cos\alpha+y\sin\alpha}{x^2+y^2},\qquad \psi=\frac{m}{2\pi}\frac{x\sin\alpha+y\cos\alpha}{x^2+y^2}$$

流线如图 7-9 所示，流函数和势函数都转过了α角。

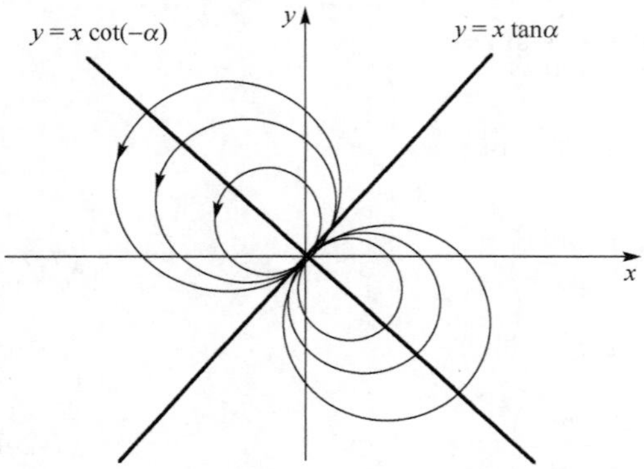

图 7-9　与x轴成α角的偶极子的流线

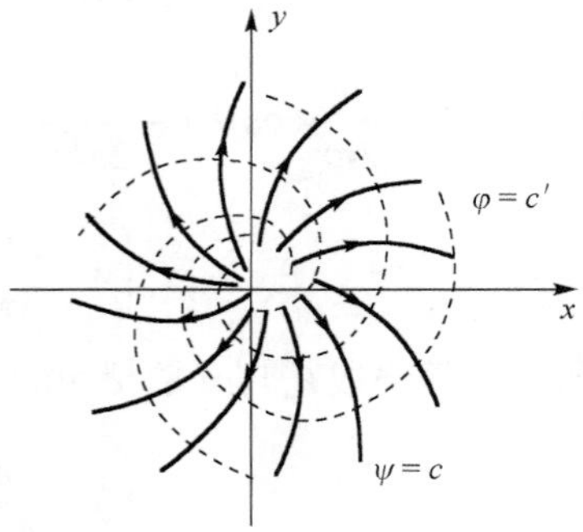

图 7-10　涡源的流函数和势函数

5．涡源(涡汇)

现在讨论涡和源的叠加，可以用$W(z)=\left(\frac{Q}{2\pi}+\frac{\Gamma}{2\pi\mathrm{i}}\right)\ln z$表示，于是

$$\varphi+\mathrm{i}\psi=\left(\frac{Q}{2\pi}\ln r+\frac{\Gamma\theta}{2\pi}\right)+\left(\frac{Q}{2\pi}\theta-\frac{\Gamma}{2\pi}\ln r\right)\mathrm{i}$$

如图 7-10 所示，流线$\frac{Q}{2\pi}\theta-\frac{\Gamma}{2\pi}\ln r=C$，即

$$r=c_1\mathrm{e}^{\frac{Q}{\Gamma}\theta}$$

等势线$\frac{Q}{2\pi}\ln r+\frac{\Gamma\theta}{2\pi}=C$，即

$$r=c_2\mathrm{e}^{-\frac{\Gamma}{Q}\theta}$$

因为$\frac{Q}{\Gamma}\times\left(-\frac{\Gamma}{Q}\right)=-1$，所以等势线和流线垂直。

速度$v_r=\frac{Q}{2\pi r}$，$v_\theta=\frac{\Gamma}{2\pi r}$，于是$|\boldsymbol{v}|=\frac{\sqrt{Q^2+\Gamma^2}}{2\pi r}$。

【例 7-7】 无黏不可压缩流体做平面无旋运动，若流场的复势是$W(z)=az^n, z=r\mathrm{e}^{\mathrm{i}\theta}$ (a>0)，原点压强为p_0，试求：(1)上半平面的流动图案；(2)沿$y=0$的速度与压强分布。

解： (1) $\varphi+\mathrm{i}\psi=ar^n\cos n\theta+\mathrm{i}ar^n\sin n\theta$。对于零流线，当$\psi=0$时，$\theta=\frac{\pi}{n}$或$\theta=0$。

图 7-11 显示了不同n值的流线图。

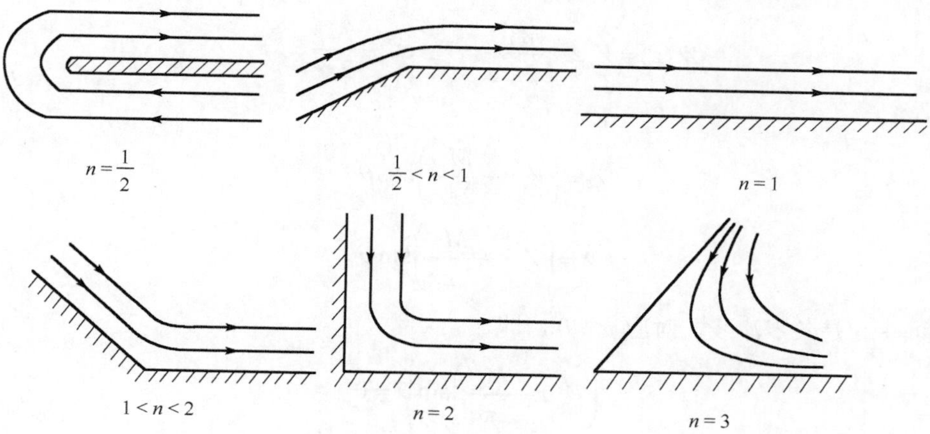

图 7-11　例 7-7 流线图

(2)速度分布为

$$\begin{cases} v_x = nar^{n-1}\cos(n\theta) \\ v_y = -nar^{n-1}\sin(n\theta) \end{cases}$$

在 $y=0$ 上，有

$$\begin{cases} v_x = nar^{n-1} \\ v_y = 0 \end{cases}$$

流动满足伯努利方程，有

$$\frac{(nar^{n-1})^2}{2}+\frac{p}{\rho}=\frac{p_0}{\rho}$$

于是压强分布为

$$p=p_0-\rho\frac{(nar^{n-1})^2}{2}$$

7.2.3　复势的叠加(奇点分布法解平面势流问题)

由于解析函数具有可叠加性，它们的线性组合仍是解析函数，所以若干个复势的线性组合代表了某种平面组合流动的复势。前面介绍了几种简单流动的复势(均匀流动、点源、点涡、偶极子)，这几种简单流动称为流体力学奇点，我们可以通过分布适当的奇点，使它们的复势的线性组合满足具体问题的边界条件，那么此组合复势就是所求问题的解，这样一种方法常常称为奇点分布法或奇点叠加法。

1．无环量圆柱体定常绕流

对于例 6-1：不可压缩流体的均匀来流，绕过一无穷长直圆柱。已知均匀来流速度为 V_∞，圆柱半径为 a，流体密度为 ρ，不计重力，无旋，没有环量。求流场速度。

我们在 6.1 节用势函数的方法对其进行了求解。在这个问题中，我们假设这一流动是无穷远均匀来流 $W(z)=V_\infty z$ 和位于原点偶极子 $W(z)=\dfrac{M_t}{2\pi z}$ 的复势的叠加，因而有

$$W(z)=V_\infty z+\frac{M_t}{2\pi}\frac{1}{z}=V_\infty r\mathrm{e}^{\mathrm{i}\theta}+\frac{M_t}{2\pi r}\mathrm{e}^{-\mathrm{i}\theta}$$

显然

$$\varphi=\left(V_\infty r+\frac{M_t}{2\pi r}\right)\cos\theta$$

$$\psi=\left(V_\infty r-\frac{M_t}{2\pi r}\right)\sin\theta$$

壁面$r=a$是条零流线，对应$\psi=0$，即

$$\left(V_\infty a-\frac{M_t}{2\pi a}\right)\sin\theta=0$$

由于θ的任意性，求得

$$M_t=2\pi V_\infty a^2$$

即势函数为

$$\varphi=V_\infty\left(r+\frac{a^2}{r}\right)\cos\theta$$

与 6.1 节求得的结果相一致。无旋绕流的复势为

$$W(z)=V_\infty\left(z+\frac{a^2}{z}\right) \tag{7-2-18}$$

因此，复速度为

$$\frac{\mathrm{d}W}{\mathrm{d}z}=V_\infty\left(1-\frac{a^2}{z^2}\right),\quad |z|\geqslant a$$

在圆柱表面$z=a\mathrm{e}^{\mathrm{i}\theta}$，有

$$\left.\frac{\mathrm{d}W}{\mathrm{d}z}\right|_{z=a\mathrm{e}^{\mathrm{i}\theta}}=V_\infty(1-\mathrm{e}^{2\mathrm{i}\theta})=2V_\infty(\sin^2\theta+\mathrm{i}\sin\theta\cos\theta)$$

由伯努利方程，圆柱表面压强为

$$p=p_\infty+\frac{\rho}{2}(V_\infty^2-V^2)=p_\infty+\frac{\rho}{2}V_\infty^2[1-4(\sin^4\theta+\sin^2\theta\cos^2\theta)]=p_\infty+\frac{\rho}{2}V_\infty^2(1-4\sin^2\theta)$$

定义无量纲压强系数为

$$C_p=\frac{p-p_\infty}{\frac{1}{2}\rho V_\infty^2}=1-4\sin^2\theta \tag{7-2-19}$$

作用于圆柱的合力为

$$F=\int_0^{2\pi}-\left[p_\infty+\frac{\rho}{2}V_\infty^2(1-4\sin^2\theta)\right](\cos\theta\boldsymbol{i}+\sin\theta\boldsymbol{j})a\mathrm{d}\theta=0$$

与 6.1 节分析的达朗贝尔佯谬相一致。

驻点（$\boldsymbol{v}=0$），$\frac{\mathrm{d}W}{\mathrm{d}z}=V_\infty\left(1-\frac{a^2}{z^2}\right)=0$，解得$z=\pm a$处速度为零。

2. 有环量圆柱体定常绕流

【例 7-8】 有环量圆柱体定常绕流是在无环量圆柱体定常绕流复势 $W(z)=V_\infty\left(z+\dfrac{a^2}{z}\right)$ 的基础上叠加环量的复势(奇点在原点点涡的复势) $W(z)=\dfrac{\Gamma}{2\pi \mathrm{i}}\ln z$，于是有

$$W(z)=V_\infty\left(z+\frac{a^2}{z}\right)+\frac{\Gamma}{2\pi \mathrm{i}}\ln z \tag{7-2-20}$$

显然

$$\varphi=V_\infty\left(r+\frac{a^2}{r}\right)\cos\theta+\frac{\Gamma}{2\pi}\theta$$

$$\psi=V_\infty\left(r-\frac{a^2}{r}\right)\sin\theta-\frac{\Gamma}{2\pi}\ln r$$

驻点：$\dfrac{\mathrm{d}W}{\mathrm{d}z}=V_\infty\left(1-\dfrac{a^2}{z^2}\right)-\dfrac{\mathrm{i}\Gamma}{2\pi z}=0$，解得

$$z=a\left[\frac{\mathrm{i}\Gamma}{4\pi aV_\infty}\pm\sqrt{1-\left(\frac{\Gamma}{4\pi aV_\infty}\right)^2}\right]$$

当 $\Gamma=0$ 时，即无环量绕流，驻点为 2 个，为 $z=\pm a$ (图 7-12(a))。

当 $\Gamma=4\pi aV_\infty$ 时，驻点为 1 个，在虚轴上，为 $a\mathrm{i}$ (图 7-12(b))。

当 $\Gamma<4\pi aV_\infty$ 时，驻点是 2 个，关于虚轴对称，落在圆周上(图 7-12(c))。

当 $\Gamma>4\pi aV_\infty$ 时，驻点为 2 个，但是 1 个在圆外，1 个在圆内，在虚轴上(图 7-12(d))。

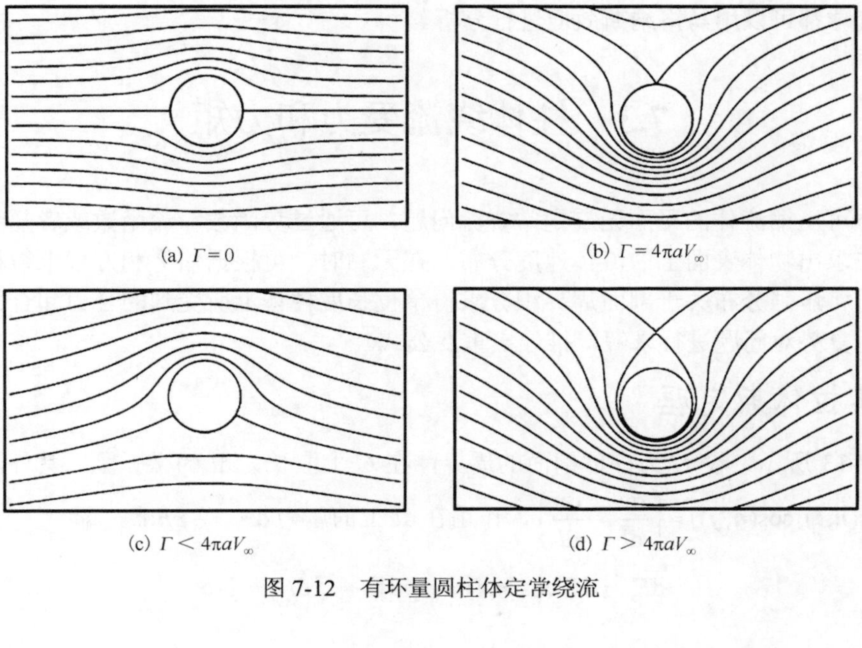

(a) $\Gamma=0$　　(b) $\Gamma=4\pi aV_\infty$

(c) $\Gamma<4\pi aV_\infty$　　(d) $\Gamma>4\pi aV_\infty$

图 7-12　有环量圆柱体定常绕流

在圆柱表面 $z=a\mathrm{e}^{\mathrm{i}\theta}$ ，有

$$\left.\frac{\mathrm{d}W}{\mathrm{d}z}\right|_{z=a\mathrm{e}^{\mathrm{i}\theta}}=V_{\infty}(1-\mathrm{e}^{-2\mathrm{i}\theta})+\frac{\Gamma}{2\pi a\mathrm{i}}\mathrm{e}^{-\mathrm{i}\theta}=V_{\infty}(2\sin^2\theta+\mathrm{i}\sin 2\theta)-\frac{\Gamma}{2\pi a}(\sin\theta+\mathrm{i}\cos\theta)$$

$$=2V_{\infty}\left(\sin\theta-\frac{\Gamma}{4\pi V_{\infty}a}\right)(\sin\theta+\mathrm{i}\cos\theta)$$

由伯努利方程，圆柱表面压强为

$$p=p_{\infty}+\frac{\rho}{2}(V_{\infty}^2-V^2)=p_{\infty}+\frac{\rho}{2}V_{\infty}^2\left[1-4\left(\sin\theta-\frac{\Gamma}{4\pi V_{\infty}a}\right)^2\right]$$

无量纲压强系数为

$$C_p=\frac{p-p_{\infty}}{\dfrac{1}{2}\rho V_{\infty}^2}=1-4\left(\sin\theta-\frac{\Gamma}{4\pi V_{\infty}a}\right)^2$$

作用于圆柱的合力为

$$\boldsymbol{F}=\int_0^{2\pi}-\left\{p_{\infty}+\frac{\rho}{2}V_{\infty}^2\left[1-4\left(\sin\theta-\frac{\Gamma}{4\pi V_{\infty}a}\right)^2\right]\right\}(\cos\theta\boldsymbol{i}+\sin\theta\boldsymbol{j})a\mathrm{d}\theta$$

$$=\int_0^{2\pi}-\frac{\rho V_{\infty}\Gamma}{\pi}\sin\theta(\sin\theta\boldsymbol{j})\mathrm{d}\theta=-\rho V_{\infty}\Gamma\boldsymbol{j}$$

上式表明旋转物体会受到侧向力的作用，1810 年凯利将作用在物体上的力分为升力和阻力，1852 年马格纳斯(Magnus)在实验中发现了侧向的升力，它使圆柱产生横向运动，这个现象后来称为马格纳斯效应。在日常生活中，足球中的香蕉球，乒乓球，网球当中的削球、侧旋球、弧旋球都可以用马格纳斯效应进行分析。

7.3　柱体绕流受力和力矩

对于不可压缩流体的平面无旋定常绕流问题，可通过势函数、流函数或者复势对问题进行求解，先求出物体表面上的流体速度分布，在无黏时，可根据伯努利方程求得柱面上的压强分布，再将压强分布关于剖面周界积分求得单位长度柱体上所受到的合力和合力矩。本节主要介绍用复势对问题进行求解，推导出重要公式。

7.3.1　布拉休斯定理

如图 7-13 所示，设 C 为柱体剖面的周界，在 C 上取长为 $\mathrm{d}l$ 的微弧段，其外法向的方向余弦是 $(\cos(\boldsymbol{n},\boldsymbol{i}),\cos(\boldsymbol{n},\boldsymbol{j}))=\left(\dfrac{\mathrm{d}y}{\mathrm{d}l},-\dfrac{\mathrm{d}x}{\mathrm{d}l}\right)$ ，作用在 $\mathrm{d}l$ 上的压力 $\mathrm{d}\boldsymbol{F}=-p\boldsymbol{n}\mathrm{d}l$ ，即

$$\mathrm{d}F_x=\mathrm{d}\boldsymbol{F}\cos(\boldsymbol{n},\boldsymbol{i})=-p\mathrm{d}y\,,\qquad \mathrm{d}F_y=p\mathrm{d}x$$

因此

$$
\begin{aligned}
\mathrm{d}(F_x - \mathrm{i}F_y) &= -p\mathrm{d}y - \mathrm{i}\,p\mathrm{d}x \\
&= -\mathrm{i}\,p\cdot(\mathrm{d}x - \mathrm{i}\mathrm{d}y) = -\mathrm{i}\,p\mathrm{d}\bar{z}
\end{aligned}
\tag{7-3-1}
$$

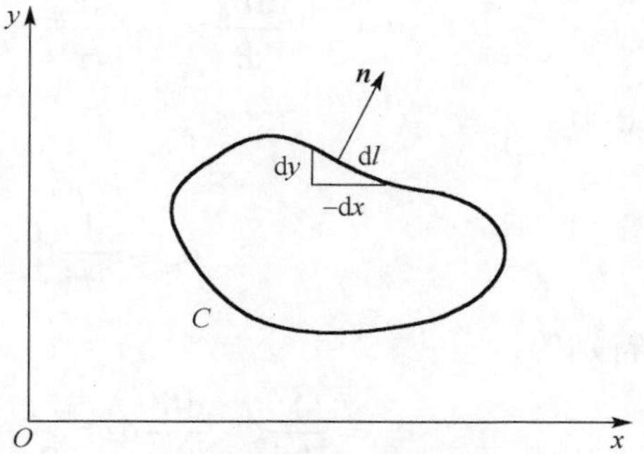

图 7-13　柱体剖面的周界 C 示意图

根据定常流的伯努利方程 $p = c_0 - \frac{1}{2}\rho v^2$，其中 $v^2 = \frac{\mathrm{d}W}{\mathrm{d}z}\cdot\overline{\frac{\mathrm{d}W}{\mathrm{d}z}}$，由于

$$
\begin{aligned}
\overline{\frac{\mathrm{d}W}{\mathrm{d}z}} &= \overline{\left(\frac{\partial\varphi}{\partial x} + \mathrm{i}\frac{\partial\psi}{\partial x}\right)} = \frac{\partial\varphi}{\partial x} - \mathrm{i}\frac{\partial\psi}{\partial x} = \frac{\partial\psi}{\partial y} + \mathrm{i}\frac{\partial\varphi}{\partial y} \\
&= \frac{\partial(-\psi)}{\partial(-y)} - \mathrm{i}\frac{\partial\varphi}{\partial(-y)} = \frac{\mathrm{d}\overline{W}}{\mathrm{d}\bar{z}}
\end{aligned}
$$

于是

$$
p = c_0 - \frac{1}{2}\rho\frac{\mathrm{d}W}{\mathrm{d}z}\cdot\frac{\mathrm{d}\overline{W}}{\mathrm{d}\bar{z}} \tag{7-3-2}
$$

将作用力公式(7-3-1)沿周界 C 积分，有

$$
F_x - \mathrm{i}F_y = \frac{1}{2}\mathrm{i}\rho\oint_C v^2\mathrm{d}\bar{z} = \frac{1}{2}\mathrm{i}\rho\oint_C\frac{\mathrm{d}W}{\mathrm{d}z}\cdot\frac{\mathrm{d}\overline{W}}{\mathrm{d}\bar{z}}\cdot\mathrm{d}\bar{z}
$$

由于周界 C 是流线，在 C 上 $\mathrm{d}\psi = 0$，则有

$$
\frac{\mathrm{d}\overline{W}}{\mathrm{d}\bar{z}}\cdot\mathrm{d}\bar{z}\Big|_C = \mathrm{d}\overline{W}\Big|_C = \mathrm{d}\varphi\Big|_C = \mathrm{d}W\Big|_C = \frac{\mathrm{d}W}{\mathrm{d}z}\mathrm{d}z\Big|_C
$$

因此

$$
F_x - \mathrm{i}F_y = \frac{1}{2}\mathrm{i}\rho\oint_C\frac{\mathrm{d}W}{\mathrm{d}z}\cdot\frac{\mathrm{d}\overline{W}}{\mathrm{d}\bar{z}}\cdot\mathrm{d}\bar{z} = \frac{1}{2}\mathrm{i}\rho\oint_C\frac{\mathrm{d}W}{\mathrm{d}z}\cdot\frac{\mathrm{d}W}{\mathrm{d}z}\mathrm{d}z = \frac{1}{2}\mathrm{i}\rho\oint_C\left(\frac{\mathrm{d}W}{\mathrm{d}z}\right)^2\mathrm{d}z \tag{7-3-3}
$$

这就是定常绕流柱体上受力用复速度表示的表达式，通常称为布拉休斯(Blasius)公式。

继续讨论合力矩的表达式，$\mathrm{d}l$ 上合力分量 $\mathrm{d}F_x$ 和 $\mathrm{d}F_y$ 对原点的力矩是

$$
\mathrm{d}M_t = \boldsymbol{r}\times\mathrm{d}\boldsymbol{F} = -y\mathrm{d}F_x + x\mathrm{d}F_y = p(x\mathrm{d}x + y\mathrm{d}y) = \mathrm{Re}\{pz\mathrm{d}\bar{z}\}
$$

由式(7-3-2)，沿周界 C 积分，因为 $\mathrm{Re}\{c_0 z\mathrm{d}\bar{z}\} = \mathrm{Re}\{c_0(x+\mathrm{i}y)\mathrm{d}(x-\mathrm{i}y)\} = c_0(x\mathrm{d}x + y\mathrm{d}y)$，有

$$
M_t = \mathrm{Re}\left\{\oint_C pz\mathrm{d}\bar{z}\right\} = \mathrm{Re}\left\{\oint_C c_0 z\mathrm{d}\bar{z} - \frac{1}{2}\rho z\frac{\mathrm{d}W}{\mathrm{d}z}\frac{\mathrm{d}\overline{W}}{\mathrm{d}\bar{z}}\mathrm{d}\bar{z}\right\} = -\frac{1}{2}\rho\,\mathrm{Re}\left\{\oint_C z\left(\frac{\mathrm{d}W}{\mathrm{d}z}\right)^2\mathrm{d}z\right\} \tag{7-3-4}
$$

这是定常绕流柱体受力布拉休斯合力矩公式。

7.3.2　茹科夫斯基升力定理

讨论无穷远均匀来流的绕流问题，在周界 C 以外无奇点，则对任一包围物体周界 C 的圆周 C_1，复速度在 C_1 外域中可展开为洛朗级数，即

$$\frac{\mathrm{d}W}{\mathrm{d}z}=\cdots+\frac{a_{-n}}{z^n}+\cdots+\frac{a_{-1}}{z}+a_0+a_1z+\cdots+a_nz^n+\cdots \tag{7-3-5}$$

其中，系数是

$$a_m=\frac{1}{2\pi\mathrm{i}}\oint_{C_1}\frac{\frac{\mathrm{d}W}{\mathrm{d}z}}{z^{m+1}}\mathrm{d}z,\quad m=0,\ \pm1,\ \pm2,\cdots \tag{7-3-6}$$

特别的：

$$a_{-1}=\frac{1}{2\pi\mathrm{i}}\oint_{C_1}\frac{\mathrm{d}W}{\mathrm{d}z}\mathrm{d}z=\frac{1}{2\pi\mathrm{i}}\oint_{C_1}(\mathrm{d}\varphi+\mathrm{i}\mathrm{d}\psi)=\frac{1}{2\pi\mathrm{i}}(\Gamma+\mathrm{i}Q_s)=\frac{Q_s}{2\pi}+\frac{\Gamma}{2\pi\mathrm{i}}$$

对于无穷远均匀来流，有$\left.\left(\frac{\mathrm{d}W}{\mathrm{d}z}\right)\right|_{z=\infty}=V_\infty\mathrm{e}^{-\mathrm{i}\alpha}$，于是

$$\begin{cases}a_0=\dfrac{1}{2\pi\mathrm{i}}\displaystyle\oint_{C_1}\dfrac{\frac{\mathrm{d}W}{\mathrm{d}z}}{z}\mathrm{d}z=\dfrac{1}{2\pi\mathrm{i}}\oint_{r\to\infty}\dfrac{V_\infty\mathrm{e}^{-\mathrm{i}\alpha}}{r\mathrm{e}^{\mathrm{i}\theta}}\mathrm{d}r\mathrm{e}^{\mathrm{i}\theta}=\dfrac{V_\infty\mathrm{e}^{-\mathrm{i}\alpha}}{2\pi\mathrm{i}}\oint_{r\to\infty}\mathrm{i}\mathrm{d}\theta=V_\infty\mathrm{e}^{-\mathrm{i}\alpha}\\ a_1=a_2=\cdots=0\end{cases}$$

因此，级数就有如下形式：

$$\frac{\mathrm{d}W}{\mathrm{d}z}=V_\infty\mathrm{e}^{-\mathrm{i}\alpha}+\frac{Q_s-\mathrm{i}\Gamma}{2\pi}\frac{1}{z}+\frac{A_{-2}}{z^2}+\cdots+\frac{A_{-n}}{z^n}+\cdots \tag{7-3-7}$$

将其代入布拉休斯合力公式(7-3-3)，注意周界 C 上 Q_s 等于零，有

$$\begin{aligned}F_x-\mathrm{i}F_y&=\frac{1}{2}\mathrm{i}\rho\oint_C\left(\frac{\mathrm{d}W}{\mathrm{d}z}\right)^2\mathrm{d}z\\&=\frac{1}{2}\mathrm{i}\rho\oint_C\left(V_\infty\mathrm{e}^{-\mathrm{i}\alpha}+\frac{Q_s-\mathrm{i}\Gamma}{2\pi}\frac{1}{z}+\frac{A_{-2}}{z^2}+\cdots+\frac{A_{-n}}{z^n}+\cdots\right)^2\mathrm{d}z\\&=\frac{1}{2}\mathrm{i}\rho\oint_C V_\infty\mathrm{e}^{-\mathrm{i}\alpha}\cdot\frac{0-\mathrm{i}\Gamma}{\pi}\cdot\frac{1}{z}\mathrm{d}z\qquad\left(\frac{1}{z}\text{项}\right)\\&=\frac{\rho V_\infty\Gamma\mathrm{e}^{-\mathrm{i}\alpha}}{2\pi}\oint_C\mathrm{d}(\ln z)\xrightarrow{z=r\mathrm{e}^{\mathrm{i}\theta}}\frac{\rho V_\infty\Gamma\mathrm{e}^{-\mathrm{i}\alpha}}{2\pi}\oint_C\mathrm{d}(\ln r)+\mathrm{i}\theta\mathrm{d}\theta\\&=\frac{\rho V_\infty\Gamma\mathrm{e}^{-\mathrm{i}\alpha}}{2\pi}\cdot2\pi\mathrm{i}=\rho V_\infty\Gamma\mathrm{i}(\cos\alpha-\mathrm{i}\sin\alpha)=\rho V_\infty\Gamma\sin\alpha+\mathrm{i}\rho V_\infty\Gamma\cos\alpha\end{aligned}$$

即

$$\begin{cases}F_x=\rho V_\infty\Gamma\sin\alpha\\F_y=-\rho V_\infty\Gamma\cos\alpha\end{cases}$$

矢量形式为

$$\boldsymbol{F}=F_x\boldsymbol{i}+F_y\boldsymbol{j}=\rho V_\infty\Gamma\sin\alpha\boldsymbol{i}-\rho V_\infty\Gamma\cos\alpha\boldsymbol{j}=\rho\boldsymbol{V}_\infty\times\Gamma \tag{7-3-8}$$

此式称为茹科夫斯基(Joukowsky)公式，它表明对于无黏不可压缩的平面无旋定常流，流体作用在柱体上的合力与均匀来流速度垂直，称为升力。

对于合力矩，可采用同样方法求出：

$$
\begin{aligned}
M_t &= -\frac{1}{2}\rho\,\mathrm{Re}\left\{\oint_C z\left(\frac{\mathrm{d}W}{\mathrm{d}z}\right)^2 \mathrm{d}z\right\} \\
&= -\frac{1}{2}\rho\,\mathrm{Re}\left\{\oint_C z\left(\frac{2V_\infty \mathrm{e}^{-\mathrm{i}\alpha}\cdot A_{-2}}{z^2}+\frac{-\Gamma^2}{4\pi^2 z^2}\right)\mathrm{d}z\right\} \qquad \left(\frac{1}{z}\text{项}\right) \qquad (7\text{-}3\text{-}9)\\
&= -\frac{1}{2}\rho\,\mathrm{Re}\left\{2\pi\mathrm{i}\left(-\frac{\Gamma^2}{4\pi^2}+2V_\infty \mathrm{e}^{-\mathrm{i}\alpha}\cdot A_{-2}\right)\right\} = 2\rho\pi V_\infty\,\mathrm{Re}\{\mathrm{e}^{-\mathrm{i}\alpha}\cdot A_{-2}\}
\end{aligned}
$$

可以注意到合力矩不仅与来流速度的大小和方向有关，而且与复速度 $\frac{\mathrm{d}W}{\mathrm{d}z}$ 洛朗级数中 $\frac{1}{z^2}$ 项的系数（A_{-2}）有关，即与柱体剖面的周界形状和方位有关。

7.4　平面势流问题求解

7.4.1　镜像法

前面介绍过可通过复势的叠加来研究流场，那么当在流场中存在边界时，怎样求流场复势呢？本节介绍流场中存在直线或圆周边界时复势的求解方法——镜像法。

设想以 C 为边界的区域 τ' 之外存在一组流体力学奇点 S，若在 τ' 内放置另一组奇点 S' 之后，组合流场恰好存在这样一条流线，它就是边界 C；那么奇点 S' 就称为奇点 S 关于边界 C 的镜像，而由奇点 S 和 S' 构成的组合流场的复势就是所求的 τ' 之外区域 τ 中流场的复势。通过引入 S 的镜像来等效区域 τ' 的存在，这种方法通常称为镜像法。

镜像法的关键有两点：一是所求的镜像奇点不能在原区域中，要保证原区域的奇性；二是组合流场中存在一条流线，就是边界 C。

记 $z=x+y\mathrm{i}$，先来复习对于复变函数 $f(z)$ 的约定：

(1) $\overline{f(z)}$ 表示复变量和复参数都取共轭；

(2) $f(\overline{z})$ 表示复变量取共轭；

(3) $\overline{f}(z)$ 表示复参数取共轭（除 z 外，所有参数取共轭）。

1．以实轴为边界

若在 $y>0$ 的上半平面中存在流体力学奇点，其复势已知为 $f(z)$，则当流场中放入 $y=0$ 的平面固壁之后，上半平面流场的复势是

$$W(z)=f(z)+\overline{f}(z) \qquad (7\text{-}4\text{-}1)$$

证明：定义域为 $y>0$，因此奇点 z_i 都在 $y>0$ 平面中，相应的 $\overline{f}(z)$ 引入的奇点为 $\overline{z}_i$ 都在 $y<0$ 平面中，也就是说叠加的复势 $\overline{f}(z)$ 没有破坏 $y>0$ 平面的奇性。

在 $y=0$ 固壁上，有

$$W(y=0)=f(z)+\overline{f}(z)=f(z)+\overline{f}(\overline{z})=f(z)+\overline{f(z)}$$

显然$W(y=0)$的虚部为零，即$\psi=0$，说明$y=0$是条零流线。

考察点涡$f(z)=\dfrac{\Gamma}{2\pi i}\ln(z-z_0)$，如图 7-14 所示，在上半平面存在一点涡，则

$$\overline{f}(z)=\frac{-\Gamma}{2\pi i}\ln(z-\overline{z}_0)$$

于是，在z_0关于壁面$y=0$的对称点$\overline{z}_0$处，存在大小相等、方向相反的点涡$-\Gamma$。这样有

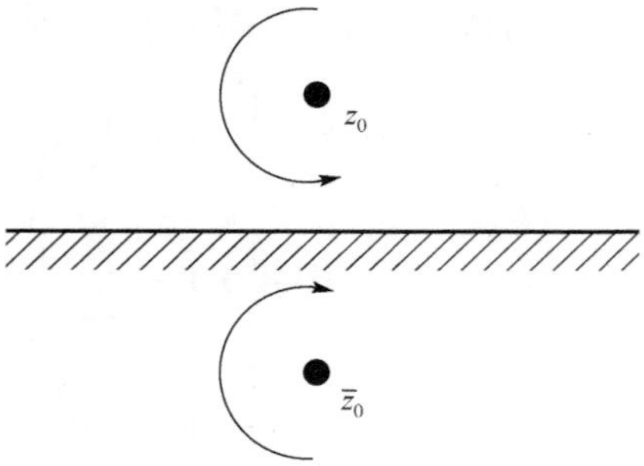

图 7-14　点涡关于$y=0$平面的镜像

$$W(z)=\frac{\Gamma}{2\pi i}\ln(z-z_0)+\frac{-\Gamma}{2\pi i}\ln(z-\overline{z}_0)=\frac{\Gamma}{2\pi i}\ln\frac{z-z_0}{z-\overline{z}_0}$$

在壁面$y=0$上，令$x-z_0=ae^{i\theta}$，于是$x-\overline{z}_0=ae^{-i\theta}$，有

$$W(y=0)=\frac{\Gamma}{2\pi i}\ln\frac{ae^{i\theta}}{ae^{-i\theta}}=\frac{\Gamma\theta}{\pi}$$

虚部为零。

【例 7-9】 分析点源$f(z)=\dfrac{Q}{2\pi}\ln(z-z_0)$和$y=0$固壁叠加的复势及固壁上的流函数。

解：由式(7-4-1)，复势$W(z)=\dfrac{Q}{2\pi}\ln(z-z_0)+\dfrac{Q}{2\pi}\ln(z-\overline{z}_0)$。

在壁面$y=0$上，令$x-z_0=ae^{i\theta}$，于是$x-\overline{z}_0=ae^{-i\theta}$，有

$$W(y=0)=\frac{Q}{2\pi}(\ln a+i\theta+\ln a-i\theta)=\frac{Q}{\pi}\ln a$$

因此，固壁上，虚部为零，即流函数为零。

【例 7-10】 分析偶极子$f(z)=-\dfrac{m}{2\pi(z-z_0)}$和$y=0$固壁叠加的复势及固壁上的流函数。

解：对于偶极子$f(z)=-\dfrac{m}{2\pi(z-z_0)}$，有$W(z)=-\dfrac{m}{2\pi(z-z_0)}-\dfrac{m}{2\pi(z-\overline{z}_0)}$。

在壁面$y=0$上，令$x-z_0=ae^{i\theta}$，于是$x-\overline{z}_0=ae^{-i\theta}$，有

$$W(y=0)=-\frac{m}{2\pi a}(\cos\theta+i\sin\theta+\cos\theta-i\sin\theta)=-\frac{m}{\pi a}\cos\theta$$

因此，固壁上，虚部为零，即流函数为零。

2. 以虚轴为边界

若在$x>0$的右半平面中存在流体力学奇点z_i，其复势已知为$f(z)$，则当流场中放入$x=0$的平面固壁之后，右半平面流场的复势是

$$W(z)=f(z)+\overline{f}(-z) \tag{7-4-2}$$

证明：定义域为$x>0$，因此奇点z_i都在$x>0$平面中，相应的$\overline{f}(-z)$引入的奇点为$-\overline{z}_i$都在$x<0$平面中，也就是说叠加的复势$\overline{f}(-z)$没有破坏$x>0$平面的奇性。

在 $x=0$ 固壁上，有

$$W(x=0)=f(y\mathrm{i})+\overline{f}(-y\mathrm{i})=f(z)+\overline{f}(\overline{z})=f(z)+\overline{f(z)}$$

显然 $W(x=0)$ 的虚部为零，即 $\psi=0$，说明 $x=0$ 是条零流线。

考察点涡 $f(z)=\dfrac{\Gamma}{2\pi\mathrm{i}}\ln(z-z_0)$，如图 7-15 所示，在右半平面存在一点涡，则

$$\overline{f}(-z)=\frac{-\Gamma}{2\pi\mathrm{i}}\ln(-z-\overline{z}_0)=\frac{-\Gamma}{2\pi\mathrm{i}}\ln(z+\overline{z}_0)+C$$

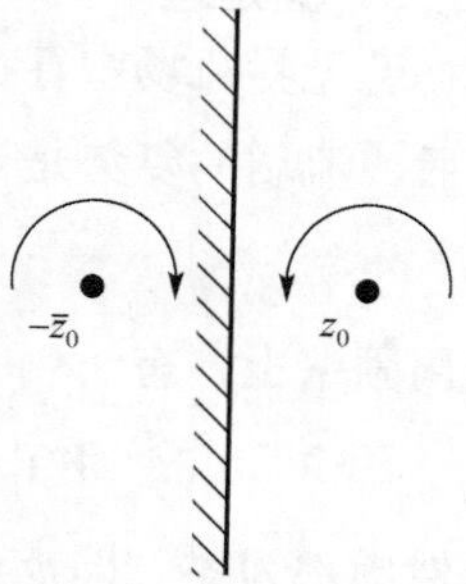

图 7-15　点涡关于 $x=0$ 平面的镜像

即在 z_0 关于壁面 $x=0$ 的对称点 $-\overline{z}_0$ 处，存在一个大小相等、方向相反的点涡 $-\Gamma$。

在壁面 $x=0$ 上，令 $z_0=a+b\mathrm{i}$，得 $z-z_0=-a+(y-b)\mathrm{i}=r\mathrm{e}^{\mathrm{i}\theta}$，$z+\overline{z}_0=a+(y-b)\mathrm{i}=r\mathrm{e}^{(\pi-\theta)\mathrm{i}}$，有

$$W(x=0)=\frac{\Gamma(2\theta-\pi)}{2\pi}$$

其虚部为零。

【例 7-11】 分析点源 $f(z)=\dfrac{Q}{2\pi}\ln(z-z_0)$ 和 $x=0$ 固壁叠加的复势及固壁上的流函数。

解： 点源 $f(z)=\dfrac{Q}{2\pi}\ln(z-z_0)$，于是

$$W(z)=\frac{Q}{2\pi}\ln(z-z_0)+\frac{Q}{2\pi}\ln(-z-\overline{z}_0)$$

在壁面 $x=0$ 上，令 $z_0=a+b\mathrm{i}$，有

$$W(x=0)=\frac{Q}{2\pi}\ln[-a+(y-b)\mathrm{i}]+\frac{Q}{2\pi}\ln[-a-(y-b)\mathrm{i}]=\frac{Q}{2\pi}\ln[a^2+(y-b)^2]$$

虚部为零，是条零流线。

【例 7-12】 分析偶极子 $f(z)=-\dfrac{m}{2\pi(z-z_0)}$ 和 $x=0$ 固壁叠加的复势及固壁上的流函数。

解： 偶极子 $f(z)=-\dfrac{m}{2\pi(z-z_0)}$，于是

$$W(z)=-\frac{m}{2\pi(z-z_0)}-\frac{m}{2\pi(-z-\overline{z}_0)}$$

在壁面 $x=0$ 上，令 $z_0=a+b\mathrm{i}$，有

$$W(x=0)=-\frac{m}{2\pi}\left[\frac{1}{-a+(y-b)\mathrm{i}}+\frac{1}{-a-(y-b)\mathrm{i}}\right]=\frac{am}{\pi[a^2+(y-b)^2]}$$

虚部为零。

3. 圆定理

若无界流场中存在流体力学奇点，其复势已知为 $f(z)$，则当流场中放入 $|z|=a$ 的圆周固壁之后，流场的复势是

$$W(z)=f(z)+\overline{f}(a^2/z) \tag{7-4-3}$$

圆周固壁上，有

$$W(|z|=a)=f(a\mathrm{e}^{\mathrm{i}\theta})+\overline{f}(a\mathrm{e}^{-\mathrm{i}\theta})=f(z)+\overline{f}(\overline{z})=f(z)+\overline{f(z)}$$

显然虚部为零，即 $\psi=0$，说明 $|z|=a$ 是条零流线。

考察点涡 $f(z)=\dfrac{\Gamma}{2\pi\mathrm{i}}\ln(z-z_0)$，如图 7-16 所示，在 $|z|=a$ 的圆周之外存在一点涡，则

$$\overline{f}\left(\frac{a^2}{z}\right)=\frac{-\Gamma}{2\pi\mathrm{i}}\ln\left(\frac{a^2}{z}-\overline{z}_0\right)=\frac{-\Gamma}{2\pi\mathrm{i}}\ln\left(-\frac{\overline{z}_0}{z}\right)\left(z-\frac{a^2}{\overline{z}_0}\right)=\frac{-\Gamma}{2\pi\mathrm{i}}\ln\frac{z-\dfrac{a^2}{\overline{z}_0}}{z}+C$$

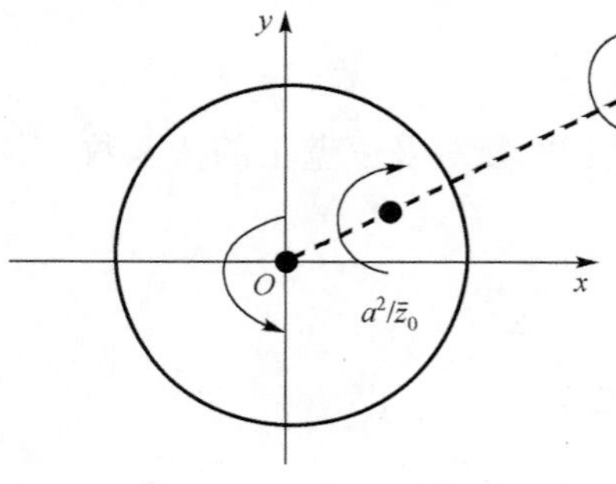

图 7-16　点涡关于 $|z|=a$ 的圆镜像

如图 7-16 所示，由于 $\dfrac{a^2}{\overline{z}_0}=\dfrac{a^2}{|z_0|\mathrm{e}^{-\mathrm{i}\theta}}=\dfrac{a^2}{|z_0|}\mathrm{e}^{\mathrm{i}\theta}$，显然 $\overline{f}\left(\dfrac{a^2}{z}\right)$ 引入了一个位于 $|z|=a$ 内方向相反的点涡和一个位于原点的同方向的点涡，都不在定义域内。

$$W(z)=\frac{\Gamma}{2\pi\mathrm{i}}\ln(z-z_0)+\frac{-\Gamma}{2\pi\mathrm{i}}\ln\left(z-\frac{a^2}{\overline{z}_0}\right)+\frac{\Gamma}{2\pi\mathrm{i}}\ln z$$
$$=\frac{\Gamma}{2\pi\mathrm{i}}\ln\frac{z(z-z_0)}{z-a^2/\overline{z}_0}$$

于是

$$W\left(z=a\mathrm{e}^{\mathrm{i}\theta}\right)=\frac{\Gamma}{2\pi\mathrm{i}}\ln(a\mathrm{e}^{\mathrm{i}\theta}-z_0)+\frac{-\Gamma}{2\pi\mathrm{i}}\ln(a\mathrm{e}^{-\mathrm{i}\theta}-\overline{z}_0)$$
$$=\frac{\Gamma}{2\pi\mathrm{i}}\ln\frac{a\mathrm{e}^{\mathrm{i}\theta}-z_0}{a\mathrm{e}^{-\mathrm{i}\theta}-\overline{z}_0}=\frac{\Gamma}{2\pi\mathrm{i}}\ln\frac{(a\cos\theta-x_0)+(a\sin\theta-y_0)\mathrm{i}}{(a\cos\theta-x_0)-(a\sin\theta-y_0)\mathrm{i}}$$

令 $(a\cos\theta-x_0)+(a\sin\theta-y_0)\mathrm{i}=r\mathrm{e}^{\mathrm{i}\phi}$，有

$$W(z=a\mathrm{e}^{\mathrm{i}\theta})=\frac{\Gamma}{2\pi\mathrm{i}}\ln\frac{r\mathrm{e}^{\mathrm{i}\phi}}{r\mathrm{e}^{-\mathrm{i}\phi}}=\frac{\Gamma}{2\pi\mathrm{i}}2\phi\mathrm{i}=\frac{\Gamma\phi}{\pi}$$

虚部为零。

【例 7-13】 分析点源 $f(z)=\dfrac{Q}{2\pi}\ln(z-z_0)$ 和 $|z|=a$ 固壁叠加的复势及固壁上的流函数。

解：流场的复势为

$$W(z)=\frac{Q}{2\pi}\ln(z-z_0)+\frac{Q}{2\pi}\ln\left(\frac{a^2}{z}-\overline{z}_0\right)$$

圆周固壁上，有

$$W\left(z=a\mathrm{e}^{\mathrm{i}\theta}\right)=\frac{Q}{2\pi}\ln[(a\mathrm{e}^{\mathrm{i}\theta}-z_0)(a\mathrm{e}^{-\mathrm{i}\theta}-\overline{z}_0)]$$
$$=\frac{Q}{2\pi}\ln\{[(a\cos\theta-x_0)+\mathrm{i}(a\sin\theta-y_0)][(a\cos\theta-x_0)-\mathrm{i}(a\sin\theta-y_0)]\}$$
$$=\frac{Q}{2\pi}\ln[(a\cos\theta-x_0)^2+(a\sin\theta-y_0)^2]$$

虚部为零，固壁上的流函数为零。

【例 7-14】 分析偶极子 $f(z)=-\dfrac{m}{2\pi(z-z_0)}$ 和 $|z|=a$ 固壁叠加的复势及固壁上的流函数。

解：流场的复势为

$$W(z)=-\frac{m}{2\pi(z-z_0)}-\frac{m}{2\pi[(a^2/z)-\overline{z}_0]}$$

圆周固壁上，有

$$W(z=a\mathrm{e}^{\mathrm{i}\theta})=-\frac{m}{2\pi}\left(\frac{1}{a\mathrm{e}^{\mathrm{i}\theta}-z_0}+\frac{1}{a\mathrm{e}^{-\mathrm{i}\theta}-\overline{z}_0}\right)=-\frac{m}{\pi}\frac{a\cos\theta-x_0}{(a\cos\theta-x_0)^2+(a\sin\theta-y_0)^2}$$

虚部为零，固壁上的流函数为零。

7.4.2 保角变换法

1. 保角变换

前面介绍的流动边界都是规则的，如直线边界、圆边界。但是实际问题的流动区域都是比较复杂的，对于这种复杂流动边界问题进行求解时，就要用到复变函数中的保角变换理论。

对于复变函数 $W(z)$，可以通过坐标变换 $\zeta=F(z)$（反函数 $z=F^{-1}(\zeta)$），把 $z=x+\mathrm{i}y$ 平面的解析函数变换到 $\zeta=\xi+\mathrm{i}\eta$ 平面的解析函数，并且有

$$W(z)=W(F^{-1}(\zeta))=W^*(\zeta) \tag{7-4-4}$$

其中，W^* 为映射平面的复变函数。由于

$$\frac{\mathrm{d}\zeta}{\mathrm{d}z}=F'(z)=A(z)\mathrm{e}^{\mathrm{i}\alpha(z)}\begin{cases}|\mathrm{d}\zeta|=|\mathrm{d}z|A\\ \mathrm{d}\zeta\text{的方位角相对于}\mathrm{d}z\text{旋转了}\alpha\end{cases} \tag{7-4-5}$$

对于解析函数 $F(z)$，对应相同的 z，过同一点的任意两条曲线旋转的方位角相同，都为 $\alpha(z)$，即两条曲线之间的夹角在变换后保持不变，这种映射称为保角变换（图 7-17）。

解析变换的特点如下。

(1) ζ 平面的等势线和流线对应到 z 平面上仍为等势线和流线。

由于 $W^*(\zeta)=\varphi^*(\xi,\eta)+\mathrm{i}\psi^*(\xi,\eta)$，$W(z)=\varphi(x,y)+\mathrm{i}\psi(x,y)$，且 $W(z)=W^*(\zeta)$，因此

$$\varphi^*(\xi,\eta)=\varphi(x,y)$$
$$\psi^*(\xi,\eta)=\psi(x,y)$$

说明 ζ 平面的等势线和流线对应到 z 平面上仍为等势线和流线。（流函数和势函数都是标量，坐标变换不改变标量。）

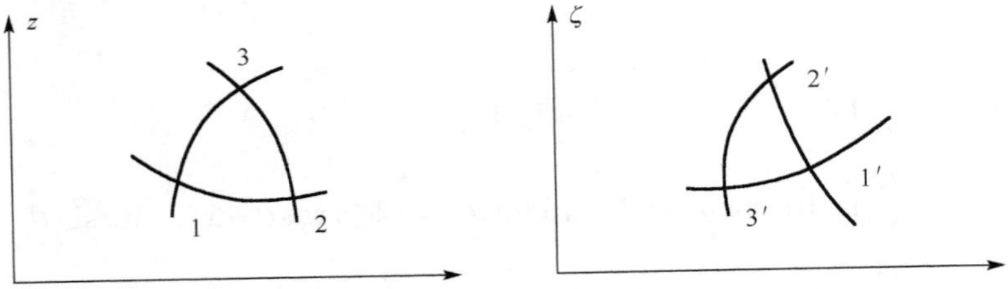

图 7-17　保角变换示意图

(2) ζ 平面和 z 平面的复速度关系为

$$\frac{\mathrm{d}W(\zeta)}{\mathrm{d}\zeta}=\frac{\mathrm{d}W(z)}{\mathrm{d}z}\frac{\mathrm{d}z}{\mathrm{d}\zeta}$$

显然，复速度大小、方向改变了 $\frac{\mathrm{d}z}{\mathrm{d}\zeta}$。

(3) 动能在 ζ 平面和 z 平面中保持不变。(动能是标量，坐标变换不改变标量。)

$$\begin{aligned}\iint_{D'}\frac{1}{2}\rho\left|V(\zeta)\right|^2\mathrm{d}s' &= \iint_{D'}\frac{1}{2}\rho\left|\frac{\mathrm{d}W(z)}{\mathrm{d}z}\frac{\mathrm{d}z}{\mathrm{d}\zeta}\right|^2\mathrm{d}\zeta_1\mathrm{d}\zeta_2\\ &= \iint_{D}\frac{1}{2}\rho\left|\frac{\mathrm{d}W(z)}{\mathrm{d}z}\frac{\mathrm{d}z}{\mathrm{d}\zeta}\right|^2\left(\frac{\mathrm{d}\zeta}{\mathrm{d}z}\right)^2\mathrm{d}z_1\mathrm{d}z_2\\ &= \iint_{D}\frac{1}{2}\rho\left|\frac{\mathrm{d}W(z)}{\mathrm{d}z}\right|^2\mathrm{d}z_1\mathrm{d}z_2=\iint_{D}\frac{1}{2}\rho\left|V(z)\right|^2\mathrm{d}s\end{aligned}$$

(4) 点源(汇)在变换平面内仍为同强度的点源，点涡在变换平面内仍为同强度的点涡。

ζ 平面上任一封闭曲线 l^* 的速度环量 Γ^* 和通过它的流量 Q^*，由复速度的积分求得：

$$\oint_{l^*}\frac{\mathrm{d}W^*(\zeta)}{\mathrm{d}\zeta}\mathrm{d}\zeta=\Gamma^*+\mathrm{i}Q^*$$

设和 l^* 对应的 z 平面的封闭曲线是 l，则 l 上的速度环量为 Γ，通过它的流量为 Q，于是有

$$\oint_{l}\frac{\mathrm{d}W(z)}{\mathrm{d}z}\mathrm{d}z=\Gamma+\mathrm{i}Q$$

由于

$$\oint_{l^*}\frac{\mathrm{d}W^*(\zeta)}{\mathrm{d}\zeta}\mathrm{d}\zeta=\oint_{l^*}\frac{\mathrm{d}W(z)}{\mathrm{d}z}\frac{\mathrm{d}z}{\mathrm{d}\zeta}\mathrm{d}\zeta=\oint_{l}\frac{\mathrm{d}W(z)}{\mathrm{d}z}\mathrm{d}z=\Gamma+\mathrm{i}Q$$

所以 $\Gamma=\Gamma^*,Q=Q^*$。

对解析函数 $\zeta=F(z)$ 取泰勒一阶近似有 $\zeta-\zeta_0\approx(z-z_0)\left(\frac{\mathrm{d}\zeta}{\mathrm{d}z}\right)_{z_0}$，当 $\left(\frac{\mathrm{d}\zeta}{\mathrm{d}z}\right)_{z_0}\neq 0,\infty$ 时，在点源的邻域，在 z 平面，有

$$W(z)=\frac{Q}{2\pi}\ln(z-z_0)$$

在 ζ 平面，有

$$W(\zeta)=W(z)=\frac{Q}{2\pi}\ln(z-z_0)=\frac{Q}{2\pi}\ln\left[(\zeta-\zeta_0)\left.\frac{\mathrm{d}z}{\mathrm{d}\zeta}\right|_{z_0}\right]=\frac{Q}{2\pi}\ln(\zeta-\zeta_0)+C$$

说明 ζ 平面存在与 z 平面同强度的点源。

同理，在点涡的邻域，在 z 平面，有

$$W(z)=\frac{\Gamma}{2\pi\mathrm{i}}\ln(z-z_0)$$

在 ζ 平面，有

$$W(\zeta)=W(z)=\frac{\Gamma}{2\pi\mathrm{i}}\ln(z-z_0)=\frac{\Gamma}{2\pi\mathrm{i}}\ln\left[(\zeta-\zeta_0)\left.\frac{\mathrm{d}z}{\mathrm{d}\zeta}\right|_{z_0}\right]=\frac{\Gamma}{2\pi\mathrm{i}}\ln(\zeta-\zeta_0)+C$$

说明 ζ 平面存在与 z 平面同强度的点涡。

(5) 在偶极子的邻域，在 z 平面，有

$$W(z)=-\frac{m\mathrm{e}^{\mathrm{i}\alpha}}{2\pi}\frac{1}{z-z_0}$$

在 ζ 平面，有

$$W(\zeta)=-\frac{m\mathrm{e}^{\mathrm{i}\alpha}}{2\pi}\frac{1}{\zeta-\zeta_0}\left(\frac{\mathrm{d}\zeta}{\mathrm{d}z}\right)_{z_0}$$

可见，ζ 平面的偶极子强度和方向为

$$\begin{cases}m'=m\left|\dfrac{\mathrm{d}\zeta}{\mathrm{d}z}\right|_{z_0}\\ \alpha'=\alpha+\arg\left(\dfrac{\mathrm{d}\zeta}{\mathrm{d}z}\right)_{z_0}\end{cases}$$

其中，arg 为复数的辐角。说明 ζ 平面的偶极子强度和方向发生了改变。可见，在 z 平面与 ζ 平面，标量(流函数、势函数、动能)没有改变，矢量(复速度、偶极子)发生了改变。

2．定常绕流问题的复势

设无穷远处有一个速度为 V_∞、方向为 α 角的均匀直线来流绕过一个物体 C。解析函数 $z=f(\zeta)$ (反函数 $\zeta=F(z)$) 将物体 C 外部单叶映照到 ζ 平面上半径为 a 的圆周 C^* 的外部。变换是单值解析函数，将 ∞ 映射到 ∞，有 $\left(\dfrac{\mathrm{d}z}{\mathrm{d}\zeta}\right)_\infty=f'(\zeta)\big|_{\zeta=\infty}=m_\infty$ (图 7-18)。

根据 Riemann 定理：函数是唯一存在的，无穷远均匀来流在 ζ 平面的复势为 $f(\zeta)=m_\infty V_\infty \mathrm{e}^{-\mathrm{i}\alpha}\zeta$，根据圆定理，有

$$W(\zeta)=m_\infty V_\infty\mathrm{e}^{-\mathrm{i}\alpha}\zeta+\frac{m_\infty V_\infty a^2\mathrm{e}^{\mathrm{i}\alpha}}{\zeta}$$

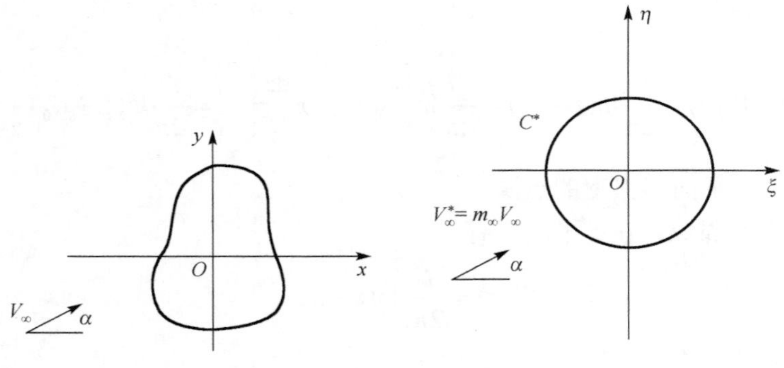

(a) z 平面　　(b) ζ 平面

图 7-18　定常绕流问题的复平面

又由于在圆柱表面可以存在环量为 Γ 的绕流，于是复势为

$$W(\zeta) = m_\infty V_\infty \mathrm{e}^{-\mathrm{i}\alpha}\zeta + \frac{m_\infty V_\infty a^2 \mathrm{e}^{\mathrm{i}\alpha}}{\zeta} + \frac{\Gamma}{2\pi \mathrm{i}}\ln\zeta \tag{7-4-6}$$

因此 z 平面上的复速度是

$$\begin{cases} \dfrac{\mathrm{d}W}{\mathrm{d}z} = \dfrac{\mathrm{d}W^*}{\mathrm{d}\zeta}\dfrac{\mathrm{d}\zeta}{\mathrm{d}z} = \left(m_\infty V_\infty \mathrm{e}^{-\mathrm{i}\alpha} - \dfrac{m_\infty V_\infty \mathrm{e}^{\mathrm{i}\alpha} a^2}{\zeta^2} + \dfrac{\Gamma}{2\pi \mathrm{i}}\dfrac{1}{\zeta}\right) \Big/ \dfrac{\mathrm{d}z}{\mathrm{d}\zeta} \\ \zeta = F(z) \end{cases} \tag{7-4-7}$$

式(7-4-7)的求解不仅要寻找出所需的解析函数 $\zeta = F(z)$，还要确定该式之中的环量值。

在外形存在尖角点时，尖角 B 在 ζ 平面内要映射为圆周上的一点，该尖角点的变换不保角(图 7-19)。为保证保角性，必须有 $\left(\dfrac{\mathrm{d}z}{\mathrm{d}\zeta}\right)_{\zeta_{B^*}} = 0$，即

$$\left(\frac{\mathrm{d}W(\zeta)}{\mathrm{d}\zeta}\right)_{\zeta_{B^*}} = \left(\frac{\mathrm{d}W(z)}{\mathrm{d}z}\right)_{z_B}\left(\frac{\mathrm{d}z}{\mathrm{d}\zeta}\right)_{\zeta_{B^*}} = 0$$

将式(7-4-7)代入上式，有

$$m_\infty V_\infty \mathrm{e}^{-\mathrm{i}\alpha} - \frac{m_\infty V_\infty a^2 \mathrm{e}^{\mathrm{i}\alpha}}{\zeta^2} + \frac{\Gamma}{2\pi \mathrm{i}}\frac{1}{\zeta}\bigg|_{B^*} = 0$$

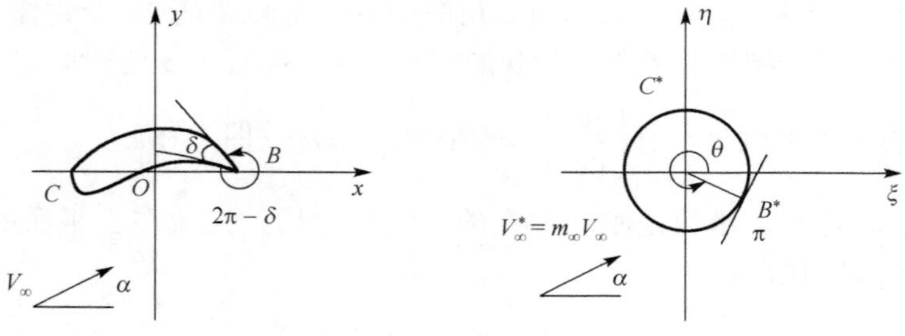

(a) z 平面　　(b) ζ 平面

图 7-19　具有尖后缘点的映射

记 $\zeta_{B'}=a\mathrm{e}^{\mathrm{i}\theta}$，$\theta$ 是尖后缘点 B 映象点的极角，于是有

$$m_\infty V_\infty \mathrm{e}^{-\mathrm{i}\alpha}-m_\infty V_\infty \mathrm{e}^{\mathrm{i}(\alpha-2\theta)}+\frac{\Gamma}{2\pi\mathrm{i}}\cdot\frac{1}{a}\cdot\mathrm{e}^{-\mathrm{i}\theta}=0$$

即

$$m_\infty V_\infty\left[\mathrm{e}^{-\mathrm{i}\alpha}-\mathrm{e}^{\mathrm{i}(\alpha-2\theta)}\right]+\frac{\Gamma}{2\pi\mathrm{i}}\cdot\frac{1}{a}\cdot\mathrm{e}^{-\mathrm{i}\theta}=0$$

解得

$$\begin{aligned}\Gamma&=-2\pi a\mathrm{i}m_\infty V_\infty\left[\mathrm{e}^{-\mathrm{i}\alpha}-\mathrm{e}^{\mathrm{i}(\alpha-2\theta)}\right]\mathrm{e}^{\mathrm{i}\theta}\\&=-2\pi a\mathrm{i}m_\infty V_\infty\left[\mathrm{e}^{\mathrm{i}(\theta-\alpha)}-\mathrm{e}^{\mathrm{i}(\alpha-\theta)}\right]=4\pi a m_\infty V_\infty\sin(\theta-\alpha)\end{aligned}\tag{7-4-8}$$

7.4.3　茹科夫斯基变换及其应用

1．茹科夫斯基变换

茹科夫斯基变换可将一些特殊的边界变换成圆，其定义为

$$z=\frac{1}{2}\left(\zeta+\frac{b^2}{\zeta}\right)\tag{7-4-9}$$

其中，b 是实常数。函数有一阶分支点，反函数取如下单值分支：

$$\zeta=z+\sqrt{z^2-b^2}$$

验证：$\zeta\big|_{z=\infty}=z+\sqrt{z^2-b^2}=\infty$。

$\dfrac{\mathrm{d}z}{\mathrm{d}\zeta}=\dfrac{1}{2}\left(1-\dfrac{b^2}{\zeta^2}\right)$除 $\zeta=\pm b$ 外处处保角，且 $\left.\dfrac{\mathrm{d}z}{\mathrm{d}\zeta}\right|_{\zeta=\infty}=\dfrac{1}{2}\left(1-\dfrac{b^2}{\zeta^2}\right)=\dfrac{1}{2}$。

2．茹科夫斯基变换的应用

(1) 茹科夫斯基变换将 z 平面上长 $2b$ 的平板变换为 ζ 平面上半径为 b 的圆(图 7-20)，z 平面上速度为 V_∞、冲角为 α 的均匀来流绕过平板，在 ζ 平面上对应速度为 $\frac{1}{2}V_\infty$、冲角为 α 的均匀来流绕过该圆周。ζ 平面的流动复势是

$$W(\zeta)=\frac{1}{2}V_\infty\left(\mathrm{e}^{-\mathrm{i}\alpha}\zeta+\frac{b^2}{\zeta}\mathrm{e}^{\mathrm{i}\alpha}\right)+\frac{\Gamma}{2\pi\mathrm{i}}\ln\zeta$$

因而 z 平面上流动复势将是

$$W(z)=\frac{1}{2}V_\infty\left[\mathrm{e}^{-\mathrm{i}\alpha}(z+\sqrt{z^2-b^2})+\frac{b^2}{z+\sqrt{z^2-b^2}}\mathrm{e}^{\mathrm{i}\alpha}\right]+\frac{\Gamma}{2\pi\mathrm{i}}\ln(z+\sqrt{z^2-b^2})$$

由于

$$\begin{aligned}\mathrm{e}^{-\mathrm{i}\alpha}(z+\sqrt{z^2-b^2})+\frac{b^2\mathrm{e}^{\mathrm{i}\alpha}}{z+\sqrt{z^2-b^2}}&=\mathrm{e}^{-\mathrm{i}\alpha}(z+\sqrt{z^2-b^2})+\mathrm{e}^{\mathrm{i}\alpha}(z-\sqrt{z^2-b^2})\\&=2z\frac{\mathrm{e}^{\mathrm{i}\alpha}+\mathrm{e}^{-\mathrm{i}\alpha}}{2}-2\mathrm{i}\sqrt{z^2-b^2}\cdot\frac{\mathrm{e}^{\mathrm{i}\alpha}-\mathrm{e}^{-\mathrm{i}\alpha}}{2\mathrm{i}}\\&=2z\cos\alpha-2\mathrm{i}\sin\alpha\cdot\sqrt{z^2-b^2}\end{aligned}$$

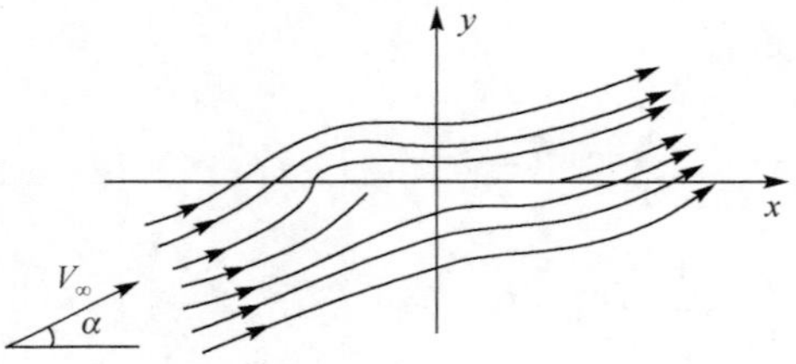

(a) z 平面

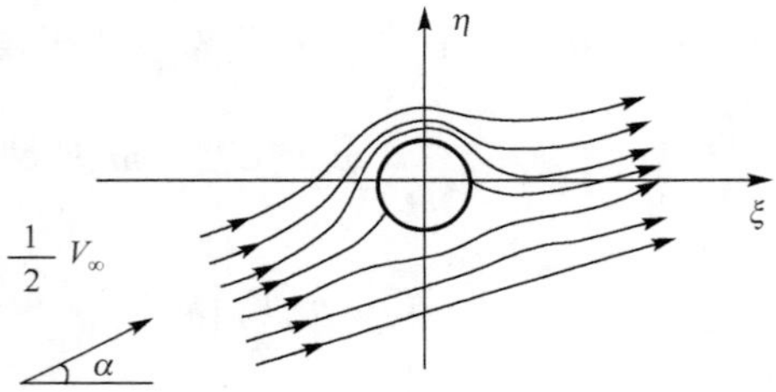

(b) ζ 平面

图 7-20　平板绕流

于是

$$W(z)=V_\infty\cdot z\cdot\cos\alpha-\mathrm{i}V_\infty\sin\alpha\cdot\sqrt{z^2-b^2}+\frac{\Gamma}{2\pi\mathrm{i}}\ln(z+\sqrt{z^2-b^2})$$

由于

$$\mathrm{d}\ln(z+\sqrt{z^2-b^2})=\frac{1+\dfrac{z}{\sqrt{z^2-b^2}}}{z+\sqrt{z^2-b^2}}=\frac{1}{\sqrt{z^2-b^2}}$$

所以复速度是

$$\frac{\mathrm{d}W(z)}{\mathrm{d}z}=V_\infty\cos\alpha-\mathrm{i}V_\infty\sin\alpha\cdot\frac{z}{\sqrt{z^2-b^2}}+\frac{\Gamma}{2\pi\mathrm{i}}\frac{1}{\sqrt{z^2-b^2}}$$

由式(7-4-8)可得平板后缘满足

$$\Gamma=4\pi am_\infty V_\infty\sin(\theta-\alpha)$$

平板后缘 $z=b$，对应 $\zeta=z+\sqrt{z^2-b^2}=b$，即 $\theta=0$，代入上式，求得

$$\Gamma=-2\pi bV_\infty\sin\alpha$$

升力由茹科夫斯基公式(7-3-8)，得

$$\boldsymbol{F}=\rho\boldsymbol{V}_\infty\times\Gamma=F_x\boldsymbol{i}+F_y\boldsymbol{j}=-2\pi\rho bV_\infty^2\sin\alpha(\sin\alpha\boldsymbol{i}-\cos\alpha\boldsymbol{j})$$

升力系数为

$$c_L=\frac{|F|}{\dfrac{1}{2}\rho V_\infty^2}=\frac{2\pi bV_\infty^2\rho\sin\alpha}{\dfrac{1}{2}\rho V_\infty^2}=4\pi b\sin\alpha$$

单位长度升力系数为

$$c_L'=\frac{c_L}{l}=\frac{4\pi b\sin\alpha}{2b}=2\pi\sin\alpha$$

在冲角较小时，有

$$c_L'=2\pi\alpha$$

说明单位板长升力系数与冲角 α 成正比，与来流速度 V_∞ 及板长无关。

(2) 茹科夫斯基变换把 z 平面上长、短半轴分别为 a_1、b_1 的椭圆变换为 ζ 平面上半径为 a 的圆周(图 7-21)。参数 a、b 由下式确定：

$$a = a_1 + b_1$$

$$b = \sqrt{a_1^2 - b_1^2}$$

$z = \dfrac{1}{2}\left(\zeta + \dfrac{b^2}{\zeta}\right)$，参数 b 即是所给椭圆的半焦距。

唐代诗人韦应物(约 737—792 年)出任滁州刺史期间写下了一首优美的山水诗名篇：

独怜幽草涧边生，上有黄鹂深树鸣；

春潮带雨晚来急，野渡无人舟自横。

形象真实地描绘了河中荡漾的小船横在河里，处于一个稳定平衡位置，比西方关于稳定性的精确描述早出现了 1000 多年。现在用布拉休斯合力矩公式(7-3-4)来分析这一现象。

设河水是理想无黏不可压缩流体，以匀速 V_∞ 流动，小船看作细长的椭圆，长、短半轴和焦半径为 a、b 和 c。椭圆长轴与流动方向的夹角 α，见图 7-22。

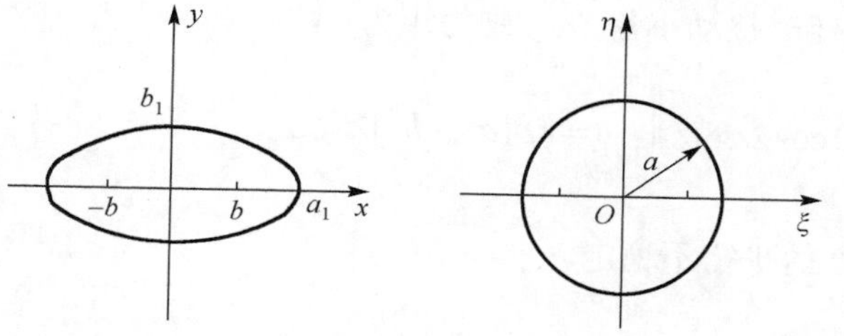

(a) z 平面　(b) ζ 平面

图 7-21　椭圆绕流

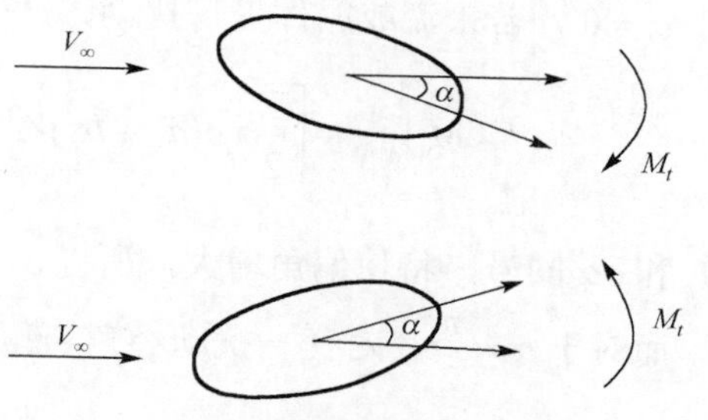

图 7-22　椭圆无环量绕流

茹科夫斯基变换 $z = \dfrac{1}{2}\left(\zeta + \dfrac{c^2}{\zeta}\right)$，即 $\zeta = z + \sqrt{z^2 - c^2}$ 把 z 平面上长、短半轴分别为 a、b 的椭圆变换为 ζ 平面上半径为 $a+b$ 的圆周。于是复势为

$$W = \frac{1}{2}V_\infty \mathrm{e}^{-\mathrm{i}\alpha}(z + \sqrt{z^2 - c^2}) + \frac{1}{2}V_\infty \mathrm{e}^{-\mathrm{i}\alpha}\left(\frac{a+b}{c}\right)^2 (z - \sqrt{z^2 - c^2})$$

复速度为

$$\begin{aligned}\frac{\mathrm{d}W}{\mathrm{d}z} &= \frac{1}{2}V_\infty \mathrm{e}^{-\mathrm{i}\alpha}\left(1 + \frac{z}{\sqrt{z^2 - c^2}}\right) + \frac{1}{2}V_\infty \mathrm{e}^{\mathrm{i}\alpha}\left(\frac{a+b}{c}\right)^2\left(1 - \frac{z}{\sqrt{z^2 - c^2}}\right) \\ &= \frac{1}{2}V_\infty\left[\mathrm{e}^{-\mathrm{i}\alpha} + \mathrm{e}^{\mathrm{i}\alpha}\left(\frac{a+b}{c}\right)^2\right] + \frac{1}{2}V_\infty\left[\frac{\mathrm{e}^{-\mathrm{i}\alpha} z}{\sqrt{z^2 - c^2}} - \mathrm{e}^{\mathrm{i}\alpha}\left(\frac{a+b}{c}\right)^2 \frac{z}{\sqrt{z^2 - c^2}}\right]\end{aligned}$$

其中，$\dfrac{1}{\sqrt{z^2 - c^2}}$ 可展开为 $\dfrac{1}{\sqrt{z^2 - c^2}} = \dfrac{1}{z} + \sum\limits_{n=1}^{\infty}\dfrac{(2n)!}{(n!)^2}\left(\dfrac{c}{2}\right)^{2n} z^{-(2n+1)}$，得展开式 z^{-3} 项的系数为 $\dfrac{(2\times 1)!}{(1!)^2}\left(\dfrac{c}{2}\right)^{2\times 1} = \dfrac{c^2}{2}$，代入 $\dfrac{\mathrm{d}W}{\mathrm{d}z}$ 得其 z^{-2} 项的系数为

$$A_{-2}=\frac{1}{2}V_{\infty}\left[\mathrm{e}^{-\mathrm{i}\alpha}\frac{c^2}{2}-\mathrm{e}^{\mathrm{i}\alpha}\frac{c^2}{2}\left(\frac{a+b}{c}\right)^2\right]=\frac{1}{4}V_{\infty}c^2\left[\mathrm{e}^{-\mathrm{i}\alpha}-\mathrm{e}^{\mathrm{i}\alpha}\left(\frac{a+b}{c}\right)^2\right]$$

本问题中 $\Gamma=0$，椭圆柱所受力矩 M_t 为

$$\begin{aligned}M_t&=-\frac{1}{2}\rho\,\mathrm{Re}\left\{2\pi\mathrm{i}\left(-\frac{\Gamma^2}{4\pi^2}+2V_{\infty}\mathrm{e}^{-\mathrm{i}\alpha}\cdot A_{-2}\right)\right\}\\&=-\frac{1}{2}\rho\,\mathrm{Re}\left\{2\pi\mathrm{i}\cdot 2V_{\infty}\mathrm{e}^{-\mathrm{i}\alpha}\cdot\frac{1}{4}V_{\infty}c^2\left[\mathrm{e}^{-\mathrm{i}\alpha}-\mathrm{e}^{\mathrm{i}\alpha}\left(\frac{a+b}{c}\right)^2\right]\right\}\\&=-\frac{1}{2}\rho\pi V_{\infty}^2c^2\,\mathrm{Re}\left\{\mathrm{i}\mathrm{e}^{-2\mathrm{i}\alpha}-\left(\frac{a+b}{c}\right)^2\mathrm{i}\right\}\\&=\frac{1}{2}\rho\pi V_{\infty}^2(a^2-b^2)\sin 2\alpha\end{aligned}$$

对于 $\alpha=0$，若来流或船体受一扰动，产生任一扰动小角 $\delta\alpha$，则力矩为

$$\delta M_t\big|_{\alpha=0}=\left[\frac{1}{2}\pi\rho(a^2-b^2)V_{\infty}^2\cdot 2\cos 2\alpha\delta\alpha\right]\bigg|_{\alpha=0}=\pi\rho(a^2-b^2)V_{\infty}^2\delta\alpha$$

δM_t 和 $\delta\alpha$ 同号，将使偏角增大，所以 $\alpha=0$ 的平衡不稳定。

而对于 $\alpha=\frac{\pi}{2}$，对任一扰动小角 $\delta\alpha$，有

$$\delta M_t\big|_{\alpha=\frac{\pi}{2}}=\pi\rho V_{\infty}^2(a^2-b^2)\cos 2\alpha\delta\alpha=-\pi\rho V_{\infty}^2(a^2-b^2)\delta\alpha$$

δM_t 和 $\delta\alpha$ 异号，将使偏角减小. 因而当 $\alpha=\frac{\pi}{2}$ 时，运动是平衡稳定的。此时，正是“野渡无人舟自横”。

(3)茹科夫斯基变换将 z 平面上的圆弧变换为 ζ 平面上的偏心圆周(图 7-23)。

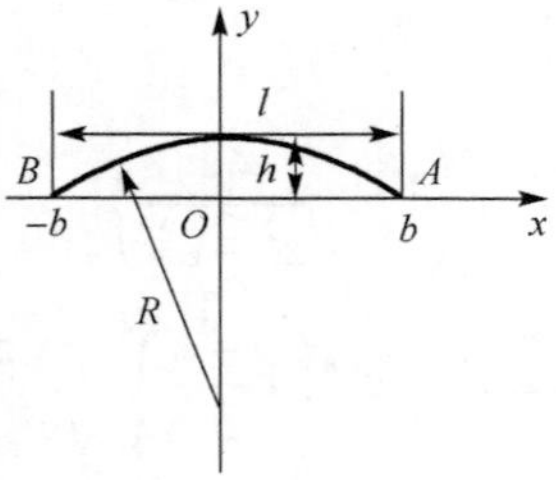

(a) z 平面

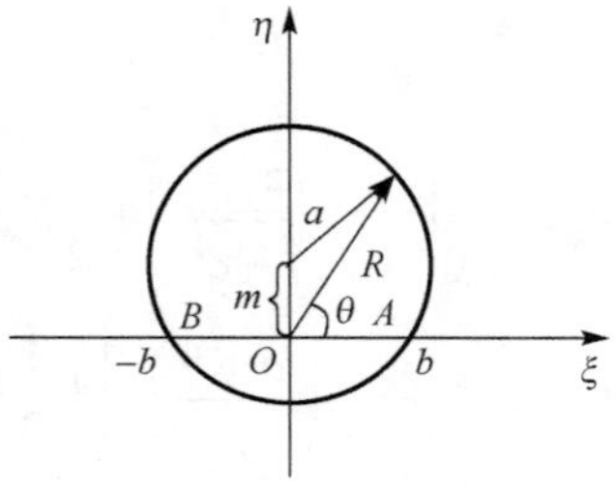

(b) ζ 平面

图 7-23　圆弧映射

由 $R^2-b^2=(R-h)^2$，得 $R=\dfrac{b^2+h^2}{2h}$，或者 $h=R-\sqrt{R^2-b^2}$。